中国農村社会の歴史的展開

社会変動と新たな凝集力

内山雅生 編著

四社五村の景観、橋東村と橋西村の境界付近のヤオトン(2016年9月、内山雅生撮影)

御茶の水書房

本書を故三谷孝氏にささげる

大躍進時代の地方新聞（山西省図書館）（2014年8月、祁建民撮影）

道備村村民委員会中庭
（旧関帝廟）
（2011年8月、內山雅生撮影）

村民委員会中庭で遊ぶ
子どもたち
（2011年8月、內山雅生撮影）

道備村の子どもたち
（2012年8月、內山雅生撮影）

道備村村民委員会(昔の廟の建物を利用)
(2012年8月、内山雅生撮影)

道備村の通り(2012年8月、内山雅生撮影)

道備村の教会(2009年12月、田中比呂志撮影)

道備村の教会の中の祭壇(2009年12月、田中比呂志撮影)

道備村キリスト教徒の自宅(共産党指導者達のパネルと福音関係の飾り物が並べられている)
(2013年8月、内山雅生撮影)

四社五村の義旺村の入り口（2018年4月、前野清太朗撮影）

義旺村の放棄されたヤオトン（2018年4月、前野清太朗撮影）

義旺村の村食堂(2014年8月、祁建民撮影)

四社五村の杏溝村の村規民約(2017年9月、内山雅生撮影)

四社五村、橋東村と橋西村の村境に建てられた記念碑
(2016年9月、内山雅生撮影)

四社五村の景観、橋東村と橋西村の境界付近
(2016年9月、内山雅生撮影)

大祭日午前の
主社村での文書交換
(2018年4月5日、前野清太朗撮影)

大祭日午後の
竜王廟での拝礼
(2018年4月5日、前野清太朗撮影)

霍山之古有青條二峽各有湧泉流至邑下皆二　龍君神祠諸村聞流傳流亦賽自漢唐宋以來祭祀
會慶雖不能遺泚地亦赤全以活二邑四民所設立水冊傳遞迄失大明洪武
會慶雖不能遺泚殘缺漢唐宋遺失大明洪武
年八月十七誤立水冊傳遞迄失大明洪武
至元正二月開二百五十六年其殘缺復違例擬
例水規二十八日一週趙邑十四日又旺村四日孔澗村
村六日沈池村八日霍州苏村七日又旺村四日孔澗村
三週高後始不許混亂異者科罰自辦之
一例清明前一日照規小祭一畢分清自辦
為始次第相節水不乱溝遭者科罰
一例水交水時辰不犯紅日違者科罰
例各村交水時辰合寫舊本仍存一並交代不
例水冊雖経謄寫舊本仍存一並交代不
敢得新藥呌
例每年焚廟前合同永存不焚
削壼行公焚廟前合同永存不焚
一例鷹載中統三年至大明嘉靖二十八年
計談三百六十四年
為始次第永祥光七年统
集公地於例抄寫不許增減一字如有持才妄
作清續行秘四社五村票官究治
一例水冊餘例皮二十張不許增減道光

四社五村の水冊の写し（義旺村）
（2016年9月、内山雅生撮影）

手書きの水冊の写し
（小祭日に筆写された水冊）
（2018年4月4日、前野清太朗撮影）

義旺村の社爺樹(2017年9月、内山雅生撮影)

義旺村社爺樹の前で(2017年9月、祁建民撮影)

山西大学中国社会史研究センターで中国側共同研究者達と
(2014年8月、内山のカメラで撮影)

洪洞県大槐樹公園にて（2014年8月、内山のカメラで撮影）

南開大学の魏宏運教授宅にて（2017年9月、菅野智博撮影）

霍山への山道
(2018年4月、
　前野清太朗撮影)

義旺村中心の通り
(2018年4月、
　前野清太朗撮影)

義旺村東側入り口
(2018年4月、
　前野清太朗撮影)

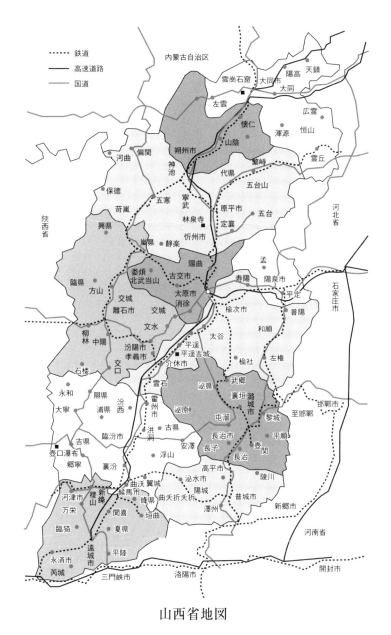

山西省地図

出所：陳鳳『伝統的社会集団の歴史的変遷』（御茶の水書房、2017年）116頁。

はじめに

内山　雅生

　近年 GDP 第 2 位に躍り出た中国では、周知のように都市と農村の格差が拡大し続けている。そこで習近平政権は農村の「都市化」により事態の解決を図ろうとしてきた。しかし農村部では、人民公社の解体により、農民自身の個別化や農家の戸別化が進行し、農民の日常生活での「都市化」が出現している。その結果、新たな環境問題の発生や新興宗教など当初の予想を超えた混乱が生じている。

　農民戸籍と都市戸籍をキーワードとして、現在の中国社会を「都市戸籍を持つ四億人が農村戸籍の九億人を搾取する『戸籍アパルトヘイト』のもとで達成した経済成長」の社会と断言するにはいささか短兵急な感も残るが、川島博之『戸籍アパルトヘイト国家・中国の崩壊』(講談社 + α 新書、2017 年)が語るように、「九億人もの農民がいることと中国の歴史を重ね合わせてみると、経済や軍事について、これまで見えなかったことが見えて」くるのも事実である。

　そのような状況の下で、現代中国の農民たちは、村内の柔軟な人的結合を活用して、経済活動のリーダー達を中心に、伝統的な慣習と「近代的な合理性」を混在化した「新たな凝集力」により、村境を超えた労働力・商品・資金・情報の流動性の中で活路を見出している。

　かような実情を分析してきた本研究では、中国農村社会に内在化する凝集力を、一見対立するかのように見える農民間の「個の自立」との相互関係から、中華民国期から現代までのタイムスパンの下での歴史的な展開過程を明らかにし、現在表出し始めた新たな近現代中国農村社会システムの実態を明らかにしてきた。

　従来中国農村社会の結合力や凝集力に関しては、既に 1940 年代に、満鉄

調査などをもとに、平野義太郎氏と戒能通孝氏との間に「共同体」論争として展開されたことは周知の事実である。さらに戦後に至ると、日本の村落との比較から、中国村落の共同体的凝集力の弱さが指摘され、そのことが中国社会の遅れと捉えられてきた。

また、毛沢東時代の30年間において、共産党による上からの強権的統治により、人民公社を中心として、農村社会に凝集力が植えつけられた。しかし鄧小平政権の改革開放経済体制下で、一見するとかつての「バラバラな社会」が再現されたかのように論じられてきた。

しかし、現在の北京の研究所や大学図書館には、日中戦争中に日本が行った華北農村調査で、日本では見られない報告書類が数多く所蔵されている。そして、満鉄や興亜院の他にも、華北綜合調査研究所・華北交通株式会社・北支那開発株式会社・華北合作事業総会・東亜研究所などが水準の高い農村調査を行ったが、体系的に整理されていないため、いまだ十分には利用されていないのが実情である。

一方、戦時中に日本が調査した中国農村を研究対象としつつ、中国の研究者の全面的な支援と協力を得て行われた本格的な日中共同の農村調査研究は、我々の研究を含めてもまさに開始されたばかりである。

そこで本研究では、これら未使用の資料を分析し、かつかつての調査村での再調査の結果を組み合わせてみた。すると中華民国期から現代まで、戦中期の「共同体の存否」に関する論争レベルに止まらず、農民が「個の自立」を図りながらも、日本や欧米社会とは違った特異な「結合力」による「新たな凝集力」を保持していることが読みとれた。

その意味では、本研究は三谷孝氏を研究代表とし、2005年から2007年に、山西省臨汾市高河店での現地調査に基づく文部科学省科学研究費補助金基盤研究（B）（海外学術調査）として実施された「中国内陸地域における農村変革の歴史的研究」（その成果は三谷孝編著『中国内陸における農村変革と地域社会──山西省臨汾市近郊農村の変容』御茶の水書房、2011年に収録されている）の後継研究ともいえ、内山を研究代表者とする二つの文部科学省科学研究補助金による研究、つまり基盤研究（A）（海外学術調査）

(2010-2014年度)「近現代中国農村における環境ガバナンスと伝統社会に関する史的研究」および基盤研究(B)(海外学術調査)(2015-2019年度)「個の自立と新たな凝集力の中で変貌する現代華北農村社会システムに関する史的研究」の研究成果の一部である。

なお、基盤研究(A)「近現代中国農村における環境ガバナンスと伝統社会に関する史的研究」では、「研究分担者」として弁納才一(金沢大学)・田中比呂志(東京学芸大学)の両氏に参加していただき、「連携研究者」として三谷孝(一橋大学)・祁建民(長崎県立大学)・田原史起(東京大学)・山本真(筑波大学)・小島泰雄(神戸市外国語大学)・太田出(兵庫県立大学)・首藤明和(兵庫教育大学)・佐藤仁史(一橋大学)・阿古智子(早稲田大学)・金野純(学習院女子大学)の各氏にお願いし、さらに「研究協力者」として林幸司(成城大学)・岩谷將(防衛省防衛研究所)・吉田建一郎(大阪経済大学)の各氏に、そして大学院生等である李海燕(一橋大学)・古泉達矢(東京大学)・河野正(東京大学)・菅野智博(一橋大学)・佐藤淳平(東京大学)・前野清太朗(東京大学)の各氏にご協力いただいた。

基盤研究(B)「個の自立と新たな凝集力の中で変貌する現代華北農村社会システムに関する史的研究」では、「研究分担者」として田中比呂志(東京学芸大学)・祁建民(長崎県立大学)の両氏にお願いし、「連携研究者」として弁納才一(金沢大学)・山本真(筑波大学)・小島泰雄(京都大学)・首藤明和(長崎大学)・阿古智子(東京大学)・吉田建一郎(大阪経済大学)・福士由紀(総合地球環境学研究所、現在では首都大学東京)・李海燕(東京理科大学)・古泉達矢(金沢大学)の各氏にお願いし、さらに「研究協力者」として大学院生である菅野智博(一橋大学)・佐藤淳平(東京大学)・前野清太朗(東京大学)の各氏にご協力いただいた。

本研究は、中国側共同研究者である山西大学中国社会研究センターのスタッフの協力を得て、戦時期日本による農村調査報告書類を集団で組織的かつ網羅的に収集し、さらに行政当局の協力を得て、山西省平遥県道備村を調査対象農村として選択し、当該村と関連農村を訪問して、村の幹部や老人に

話を聞き、中華民国期から毛沢東時代の社会主義集団化時期を経て、改革開放経済体制下の現代に到るまでの農村社会の歴史的展開を検討してきた。

その結果、「村落档案（そんらくとうあん）」と呼ばれる村の行政文書や村民の個人情報に関する文書資料を入手することができた。それら文書資料は、日本近世史や日本近代史では「地方文書（じかたもんじょ）」と呼ばれる史料に匹敵する、主として手書きの一次資料であった。さらに、1949年以降の行政文書は、国家建設の過程で村民たちの間に凝集力がいかに形成され、村の権力（共産党の権力）に対して村民たちがいかに対応したか詳細かつ具体的に明らかにできる史料であった。また村落レベルのミクロな分析にとどまらず、1949年以降の国家建設や社会統合がいかに進められたのか、1980年以降の農村の社会経済的発展をいかに準備していたかというマクロな問題にもフィードバックできるものでもある。

そこで本研究では、現在山西大学に委託保管されている文書資料と再調査で得たインタビュー記録を分析対象として、一村落におけるミクロな農村社会の実態から、当該期の中国社会の全体像を再構成しようと試みた。

ただ調査村の選択については、既存の調査研究の追跡調査に終わるのではなく、日中両国の研究機関がいまだかつて取り扱っていない村落とすることとした。ちょうど内山が基盤研究（C）（一般）「『水利共同体』からみた現代中国農村における集団化の成立と解体」に従事する中で、たびたび山西大学の行龍教授や岳謙厚教授らと交流する機会を得た。その中で、山西大学も未調査の村の「村落档案」を利用した研究を共同で実施する旨の計画を立て、いくつかの村を事前調査したが、たまたま山西大学中国社会史研究センターの院生の知人が居住する村の一つで、未公開の「村落档案」が現存していたのが、平遥県の道備村であった。

日中共同研究では、調査村現地での共同調査も実施した。基盤研究（A）では、三谷科研に倣って、日本側は毎晩主メンバーが集まり、その日の調査結果を簡単に報告しあった。中国側とは、調査期間の途中にまとまった時間をとり、参加者全員がそれぞれの中間報告を行った。共同調査終了後は、太原の山西大学中国社会史研究センターで成果のまとめと次年度に向けての研

究計画を話し合った。基盤研究（B）では、論文集の出版も含めて、山西大学側のメンバーと個別に意見調整を行った。以上の作業の中で、メンバー各自に論考をまとめてもらった。

　以下に本書を構成する各章の内容を紹介しておこう。
　「第Ⅰ編　社会環境の変動」では、農村社会の具体的な事象から、社会環境の変動を歴史的に再検討した。

　「第1章　農村経済の発展と脱農化・零細農化の進行」は、近現代中国農村社会の主要な特徴として、村境を超えた流動性の高さがあったという視角から、「分析の枠組みを狭義の経済から、人的結合や村境を超えたヒト・モノ・カネ・情報の移動などを含む社会経済へ拡大」して、調査村で1920年代以降に生まれた聞き取り対象者が主に経済活動に従事していたと考えられる時期を三つに区分し、近現代中国農村の経済発展の特質を実証的に探究したものである。その結果、土地の所有規模や経営規模にかかわらず、実質的な脱農化が進行していると結論し、日本の農村と比べると、中国の農村は開放性と流動性が高く、この点こそが、農村地域における商品経済の発展を支えていたとする理論的な問題提起を行った。

　「第2章　華北の寒羊・寿陽羊と日本」では、日中戦争期の1940年代前半に、寒羊と寿陽羊に関する日本の調査資料から、日本が日中戦争期以前から見出してきた価値と、華北農民にとっての位置づけとの差異を具体的に検討し、いかなる性質の羊毛を具えているかに重点を置き、飼養現場の環境に関する情報の蓄積は十分でないという、1940年代以前の日本の中国綿羊に対する認識の「偏り」を明らかにした。

　「第3章　農村における結核と労働移動」は、河北省定県を舞台に、1930年代の中国医学界における結核をめぐる議論を手がかりとして、結核の農村への普及とその背景から、農村部と都市部の労働移動を検討したものである。

零細農の多い華北農村では、家族内の労働力を都市部への出稼ぎとする家計戦略が立てられ、その一部は都市に定住したが、数年から数十年後に帰村するという農村と都市の間の還流に加え、満洲への「苦力」として季節的あるいは数年の出稼ぎ労働を行い、農村に帰村する場合もあり、こうした労働人口の流動性の高さが、農村への結核の拡大に関係したと結論した。

「第4章 『社』と社会結合の変遷」は、本調査の主要調査村に近い、山西省中部呂梁市交城県の段村での調査をもとに、農村社会の地縁集団であると同時に血縁集団でもあるという重層関係を内包した「社」が、中華民国期に、祖先祭祀をはじめ、納税・互助・福祉・地域の公共事業など多方面に役割を果たし、中華人民共和国成立後から現在まで、名前を小隊や区に変えても、地理的範囲を変えることなく、同じ生活圏として機能しており、「社」の意識が依然として存続していることを実証した。

「第Ⅱ編 『水利』と『宗教』をめぐる社会結合」では、近百年間の農村社会の根底に存在した「水利」およびキリスト教を中心とする「宗教」問題を主要調査村および山西省山岳部の農村での事例分析から、伝統的要素が現代化の中で「新たな凝集力」として再生しうる役割と政治権力による統治との関係を、その実態を明らかにしながら歴史的に検討した。

「第5章 伝統水利の争われる『公』」は、かつての「水利共同体」論争を、「公たる（はずの）国家と私たる（はずの）個人の間に存在する水利慣行を通じたつながりを『共同体』とみるか、それとも別の何らかとみるかの議論であった」と整理し、清中葉から民国初年までの期間の訴訟記録である『水利志補』から、水利用をめぐる公と私が地域社会でいかにとりあつかわれてきたか検討した。そして費孝通の『郷土中国』を参考に、「公たる国家／私たる個人」間の中間領域に関する議論や組織内の「ゆらぎ」に注目して、柔軟に把握することを提唱し、「さまざまな己が絶えず衝突し官の側の『公＝公』を解釈しながら、暫定的でモザイク的な『公平さ』の秩序をつくってい

「第6章　集団化と農田水利建設」は、中華人民共和国成立以降の山西省中部の農地灌漑の特質を歴史的に指摘した後に、調査村での聞き取り調査をもとに、農田水利事業の実施状況から、その利点と問題点を検討し、現代中国が抱える「三農問題」の解決策を模索したものである。

「第7章　改革開放期の伝統水利関係とその変容」は、かつて北京師範大学とフランス遠東学院が共同で現地調査した山西省中部の山間部に位置する「四社五村」での再調査をもとに、1980年代以降の「四社五村」の水利関係の変容を歴史的に整理し、「伝統的な水利『共同関係』がいまも継続してきた理由を自然環境の要素以外に、四社五村側の強靭である対応と政府の曖昧な立場との両面から考え」、「四社五村の『共同関係』は水をめぐる生活共同体から経営共同体に脱皮するようになった」と結論した。

「第8章　地域の権力と宗教」では、中華民国期の華北社会におけるキリスト教信者の状況を整理した後に、山西省におけるキリスト教徒の実情を紹介し、さらに調査村でのキリスト教徒の歴史をまとめ、中華人民共和国の国家建設、社会統合が進められる中でキリスト教徒らがどのように統制されていったか、「村落档案」から一人の人物に注目して分析し、改めて地域の権力と宗教の在り方を検討した。

「第9章　『社会主義建設』とキリスト教信者」は、調査村に関する「村落档案」と農民へのインタビューから、「信者という身分が村民たちに日常生活に与えた影響および彼らの体験と思想の変化について検討し、そして信者の信仰心を通じて、国による農村社会に対するガバナンスと改造」を再考したものである。そして、「国は、政治主導という理念により、政治関係と階級関係で以て農村の従来の血縁関係と人間関係を置き換え、階級成分の区分、階級の言葉の植え付けや階級関係の構築を通じ、経済、政治と社会の制度を

整備し、村民たちの日常生活を改造し、民衆の革命の日常化と生活の政治化という局面を作り出した」と結論した。

「第Ⅲ編　農民の生活空間」では、地理学的社会学的要素を織り交ぜながら、農村市の開催や個々の農民の日常生活レベルの分析から、農村としての空間構造を明らかにし、村民の「結衆の原理」から「新たな凝集力」の実像を追究した。

「第10章　大規模村落の集落と農地の空間構造」は、調査村がどのように分節化されていたのかについて、空間的に検討することを通して、山西省農村における大規模村落の実態を検討したものである。そして「日本の空間的かつ社会的に凝集的な村落イメージとは異なる、むしろ市場圏社会論と接点を有するような、緩やかな結合を容認するものを想定してゆくことが必要ではないか」と主張した。

「第11章　現代の廟会・集市」は、「廟会・集市」という伝統的な交易が、現代中国農村でも、地方政府の市場管理部門の指導で継続され運営されているという現実を、調査村での集会について、筆者自身の体験も織り交ぜて分析したものである。

「第12章　政治権力と農民の日常生活の組織化」は、調査村での共産党支部の会議記録から村の政治、経済、文化について分析し、「社会主義建設」のなかでの「日常と政治」、それを通じた国家と民衆の関係の変遷を検討したものである。そして農民の日常的生産や生活の全てが、共産党の党組織と結びついていく中で、村の共産党支部は農村社会を組織化のネットワークに組み込んでいく中間的な担い手として機能し、共産党の農村における活動実践を通じて「社会主義新人」が再生産されたと主張した。

「第13章　地域防衛と結衆の原理」は、河南省南西部の南陽地区で、中華

はじめに

　民国期に地域指導者が自衛を軸に人々を組織動員して、地域的統治権力を樹立した「宛西自治」を、筆者自身による近年の現地での調査を織り交ぜながら、人々の行為の背景にあった「日常的共同性」の解明と関連させて検討したものである。そして「伝統社会において、当地の人々は、血縁、地縁、民間信仰、そして目的別の任意結社など様々な日常的紐帯を組み合わせることによって、社会生活を維持していた。そして民国時期、民衆生活が危機に直面したまさしくその時に、強力な指導者が率先して主唱者となり、従来の紐帯を再編することで、自衛的結衆が作り上げられた」と主張した。

　以上の論稿は、本研究の成果の一部にすぎない。特に現地で収集した「村落档案」を分析対象とする研究論文は、日本側としてはまだ一部しか公表することができなかった。ただ、本科研のメンバーである弁納才一氏や田中比呂志氏が、本年度よりそれぞれ研究代表者として科学研究費補助金基盤研究（B）を受諾しているので、引き続き中国側研究者との共同研究が継続され、「村落档案」を分析した研究成果も公表されると確信している。

　なお本書が使用した一次資料には、多量の個人情報が含まれていたので、各論考の中では、研究対象者のプライバシーの保護のために、仮名により表記したが、一族の系譜等に関与した表記に関しては、アルファベットによる音声表記によることとしたことをお断りしておく。

中国農村社会の歴史的展開

社会変動と新たな凝集力

目　次

目　次

はじめに ……………………………………………………内山　雅生… xix

第Ⅰ編　社会環境の変動

第1章　農村経済の発展と脱農化・零細農化の進行……弁納　才一… 3

　　はじめに　3
1. 1920～30年代前半生れ
　　──解放以前から経済活動に従事した人びと　4
2. 1930年代後半～50年代生れ　8
3. 副業の展開　15
　　おわりに　19

第2章　華北の寒羊・寿陽羊と日本………………………吉田　建一郎… 23

　　はじめに　23
1. 3点の調査資料の作成まで　25
2. 寒羊の飼養状況　30
3. 寿陽羊の飼養状況　34
　　おわりに　39

第3章　農村における結核と労働移動………………………福士　由紀… 45

　　はじめに　45
1. 近代中国における結核流行状況　47
2. 河北省定県における死因調査と結核　49
3. 農村社会の暮らしと結核　53
　　おわりに　58

第 4 章 「社」と社会結合の変遷
―― 山西省のある村を事例として ――……………………………陳　鳳… 63

はじめに　63
1. 調査地の概況と沿革　64
2. 社の設置と村の現状　67
3. 社の機能を知る手がかり ――「銀銭流水帳」　69
4. 「元宵節」からみる社の歴史と変遷　74
5. 多種多様の社　80
おわりに　83

第Ⅱ編　「水利」と「宗教」をめぐる社会結合

第 5 章　伝統水利の争われる「公」………………………前野　清太朗… 89

はじめに　89
1. 資料と本稿の分析対象　91
2. 洪洞地域の水管理　92
3. 水利の中の公と私　98
おわりに　103

第 6 章　集団化と農田水利建設………………………………郝　　平… 109
（翻訳：孫登洲、補訳と整理：菅野智博）

はじめに　109
1. 農田灌漑　110
2. 沙河の治水事業と農地の排水事業　114
3. 農地灌漑を管理する機関及びその制度　118
おわりに　120

第 7 章　改革開放期の伝統水利関係とその変容
　　——山西省霍州市・洪洞県四社五村を中心として——……………祁　建民… 123

　　はじめに　123
　1．国家水利政策に対する参与と対応　124
　2．自然環境と市場経済の影響とその適応　133
　　おわりに　141

第 8 章　地域の権力と宗教
　　——山西省平遥県道備村の事例——……………………………田中　比呂志… 147

　　はじめに　147
　1．中華民国期の山西省におけるキリスト教の状況　148
　2．道備村のキリスト教の歴史　152
　3．地域の権力と宗教　154
　　おわりに　163

第 9 章　「社会主義建設」とキリスト教信者……………馬　維強… 167
　　　　　　　　　　　　　　　　　（翻訳：孫登洲、補訳・整理：佐藤淳平）
　　はじめに　167
　1．宗教心：身分政治の負の相関　168
　2．愛国と信教：信者の信仰心に対する改造　172
　3．保守と変化：農村の信者たちの対応　177
　　おわりに　182

第Ⅲ編　農民の生活空間

第 10 章　大規模村落の集落と農地の空間構造 ········ 小島　泰雄 ··· 189

　　はじめに　189
　1．大規模性　190
　2．集落の分割　191
　3．農地の分割　193
　　おわりに　196

第 11 章　現代の廟会・集市 ························· 毛　来霊 ··· 199
（補訳と整理：弁納才一）

　　はじめに　199
　1．集会開催の時空範囲　199
　2．集会における売買　202
　3．集会の経済外的活動　205
　4．「会譜」から看取しうる平遥県と道備村　206
　5．農村集市が提起する問題　208
　6．「売買」と「仁義」　211

第 12 章　政治権力と農民の日常生活の組織化 ········ 常　利兵 ··· 215
（翻訳：孫登洲、補訳と整理：前野清太朗）

　　はじめに　215
　1．道備村の政治：整党運動の中の社隊幹部たち　216
　2．道備経済：幹部と大衆の労働生産と生活　221
　3．道備の文化：幹部と大衆に対する教育　222
　　おわりに　227

第 13 章　地域防衛と結衆の原理͏͏͏͏͏͏͏͏͏͏͏͏͏͏͏͏͏͏͏͏͏͏͏͏͏͏͏͏͏山本　真… 229

　　はじめに　229
　1.　清代末期から民国前期における
　　　　河南南陽地区の経済的衰退と社会の混乱　231
　2.　宛西自治とその主要な指導者　234
　3.　自衛的自治を支えた河南西部の社会結合　236
　　おわりに　244

おわりに͏͏͏内山　雅生… 249

索　引　255

第Ⅰ編　社会環境の変動

第 1 章
農村経済の発展と脱農化・零細農化の進行

弁納 才一

はじめに

　筆者は、これまで新たな近現代中国農村経済発展史モデルを提示し、近現代中国農村経済の発展とは、地域間分業に基づく商品経済が広範に展開し、その商品が棉花などの商品作物から穀物及び農産物加工品や手工業品さらに労働力へ拡大し、農業外就労機会の拡大に伴って零細農化・脱農化が進行し、さらに、自給食糧穀物を生産する都市近郊農村から市街地へ通勤する低賃金労働者も多く現れ、農村経済発展の最終段階では農業・農民・農村が消滅するという見通しを示した（[1]）。そして、北京市や河北省石家荘地区・冀東地区の都市近郊農村について分析し、農業外就労機会の拡大と脱農化の進行による農業労働力不足を補うため、より後発的な農村から農業労働者や「入嫁者」を受け入れ、また、零細自作農層が自家消費用穀物を生産して低賃金労働者となると同時に、市街地よりも家賃が安い都市近郊農村に周辺農村から流入した賃金労働者も市街地へ通勤するようになり、都市近郊農村がベッド・タウン化したことを明らかにした（[2][3][4][5][6][7][8]）。
　一方、筆者は、山西大学中国社会史研究中心の協力を得て2008年12月から2014年8月まで山西省P県D村における聞き取り調査に参加してきた。
　そこで、本章では、P県D村について1920年代以降に生まれた聞き取り対象者が主に経済活動に従事した時期を1949年ないし1953年前後に分け、次いで、副業の展開については3期に分けて分析し、近現代中国農村経済発展の特質を明らかにしたい。

第Ⅰ編　社会環境の変動

1. 1920～30年代前半生れ——解放以前から経済活動に従事した人びと

1　1920年代生れ

① WH（卯年・1927年生れ）

　15歳（1942年）、本村の小学校を卒業した後、4年間、P県城内の個人診療所で学徒として働いたが、1945年6月、両親と喧嘩して家出し、遊撃隊に参加し、同年10月に汾陽県・分水県一帯に駐屯していた八路軍第12団に参加した。その後、父親に説得されて本村に戻り、診療所で医療を学んだ。1946年、国民党軍による徴兵から逃れるために太原市へ行ったが、解放後に本村に帰って農業（15畝の農地）に従事した。1952年に本村の新民主主義青年団支部書記、同年下半期に本村副村長、1954年にD郷秘書、1956年に本村党支部副書記兼治安主任となり、1958年にJ村で土法製鉄運動に参加したが、1959年冬に整風運動によって党籍を剥奪され、1978年に党籍を回復した（[23]113～114頁）。

② HH（辰年・1928年2月生れ）

　父（HHS、亥年生れ）は、山西省南部の曲沃県にあった曲沃煙廠（煙草工場）へ単身赴任していたので、土地改革以前には母（WYE、NZ村の出身）が本村で10畝余りの土地を耕作していた。私（HH）は、13歳頃から本村の小学校で3年間学んで中退し、1945年10月頃から曲沃煙廠で働き、後に同工場の「保管」主任になり、夫婦ともに都市戸籍を取得したが、1962年に「都市人口の圧縮政策」によって妻と子供は本村に帰って農民戸籍に戻された。1984年（53歳）、病気になったために退職して本村に帰ってきた（同工場の仕事は長男が継いだ）が、1986～87年（56～57歳）頃、曲沃煙廠の人材不足を補うために、同工場に呼び戻され、「保管」業務に従事した（[14]219～221頁）。

③ WRT（辰年・1928年生れ）

　兄（WHT、1923年生れ）は、21歳（1945年）から陝西省西安市の永利銀行に勤務したが、28歳で病死した。私（WRT）は、1945年（16歳）から

5年間、父の兄（WZP）の紹介によってP県城内の雑貨商店「洪泰盛」で学徒として働いたので、農作業（所有地10畝）は伯父のWZPに任せた。また、1949年頃は建築などの仕事をして農作業には従事しなかったが、その後、互助組・初級合作社・高級合作社に参加し、生産隊では労働点数を付ける「計工員」を務めた。1958年10月からは太原鉄路局に勤務し、忻州駅（5～6年間）・南塔底駅（8年間）・寧武駅（3年間）・朔県駅（2年間）・忻県駅（2～3年間）・南塔底駅（3年間）で線路のポイント切替作業や貨物の積み下ろし作業に従事し、最後は太原「車務段」（保線区）で雑務をこなし、1986年に定年退職し、3男が跡を継いだ（[13]290～295頁）。

④ WJZ（辰年・1928年生れ）

1人っ子だった父（WDH）は、紙漉工で、農業には従事せず、6畝の所有地を本家のおじ（WDW）が耕作した。一方、私（WJZ）は、上掲のWRTとは同級生で、16歳からP県城の作業場で2年間ほど靴下作りをした後、1945年から太原市で自転車修理工となり、1947年頃に閻錫山軍に強制的に入隊させられ、国共内戦で人民解放軍に捕まって歩兵となったが、1948年に戦闘で負傷したため、1949年以降、「残疾軍人」補償金を受領し、3畝の土地に玉蜀黍と高粱を栽培し、互助組には参加せず、単独経営の「単干戸」だったが、あまり農作業ができず、無報酬で本村の小学校「文教員」を約1年間務めた。人民公社では第6生産小隊副隊長を2年間務めた後、生産大隊で「安全保衛」を務め、さらに、拡声器で村民に上級機関からの指令を伝達する「広播員」を3年間やった（[13]296～299頁）。

⑤ WSQ（辰年・1928年生れ）

長男だった父（WZ）は、P県城の永恒銀行の「掌櫃」（支配人）をやっていたが、1937年、日本軍がP県城に入城し、同銀行が日本軍の砲撃によって破壊されたので、本村に避難してきた。私（WSQ）は、1937年（9歳）から3年間、本村の小学校で学び、12歳から農業（15.8畝の農地）に従事し、また、15歳頃に太原市の商店でガラス窓を修理する仕事に従事し、さらに、1944年（16歳）に太原市鐘楼街の車興靴店（父の2番目の弟であるWZが経営する店）で働いたが、1946年に叔父のWZとともに閻錫山軍に強制的に入隊さ

せられ、常備軍の砲兵となった。1948年に八路軍の捕虜となったが、病気に罹ったので、釈放されて本村に帰って民兵の営長となり、車を護送する責任者として地主の家から財産を現在の供銷社まで運ぶ仕事をし、その後は門番と保管員となった。1949年、約40日間、人民解放軍の担架隊として本村から太原市へ派遣され、1950年に本村に戻って農業に従事し、互助組には参加しなかったが、1956年から第5生産隊長となった。1961年以降、農業はあまり熱心にやらず、馬車で石炭を霊石（霊石県の運送会社の書記を務めていた本村出身者と知り合いだった）から介休駅まで運ぶ仕事をした（[14]226～228頁、[18]223頁）。

2 1930年代前半生れ

① JST（午年・1930年生れ）

　解放前、父（JSX、1893年生れ）は、寧夏回族自治区銀川で商売をし、兄が農業に従事したので、私（JST）は小学校卒業後の1946年に父について行って銀川の中学校に編入学し、1950年に同中学を卒業して本村に戻り、農業をやったが、1951～53年は小学校の教師をやり、1954～56年には平定県の中等師範学校で学び、1957年に孝義県石相小学校の教師となり、1958～64年には下保中学校（孝義県？）の教師となり、1964年から17年間、孝義県文教局教師進修学校で秘書工作長を務めた。1972年にP県に戻り、NZ郷に隣接する達浦人民公社の秘書となり、1973年に鉄道「3202プロジェクト」に参加し、太原・長治間の鉄道建設で県宣伝隊を引率した。さらに、1978～90年、工作隊に参加して農業指導を行い、最後に寧個県で退職を迎えた（[16]220頁・238頁、[19]220～221頁、[22]227頁）。

② WSJ（午年・1930年生れ）＝前掲のWSQ（1928年生れ）の弟

　1948年冬（16歳）、父とともにZSW（P県L村出身、父の妹の夫）が働いていた太原市へ行った。ZSWは、太原市開化寺の醬豆腐を生産する「逢盛全」で働いていた一部の人達とともに同市旱西門に「晋生泰」を立ち上げた。1956年、公私合営で晋生泰などの53ヶ所の工場が合併して新星食品醸造廠となり、1959年、同工場の一部が「調味加工廠」として大北門に新設され、

さらに、1960 年に新設した「大康味精廠」で運送の仕事をしたが（都市戸籍を取得）、1982 年（53 歳）に病気になって退職し、本村に戻った。なお、WSQ・WSJ の弟（WSB、1934 年生れ）は、P 柴油機廠で「冶煤工」をやり、2013 年現在、本村人の妻とともに都市戸籍を取得して P 県城内に住んでいる（［14］226 頁・230〜231 頁、［17］223 頁）。

③ WBG（申年・1932 年生れ）

　1951 年（19 歳）、祁県の中学校に入学し、1953 年（23 歳）、太原市の山西省工業庁に勤務し、同庁の工業民間建築専門技術養成班で 1 年間学んだ。1958 年から 4 年間、臨汾鋼鉄廠で土法製鉄運動に従事し、1962 年から太原市の鉱山機械製造廠に勤務し、1972 年から山西省 P 煤炭電機車廠へ転勤（本村の自宅から自転車通勤）した（［8］202〜203 頁）。

④ GCY（申年・1932 年生れ）

　1948 年（17 歳）正月に国民党第二戦区 70 帥に徴兵されて常備兵となり（兄は国民党第二戦区 40 帥に徴兵され、すでに病死）、汾陽に駐屯し、同年 5 月に人民解放軍との戦闘で人民解放軍の捕虜となり、人民解放軍に徴用されて担架を担ぎ、太原市を解放した後に P 県に帰ってきた。その後、陽泉県で運輸社に加入して馬車で食糧や石炭を運んだ。1970 年代（40 歳代）、生産小隊長をやっていた第 8 生産隊には製塩場があった（［15］106 頁）。

⑤ GJC（1933 年生れ？）

　家族の者がみな亡くなり、15 歳頃に天涯孤独の身となり、沁源県で雇われて羊飼いをした後、初級合作社では馬車で石炭や穀物を運ぶ仕事をし、1950 年代末頃には牛の飼育や馬車牽きをし、1960〜62 年には W 家庄で羊飼いをした（［10］200 頁）。

⑥ WXR（戌年・1934 年生れ）

　父（WDC）は、介休県で雇農をやっていた。私（WXR）は、1948 年から 1 年半、NZ 村で「木匠」（木工職人）の修行をし、1952 年に本村で互助組に参加し、1953 年から初級合作社副隊長、1956 年から高級合作社隊長、1958 年から治保主任などを歴任した（［17］327 頁）。

3 小結

　1920〜30年代前半生まれの人びとの経験から、いくつかの特徴を見出すことができる。第一に、父親や祖父が商売人（山西商人）で、その蓄積によって外壁の高い立派な家屋を建てた家が多かった。第二に、零細土地所有農家のうちの多くは均分相続はせず、兄弟のうち1人が本村内で農業に従事し、その他の兄弟は村外に働きに出ていった。第三に、解放前には閻錫山軍や国民党軍あるいは人民解放軍に強制的に入隊させられた者も多かった。一方、原則として副業が禁止されていた1953〜78年においても本村の家庭内や初級合作社・生産小隊では細々と様々な副業が行われ、その経験と蓄積が1979年の改革開放以降に繋がったと考えられる。

　なお、主に学歴に裏付けられた技術・技能を身につけて都市部の企業などで働く人びともいれば、また、一方では、貧しさ故に、村外で単純労働や雑業に従事する人びともいた。

2.　1930年代後半〜50年代生れ

1 1930年代後半生れ

①TBM（子年・1936年1月生れ）

　1958年に窰頭で土法製鉄運動に参加し、1959年から2年間、包頭の炭鉱で食堂の炊事係をやり、1961年にP県に帰ってきた（［15］105頁）。

②LYZ（子年・1936年11月生れ）

　元々P県城に近いLJ村の貧農の家に生まれた父（LXM）は、北京市で染色の仕事をしていたが、1952年に病気になり、本村へ帰ってきた。私（LYZ）は、LJ村で生まれたが、第二次国共内戦中、母親の実家である本村へ避難していた。12〜13歳（1948〜49年）頃から、本村の小学校で3年間学んだ。1953年（17歳）、父方の親戚の紹介によってP県城内東街にあった主に鍋を作る「鉄廠」で学徒として働き始めたが、同工場は1955年に公私合営となった。同工場の人の紹介によって、1956年、人民解放軍に入隊して河北省石家荘から20〜30里離れた場所で歩兵として勤務し、1958年には秦皇島

近くの滬寧県（撫寧県？）の軍事施設で働いたが、1959 年に再び同工場に戻ってきた。1961 年、「3 年困難時期」で給料が少なくなったので、同工場を辞めて本村に戻った（「都市人口の圧縮政策」？）が、間もなくして、「鉄廠」で働いた経験があったので、長治市武郷県で煉瓦作りの臨時工となり、やがて技術を習得して人民公社に雇われた。本村の土地は生産大隊にお金を支払って耕作してもらった。1997 年（60 歳）、定年退職して本村に帰ってきた（[14]223～224 頁、[25]61～62 頁）。

③ KYH（子年・1936 年生れ）

父（KRQ）は、母の実家の汾陽で商店員として働き、私（KYH）が 2 歳の時に本村に一時的に戻ってきたが、父は寧夏回族自治区の銀夏（現在の銀川）に働きに行った。私は 1993 年に退職した（[21]126 頁・128 頁）。

④ GYH（子年・1936 年生れ）

祖父は商人で、父（GRJ）も孝義県で銭荘を経営し、また、寧夏回族自治区でモンゴル人などを相手に商売もしていたが、1933 年に大洪水を逃れて汾陽（母の実家）に避難した。私（GYH）は、汾陽で生れたが、7～8 歳頃に一家で本村に帰ってきた。解放時、寧夏回族自治区にいた父は、1954～55 年頃に本村に戻り、後に第 8 生産小隊で保管員を務めた。私は、1950 年代に初級中学を卒業した後、ずっと村外で労働者として働き、1958 年から P 県城の発電所で働いたが、1962 年に「都市人口の圧縮政策」によって本村に帰った。その後、本村から P 県城まで自転車で通勤して契約労働者として「電気工」（電機関連修理工）や「木工」（家具職人）などをやった。1971 年からは P 県城の監獄で労働改造をさせられていた人びとに対して機器模型作製を指導する仕事をし、その後も様々な仕事をした（[26]96～97 頁）。

⑤ WYF（丑年・1937 年 9 月生れ、WYL の兄）

17 歳（1954 年）、本村の知人について行って、陝西省定北県で酢・醬油・飴を作る企業に就職し、1959 年、蘭州鉄路局（寧夏回族自治区石咀山市）で機関車の修理作業に従事した。1988 年、青海鉄路学校でガイドをやり、1991 年に退職した後、寧夏回族自治区の長男（鉄路局の仕事を継いだか？）の家で暮らし、2006 年、本村に帰ってきた（[9]116～117 頁）。

⑥ GYH（丑年・1937 年生れ）

　1936 年（?）に汾陽で生まれたが、2 歳の時に本村にやってきて、1957 年に P 中学を卒業した。翌 1958 年に土法製鉄運動に参加した後、本村の推薦で華北工学院へ数十日間通って電気工学を学んだ後、P 発電所で働いた。「都市人口の圧縮政策」によって 1962 年に本村に帰ってきた後、P 県機電局で臨時工をやり、1971 年からは鋳物工員となり、同年 10 月には P 県労改隊で囚人の作業を監視する仕事をした（[23]129 頁）。

⑦ WLR（丑年・1937 年 7 月生れ）

　1957 年（20 歳）から P 県城の製鉄工場で 3 年間働いた後、本村の煉瓦工場で働き、1961 年から P 県城「文化館秧歌宣伝隊」で 3 年間働いた後、本村の生産小隊で農業に従事し、1964〜68 年頃は村々を廻り歩いて鋳掛屋（鍋・釜などの修理）もやった（[10]178〜179 頁）。

⑧ LSW（寅年・1938 年生れ）

　初級中学を卒業した後、本村で「電気工」をやり、1958 年（20 歳?）に楡次の電気学校に派遣され、本村に戻って各家庭の電球や製粉機、井戸のポンプなどの電気関係の仕事を担当した（[19]223 頁）。

⑨ WS（73 歳、寅年・1938 年生れ）

　父（WBY）は、5 畝の土地を均分相続した。私（WS）は、1955 年に中学校を卒業した後、山西省農業庁で測量の仕事をし、その後も村外で働いた（[22]236 頁）。

⑩ WYL（1939 年 4 月生れ）

　1952 年（13 歳）から農業に従事したが、1957 年から臨時工として太原市・介休県間の高圧電線敷設工事に従事し、翌 1958 年に太谷のダム建設工事に従事し、同年 7 月からは晋中地区建築公司に勤務して楡次の晋華紡績工場第二分工場の建設工事に従事した。1993 年、定年退職して本村に帰ってきた（[9]115〜116 頁）。

2　1940 年代生れ

① TYC（辰年・1940 年生れ）

解放前は寧夏回族自治区で劇団員をしていた。1960〜66年頃、北京軍区に入隊し、途中、蒋介石の大陸反攻に備えて半年ほど福建省に駐屯した。除隊後、P県D村第8生産小隊の小隊長・民兵営長・林業主任や第9生産小隊の政治隊長などを務めた（[26]90〜92頁）。

② LRZ（巳年・1941年生れ）

本村の小学校を卒業した後、5年間、鉄道員として働いたが（その間、父と姉が農業に従事）、給料が少なく、かつ実家で人出不足となったので、1962年に本村に帰ってきて（「都市人口の圧縮政策」？）、農業に従事した（[22]101〜103頁）。

③ TQC（巳年・1941年5月生れ）

曽祖父は商売をしていたので（祖父と父は商売をしなかった）、我が家には経済的にゆとりがあり、高級小学校で3年間学んだ後、1959年（17歳）に太原市の技術専門学校で製鉄を学んだが、1960年には食糧難のために本村に帰され、1961年からP県城西の県トラクター・ステーションに自宅から自転車で約30分かけて通勤した（[9]118〜119頁）。

④ WX（巳年・1941年10月生れ）

1957年に太原七中で約半年間学び、翌年春にP二中（同年下半期から農業学校）に戻り、P県マッチ工場で土法製鉄運動に従事した。1960年に太原農業師範学院に進学し、翌年9月からP県東泉郷小学校で教師を約4ヶ月務め、1964年から約3年間はD生産大隊第1生産小隊「保管」、1974年に生産小隊会計、1983年にD生産大隊会計となり、1994年に定年退職し、2009年12月現在、W家庄信用社の貸付事務員をしている（[15]105頁）。

⑤ TQQ（巳年・1941年生れ）

初級小学と高級小学で計10年間ほど学んだ後、1962年、募集に応じて「農修工」（農業機械の修理工？）となり、P県城で働いて都市戸籍を取得した。研修でトラクターの運転を習い、本村・WJZ・NZ・YBの各人民公社でトラクターで土地を耕した（[24]54頁）。

⑥ TYF（午年・1942年生れ）

15歳（1958年？）、本村の小学校を卒業し、P二中に進学したが、1958年、

P二中がP農業学校に改編され、同年冬から始まった土法製鉄運動に動員され、基本的には授業は受けられなかった。1961年、義孝県でダム建設に従事し、同年下半期には本村に帰ってきたが、翌年、P農業学校が閉鎖されたので、本村の生産小隊で働くようになった（[15]109頁）。

⑦ WXR（午年・1942年7月生れ）

1958年、小学校を卒業した後、P県第一中学で約2ヶ月学んだが、毎月8～9元の食事代がかかったので、食事代のかからないW家庄中学に転入学した。1960年にはダム（F県分育水庫）の建設運動に参加し、翌年、W家庄中学校を卒業した後、本村の生産大隊で会計補佐を1年間務め、1962～63年は会計を務めた。1966年から農業中学校の「民辦」教師として国語を教え、1971年から5年間はP県城第5小学の「公辦」教師となり、また、1976年以降はDY村・XY村・T家堡で「公辦」教師となり、さらに、1988年から14年間はT小学校の校長を務めた（[12]177～178頁）。

⑧ WD（午年・1942年生れ）

9歳で小学校に入学し、P県中学校を卒業した後、本村に帰り、農業に従事した。1971年から12年間、本村の小学校の「民辦」教師（前任者が「公辦」教師となって転出したため）として勤務したが、後に請負制となり、1983年に辞職し、NZ村の石膏の粉を生産する郷鎮企業で会計となり、同郷鎮企業が1996～97年頃に倒産するまで務めた（[20]187頁）。

⑨ WBG（酉年・1945年生れ）

父（WBD）は、1949年の解放前に180元の借金をしてP県の靴下工場の株を購入することによって、同工場に就職することができた（[18]220頁）。

⑩ WRS（亥年・1947年生れ）

1966年、初級中学を卒業した後、P県一中に進学し、同校を卒業した後は、本村に帰り、1974年にP県農牧局技術員となり、W家庄地域において農業技術を指導した（[22]236頁）。

⑪ WCG（丑年・1949年生れ）

母（ZSY）はP県城西大街で生れ（実家は「銭舗」を経営）、父（WYF）は「日昇昌票号」で会計として働いた後、YCで商売をしたが、1948年に本

村に戻って「儀華桟」という「商賈」を営み、1949年の解放後は本村の会計をやった。私（WCG）は、15歳（1964年）で本村の小学校を卒業して生産大隊に参加し、1967年（18歳）に本村がトラクターを購入すると、トラクターで土地を耕す「機耕隊」に入隊し、トラクターの運転は機耕隊入隊後に習い、他村でも耕作して料金を徴収した。1982年に人民公社の解体に伴って機耕隊が解散すると、月額4,000元でトラクターをリースして石炭・コークス・砂利・砂などを運び、1985年にトラックを購入して運送業を続けたが、1989年に競争が激化して儲からなくなると、運送業をやめ、自宅で養鶏業（採卵用の900羽）と「油坊」（搾油作業場）を始め（1992年まで）、1993年には工場を建設し、1994年に操業を開始した（[24]56～57頁）。

⑫ LRX（丑年・1949年7月生れ）

1963年（14歳）に本村の高級小学校を卒業した後、2年間、本村で農作業に従事したが、1968年から5年間、北京軍区第一戦車師団で装甲車に大砲を運ぶ任務に従事し、1973年3月に除隊して本村に戻り、同年10月に第6生産小隊長となり（後に第10生産小隊の小隊長も務めた）、鉄道のメンテナンスを請け負う民間の太原市養路工程隊に8年間ほど勤務した。1982～90年には太原鉄路局公務段で工事を請け負い、P県の農民工100人余りを指揮し、1990年に本村に帰ってきて約2年の休養後、1993年に党支部副書記、1994年に党支部書記、1995年に村民委員会主任を兼ねるようになった（[15]107頁、[20]191～192頁）。

3 1950年代生れ

① LZQ（寅年・1950年7月生れ）

1967年、W家庄中学校を卒業した後、本村の生産小隊に1年間参加し、翌年（19歳）に本村の小学校の「民辦」教師となり、1987～88年にT家堡小学校校長だった時、当該村で乳牛を飼育していた農家が多くの収益を上げていたのを見て、1989年に教師を辞めて本村に戻って乳牛の飼育を始めたが、2008年に「蒙牛」事件が発生して乳牛の買取価格が下落すると、本村でも乳牛を飼育する家は少なくなり、最近は出稼ぎが増えている。弟は太原

第Ⅰ編　社会環境の変動

煤炭学校を卒業した後、P県煤炭管理局に就職し、2010年現在はP県林業局書記を務めている（[11]158〜160頁・164〜166頁）。

② TWY（卯年・1951年生れ）

　1970年代に第7生産小隊で小隊長を務めていた時は、副業として酢を作り、一方、生産大隊では養豚や春雨作りをした。1987〜88年頃、P農機公司から1,600元で搾油機1台を購入して自分の家で搾油場を開設し、大豆を購入して大豆油とその搾り粕を村外から買付に来た商人に売った。こうして、私（TWY）は、搾油場を15年間経営し、本村で最初の万元戸となった。1968〜69年頃、P県城内の市場で買った大豆をW家庄で玉蜀黍と交換し、その玉蜀黍を清徐で販売し、また、自転車で小麦を転売して儲けた（[15]108〜109頁）。

③ TCC（辰年・1952年生れ）

　解放前、父は晋劇の劇団員で生計を立てていた。私（TCC）には7人の兄弟がおり、一番上の兄（TYC）は本村で農業（乳牛も飼育）に従事し、2番目の兄（TFC）は楡次の晋劇院で働き、3番目の兄（TGC）も晋劇院で働いていたが、後に楡次の工場に転職し、4番目の兄は小さい頃に親戚に預けられ、5番目が私（TCC）で、弟（TYC）は楡次の電気機械工場で働き、一番下の弟（TBC）は呂梁晋劇院で働き、兄弟はみなすでに退職した（[16]217〜218頁）。

④ LTW（辰年・1953年生れ）

　祖父はNZ村の出身だったが、本村に移住してきた（その理由・事情は不明）。私（LTW）は、本村で農業をしてきた（[24]55頁）。

⑤ WRK（辰年・1952年生れ）

　私（WRH）の兄（WRK）は、1975年に太谷師範学校（都市戸籍へ変更）を卒業して本村に帰って（農民戸籍へ変更）革命委員会副主任を務めたが、1976年に打倒されてから農業に従事した。1980年にJJB学校の教師（都市戸籍へ変更）となり、後にWJZ学区の教導主任、さらにDJ村学区の教導主任となった。2007年、白血病にかかり、55歳の若さで亡くなった（[25]64〜65頁）。

第1章 農村経済の発展と脱農化・零細農化の進行

4 小結

1930年代後半〜50年代生まれの人びとの経験から、1930年代前半以前に生まれた人びとの特徴に加えていくつかの新たな特徴を見出すことができる。村内外で小学校教師となった者や「晋劇」の劇団員になった者も多かった。また、1958年1月に「戸口登記条令」が発布され、都市戸籍と農民戸籍に分けられてからも、部分的ながら農村部出身者の高学歴化も進行し、元々農民戸籍だった者が都市労働者となって都市戸籍を取得したが、1959〜61年の「3年困難時期」に「都市人口の圧縮政策」が採用され、1962年には農村部出身者とりわけその妻や子供の多くが出身地の農村部へ帰されて農民戸籍に戻された。そして、都市部で勤務し続けた者も、定年退職をすると、その多くは本村に帰ってきた。また、改革開放以降、本村外へ労働力が流出するとともに、本村内でも農業外（運輸業、養鶏業、畜産業、搾油業など）就労者が出てきて脱農化が進行した。

3. 副業の展開

1 1952年以前

① WYF（子年・1936年9月生れ）の祖母（分水県北済村出身）は、紡糸・織布の技術を持って本村に嫁いできたので、家族が着る分の粗布を織っていた（[9]117頁）。
② 解放前、LSWは「土塩」を生成していた。そもそも、LJC（LSWの父）は本村で最初に「土塩」の生成を始め、しかも、その規模も本村内で最大だった（[23]122頁）。
③ 製塩は、TYが提案した副業で、草木灰を利用して生成し、かなり利益があり、近隣の村まで原料の高粱や玉蜀黍の殻を買いに行った。本村の約6,000畝の土地のうち約4,000畝までがアルカリ土質なので、解放前にはアルカリ土を利用して製塩する規模が大きく、精製した塩は楡次や太原に販売された。後に、アルカリを除去する土壌改良が進み、2010年7月現在にはアルカリ土質の土地が1畝もなくなったという（[16]226頁）。

④ JEF（午年・1930年12月生れ）の父（JDS）は、本村内のアルカリ土質の土地から「土塩」を生成・販売していた。解放前、本村内には1つの釜を5～6戸で交替で使用して「土塩」を生成する家が多く、P県城南から買付商人がやって来た。私（JEF）は、1962年から生産隊の馬車で農産物・農具・肥料などを運ぶ仕事をした（[9]119～120頁）。

2 1953～78年

①アルカリ土質の土地から「土塩」を生成し、各生産小隊が1斤当たり0.1元でP県供銷合作社に売った（[16]220頁）。本村北部の第6生産小隊から第10生産小隊までが「土塩」を生成していた。解放前は、八路軍の根拠地があった徐家鎮の人が日本軍の封鎖線を突破して「土塩」を買い付けに来た（[18]222頁）。

②生産大隊では、500匹の母豚を飼育し、子豚を各戸に分配し、個人で子豚を飼育して豚肉を売った。集団で製粉や豆腐・酢・酒などを作り、その残滓は養豚の飼料となった（[16]226頁）。

③第7生産小隊では、酢の醸造（高粱が主原料）を副業としていた。同生産小隊長のMRRは村外から酢を作れる人を呼んで来て技術指導を受けた。こうして、「醋坊」で作られた酢は供銷合作社に売った（[23]114頁）。

④第8生産小隊では、「土塩」を作る以外に、木材加工（主に荷車作り）の副業もあった。また、2台の馬車で運送もやった。第9生産小隊では棉花を栽培し、綿繰機で繰り綿してP県城へ売りに行った（[23]121頁）。

⑤毎年冬、運輸隊が村の7台の車を利用して太原市の「棉毛廠」まで棉花と羊毛を運送し、本村では個人的な関係があったため、国家から無利子で8,000元を借り、これに生産大隊から出した2,000元を加えて1万元で耕運機1台を購入し、近隣のW站・D村・X村・W家庄などで耕作し、1畝につき0.5～0.6元を稼いだ。さらに、2,000元で綿繰機1台を購入し、日中は村外の7～8ヶ村で綿繰りをし（1斤当たり0.03元の利益）、夜は本村で綿繰りをした。しかも、本村では4台のトラクターを購入した（[16]226～227頁）。

⑥第8生産小隊では、脚の不自由な老人2人が「土塩」を生成し、6人が二輪車を製造していた。また、LTW（66歳、酉年・1945年生れ）は、1972～75年、生産大隊の養豚場（300～400匹）で指導員を務めた後、1976～85年、生産大隊長を務めた。なお、生産大隊では緑豆・大豆・馬鈴薯を購入して春雨や豆腐を作った滓は豚の飼料にし、豚の糞は肥料として当該生産大隊下の10の生産小隊へ販売した（[11]168～170頁）。

⑦LZQ（寅年・1950年7月生れ）の妻（LYZ）は、実家のY郷Y村で「鶏毛弾子」（はたき）を製造する生産小隊（副業隊）に参加していたが、1972年に本村に嫁いでからも「鶏毛弾子」を作って家計を補った。私（LZQ）がP県城内でその原料となる鶏の羽毛を買い付けて、できあがった「鶏毛弾子」をP県城内の定期市で販売した（[11]159～160頁）。

⑧生産隊における副業として、第7生産小隊には酢作り場、全ての生産小隊には製粉場、D生産大隊には養豚場があった（[15]105頁）。

3　1979年以降

①2009年現在、本村には300頭余りの牛がおり、多くは乳牛で、蒙牛企業の代理商人が買付に来ている。豚は1戸当たり2～3匹飼育している。4万羽余りが飼育されている鶏は鶏肉よりも鶏卵用が多い。本村内には7～8軒の個人商店がある。全村人口の15％に当たる者が村外へ出稼ぎに出ているが、太原市に行く者が多く、山西省外へ行く者は少ない。村内の油坊で働く者も数人いるが、油坊から出る大豆粕は主に牛や鶏の飼料となり、肥料としては用いない。肥料は、主に化学肥料が用いられ、豚・牛・羊などの畜糞も多く用いられる。蔬菜は村民が自家消費分を少し栽培する程度で、ビニールハウスはない。2009年現在、玉蜀黍を栽培する者が多く、その全てが販売され、その茎は肥料として利用されている（[15]96頁）。

②本村の全戸数約930戸のうち約50戸が乳牛を飼育しており、飼育数は1戸当たり1～2頭だが、4～5戸は1戸当たり8～9頭を飼育しており、その所有数が最も多いSJSの家では10頭を飼育している。一方、本村西部には約500羽の鶏を飼育している家があり、また、養豚農家は20～30

第Ⅰ編　社会環境の変動

戸おり、1戸当たり3～5匹を飼育しているが、本村の西北部には数百匹の豚を飼育している家もある。また、羊を飼育している家も数戸おり、教会の近くのWPYの家では50匹近くの羊を飼育している（[16]218頁）。
③頭道街のカトリック教会の近くに狐・狸の飼育場があり、狐・狸はフィンランドから太原に輸入されたもので、河北省辛集からやって来た商人が毛皮を買付けて主にロシアに輸出している。また、頭道街西段路の北側に棗を材料としたお菓子を作る作業場があり、作業する6～7人の大部分は女性だった（[15]97頁）。
④WBX（1949年12月生れ）は、1980年以降、棉花を栽培したが、1985年頃からは棉花の買付価格が下がったので、棉花を栽培しなくなり、最近は、手間暇がかからず、最も収益の多い玉蜀黍を主に栽培し、その大部分を販売している。小麦は全く栽培せず、主食の小麦粉を購入している。また、1985年以降、商店で生の豚肉（「後大腿」）を購入して「猪肘花」に加工して自動車で太原市まで販売しに行くようになった。さらに、1997年からは乳牛の飼育を始め、牛乳とヨーグルトを生産した。2008年に12万元の搾乳機を購入して他人の乳牛の搾乳を請け負うようになり、同年に起こった「三鹿」牛乳（メラニン混入）事件で大打撃を受けたが、2010年現在も乳牛の飼育と搾乳は続けている（[12]181～182頁）。
⑤WYY（亥年・1959年9月生れ）は、1973年（14歳）頃から第8生産小隊で馬車による農産物の運送などを担当し、1981年に土地再分配が行われた時、生産小隊から騾馬・農具を安価で購入した。2000年以降、販売目的で鳩を飼育し始めた。最も多い時で120～130羽を飼育し、年間で3,000元以上の利益があった。本村には、鳩を飼育している家が多くおり、P県城内の定期市で介休県人が鳩を買い付けている（[9]117～118頁）。

4　小結

本村の多くの土地がアルカリ土質だったことから、1953年以前は土法による「土塩」の生成が盛んだった。そして、1953年以降、手工業社会主義改造によって副業の家内手工業が禁止されたが、生産大隊や生産小隊では製

塩・養豚・製粉・酢や酒の醸造・豆腐作り・春雨作り・運送などの様々な副業が展開し続けていた。また、村外から嫁入りした妻が、綿紡織の技術を持ち込んだり、「鶏毛弾子」（鶏の毛で作ったハタキ）を作る技術を持ち込んだりして（元々、実家の村で「鶏毛弾子」を作る生産小隊・副業隊に参加）、本村でも個人の副業として生産を続けていた事例も見られる。

　牛肉の生産地として有名なP県内のD村では1979年以降は一時的に乳牛の飼育が盛んになったものの、肉牛が飼育されることはなかった。

おわりに

　1949年以前の中国農村では均分相続が一般的だったとされているが、D村の零細農家では均分相続しない事例もあった。よって、近代中国農村における零細農化の進行は基本的には均分相続という慣習に根本的原因があったというよりもむしろ農村経済の発展を反映していた。また、土地所有・経営規模にかかわらず、一家の中で農業外就労者が増加し、脱農化が進行していた。

　中国の農村は、日本の農村と比べると、開放性と流動性が高く、この点こそが農村地域における商品経済の展開を支えていたと言えるのではないだろうか。そして、近現代中国農村では脱農化が二重の意味において進行していた。すなわち、村外に働きに出る（離村ではなく、定年退職した後に生まれ故郷の本村に戻ってくる）ことによって村内で農業には従事しなくなるのと並行して、村内にとどまりながら農業外副業に従事することによって農家の家計内における農業関連収入の割合が低減していた。

　一方、1953〜78年の社会主義経済体制下で見られた特徴は以下の3点である。第1に、教師になった者のうち都市部出身者が「公辨」教師となったのに対して、農村部出身者はより手当の少ない「民辨」教師となる者が多かった。すなわち、教師という職業においても都市と農民の戸籍間には差別があった。第2に、都市部の大企業や鉄路局のような公的機関への就職において事実上の世襲制が見られた。すなわち、親が退職すると、その子供が同

第Ⅰ編　社会環境の変動

じ企業・機関に就職することができる。第3に、「3年困難期」（1959～61年）直後の1962年に「都市人口の圧縮政策」によって都市部の企業・機関などに勤務していた農村部出身者（都市戸籍取得者）の少なくともその妻や子供が出身地の農村部に強制的に帰らされて農民戸籍に戻った。これは、農村経済の発展としての脱農化・都市化の流れに逆行していたが、脱農化の流れを押しとどめることはできず、1979年の改革開放以降、脱農化が急速に進行したと言える。

なお、我々が本村を訪問した数年間でも様々な変化が見られた。とりわけ、本村内で自家消費用蔬菜栽培（主に高齢者が従事）が減少し、P県城内への通勤手段としてバイクや自家用車が年々増えたことは、急速な脱農化・都市化の進行を反映していると言える。

文献一覧

［1］拙稿（弁納才一、以下同様）「近現代中国農村経済史分析の新たな枠組みと発展モデルの提示」（『金沢大学経済論集』第33巻第2号、2013年3月）。
［2］拙稿「中華民国前期冀東地区における農村経済の概況」（『金沢大学経済論集』第34巻第1号、2013年12月）。
［3］拙稿「中華民国前期冀東地区6県7ヶ村における農村経済」（『金沢大学経済論集』第34巻第2号、2014年3月）。
［4］拙稿「日中戦争時期河北省石家荘地区農村における経済発展」（早稲田大学東洋史懇話会『史滴』第36号、2014年12月）。
［5］拙稿「近現代北京市近郊農村における経済発展と都市化」（大阪経済大学日本経済史研究所『経済史研究』第18号、2015年1月）。
［6］拙稿「中華民国前期河北省玉田県7ヶ村における農村経済」（『金沢大学経済論集』第35巻第2号、2015年3月）。
［7］拙稿「中華民国前期冀東地区豊潤県3ヶ村における農村経済」（『金沢大学経済論集』第36巻第2号、2016年3月）。
［8］拙稿「日中全面戦争勃発前後における山東省農村経済の変動──恵民県孫家廟荘を例として」（金沢大学環日本海域環境研究センター『日本海域研究』第49号、2018年3月）。
［9］拙稿「華北農村訪問調査報告（3）──2009年12月、山西省P県の農村」（『日本海域研究』第42号、2011年3月）。
［10］拙稿「華北農村訪問調査報告（4）──2010年8月、山西省P県の農村」（『金沢大学経済論集』第31巻第2号、2011年3月）。

第 1 章　農村経済の発展と脱農化・零細農化の進行

［11］拙稿「華北農村訪問調査報告（5）——2010 年 12 月、山西省の農村」（『金沢大学経済論集』第 32 巻第 1 号、2011 年 12 月）。
［12］拙稿「華北農村訪問調査報告（6）——2011 年 8 月、山西省の農村」（『金沢大学経済論集』第 32 巻第 2 号、2012 年 3 月）。
［13］拙稿「華北農村訪問調査報告（7）——2012 年 8 月、山西省の農村」（『金沢大学経済論集』第 33 巻第 1 号、2012 年 12 月）。
［14］拙稿「華北農村訪問調査報告（8）——2013 年 8 月、山西省の農村」（『金沢大学経済論集』第 34 巻第 1 号、2013 年 12 月）。
［15］行龍・郝平・常利兵・馬維強・李嘎・張永平（弁納才一訳）「山西省農村調査報告（1）——2009 年 12 月、P 県の農村」（『日本海域研究』第 42 号、2011 年 3 月）。
［16］行龍・郝平など（弁納才一訳）「山西省農村調査報告（2）——2010 年 7 月、P 県の農村——」（『金沢大学経済論集』第 31 巻第 2 号、2011 年 3 月）。
［17］内山雅生・三谷孝・祁建民「中国内陸農村訪問調査報告（1）」（『長崎県立大学国際情報学部研究紀要』第 11 号、2010 年 12 月）。
［18］内山雅生・三谷孝・祁建民「中国内陸農村訪問調査報告（2）」（『長崎県立大学国際情報学部研究紀要』第 12 号、2011 年 12 月）。
［19］内山雅生・河野正・前野清太郎・祁建民「中国内陸農村訪問調査報告（4）」（『長崎県立大学国際情報学部研究紀要』第 14 号、2014 年 1 月）。
［20］内山雅生・菅野智博・祁建民「中国内陸農村訪問調査報告（5）」（『長崎県立大学国際情報学部研究紀要』第 15 号、2015 年 1 月）。
［21］田中比呂志「華北農村訪問調査報告（1）——2009 年 12 月、山西省 P 県 D 村」（『東京学芸大学紀要　人文社会科学系Ⅱ』第 62 集、2012 年 1 月）。
［22］河野正・田中比呂志「華北農村訪問調査報告（2）——2010 年 8 月・12 月、山西省 P 県 D 村」（『東京学芸大学紀要　人文社会科学系Ⅱ』第 63 集、2012 年 1 月）。
［23］郝平・常利兵など（河野正・佐藤淳平訳、田中比呂志監修）「山西省農村調査報告-2010 年 7 月・8 月・12 月、P 県の農村」（『東京学芸大学紀要　人文社会科学系Ⅱ』第 63 集、2012 年 1 月）。
［24］田中比呂志「華北農村訪問調査報告（3）——2011 年 8 月、山西省 P 県 D 村」（『東京学芸大学紀要　人文社会科学系Ⅱ』第 64 集、2013 年 1 月）。
［25］田中比呂志・孫登洲・古泉達矢「華北農村訪問調査報告（5）——2013 年 8 月、山西省 P 県 D 村」（『東京学芸大学紀要　人文社会科学系Ⅱ』第 65 集、2014 年 1 月）。
［26］河野正「華北農村調査の記録——2013 年 8 月、山西省 P 県 D 村の聞き取り記録——」（『東洋文化研究』第 16 号、2014 年 3 月）。

第2章
華北の寒羊・寿陽羊と日本

吉田 建一郎

はじめに

　20世紀前半、日本は、華北に分布し良質な羊毛を生む在来種の羊として、寒羊と寿陽羊に関心を寄せた。

　寒羊と寿陽羊は、「中国種 Chinese breeds」の「Fat-tailed type（脂肪尾羊）」に分類される（［1］282・283・285・288頁）。寒羊は、蒙古羊（Mongolian）の変種であり、河北省南部、山東省西部と南西部、河南省北部、山西省の黄河流域諸県の平坦部で多く飼育された。外貌の特徴は、脂肪尾が非常に発達し大きいことであり、毛質は細美かつ柔軟で、中国の羊毛の中で「品質は最上」であった（［1］285～287頁）。一方、寿陽羊は、蒙古羊の地方変種あるいはタイプ（模式種）であり、生息地は山西省の寿陽県とその周辺の山岳地帯であった。そして「体格はよく充実し、羊毛は細い」「蒙古羊ほど温順でなく、いくらか野性的」「体質はきわめて強健」などの特徴があった（［1］288頁）。

　日中戦争期は、軍需羊毛確保の必要性が高まった日本が、2種の羊に対する関心を強めた時期であり、羊の飼養の実態に踏み込んだ調査資料が作成された。本稿では、日中戦争期の1940年代前半に、寒羊と寿陽羊を主題として作成された3点の日本の調査資料に着目し、これらの内容からどのようなことが読みとれるのかを論じる。3点の資料とは、「寒羊実態調査」（『華北農業』第4期、1942年）、『山西の寿陽羊に就て』（1943年）、「山西の寿陽羊に就て」（『華北農業』第6期、1944年）である。

第Ⅰ編　社会環境の変動

　近代日本の中国調査資料は、同時期の中国の社会経済の実態を知る上で有効である。近代日本の調査資料はしばしば、中国産羊毛の品質が良好でないことを指摘した。品質の悪さは、日中戦争期に中国から羊毛を確保しようとした日本にとって不利な条件であった。では、良質な羊毛を得られる寒羊や寿陽羊の存在が、日本の試みにとって追い風になったのであろうか。本稿で紹介する調査資料からは、そうとは言い難いことがうかがえる。2種の羊について、日本が日中戦争前から見出してきた価値と、華北の農民にとっての位置づけとの間には差異があった。本稿の第1の目的は、戦時期の日本による中国産羊毛確保の試みを制約した多様な条件の一端を示すことである。

　第2の目的は、華北綿羊改進会の活動について検討を深めることである。1938年12月に中国における日本の占領地行政を司る組織として創設された興亜院の華北連絡部は、1940年4月、「北支那緬羊改良増殖計画要綱（案）」の中で、「緬羊ノ改良増殖ノ指導奨励ヲ行フ為」に、「華北綿羊改進会（仮称）ヲ設ケ」る案を示し（[2]）、同年11月、「華北ニ於ケル綿羊ノ改良増殖指導奨励機関トシテ」、華北政務委員会実業総署の監督下に、華北綿羊改進会が創設された。本部は北京に置かれた（[3]）。華北綿羊改進会の事業には、華北における綿羊飼養の実態調査が含まれていた。これまで華北綿羊改進会については、創設の経緯や綿羊の改良増殖計画への取り組みについて検討がなされ、改進会の存在が4、5年と短く、特に顕著な成果を挙げなかったことが指摘されている（[4]）。しかし、事業に含まれる綿羊飼育の実態調査についての検討は不十分であった。本稿は一部の調査資料の検討にとどまるが、従来の研究の空白を埋め、改進会の活動の全体像を明らかにしていく上で一定の意義があると考える。

　第3の目的は、20世紀前半の寒羊に対する日本の認識について新たな知見を加えることである。かつて筆者は、1930年代末に興亜院華北連絡部が、華北の綿羊、特に在来の優良種とされた寒羊を対象に作成した調査資料の内容を検討した。その中で、調査者が寒羊に十分に接することができず、また眼前の羊が寒羊か否かを的確に見分けられる状態に至っていなかったことを指摘するとともに、1940年代に入り、寒羊に対する日本の関心がどうなった

第 2 章　華北の寒羊・寿陽羊と日本

のかを検討することを課題に残した（［5］）。本稿は、華北に分布する優良な在来種と見なされた綿羊に対する日本の関心が戦時期にどう推移したのか、また、戦時期の日本が華北で羊毛を確保しようとする中でどのような課題に直面したのかを具体的に知る上で意義があると考える。

1．3 点の調査資料の作成まで

　羊は、毛、皮、肉をはじめ、人間の生活と深く関わる多様なものを提供する（［6］）。このうち、20 世紀前半の日本が特に関心を寄せ、綿羊飼育に関する政策に大きな影響を与えたのは、羊毛を生み出すという側面であった。
　日本の羊毛工業は、19 世紀後半の創始期から全面的に輸入原料に依存した（［7］29 頁）。第一次世界大戦が勃発すると、イギリスはただちに、それまで日本が輸入羊毛の 95％を仰いでいたオーストラリア産やニュージーランド産の羊毛を国家管理下にうつし、輸出を禁じた（［8］933 頁）。日本の羊毛工業は「非常ナル困厄ニ陥リ、毛織物其ノ他毛製品ノ価格ノ暴騰ヲ来セリ」という状態となった[1]。そこで 1917 年、農商務省内に臨時産業調査局が設置され、日本内地のほか、「各植民地、南満洲及東部内蒙古並支那其ノ他諸外国ニ於ケル羊毛ノ需要供給、緬羊ノ飼育状況並緬羊及羊毛ニ関スル平時及戦時ノ政策ニ付キ調査ヲ行」った（［9］32 頁）。
　臨時産業調査局の調査に基づき、1918 年度から 25 年で日本内地の綿羊飼育数を約 100 万頭（1 年の羊毛生産量は 600 万ポンド）にまで増やし、陸海軍人、警察官、運輸関連業務に従事する人びとの被服原料を自給するという計画がたてられた。予算が計上され、1918 年度から計画が実施にうつされた。ただ、「経済界ノ不況ニ伴ヒ、大正 11〔1922〕年以来数次行ハレタル行財政整理ノ為、本奨励事業ハ、施設未ダ整ハザル時期ニ於テ早クモ其ノ経費ヲ激減セラレ、事業ヲ縮小スルノ止ムナキニ至」った（［9］35～36 頁）。
　1924 年度には、指導・奨励の中心機関である 5 か所の種羊場は「未ダ其ノ機能ヲ発揮スルニ至ラズシテ続々縮小廃止セラレ」た（［9］36 頁）。1918 年において約 4,500 頭であった日本の綿羊飼養数は、1929 年には 20,000 頭

第Ⅰ編　社会環境の変動

を超えるまでに増加したが（[9]60〜61頁）、「羊毛の生産は本邦に殆んどなく、その大部分は世界の主要地たる豪州に供給を仰いでゐる」（[10]3頁）状況であり、1930年は輸入羊毛の97.3％、1931年は95.8％がオーストラリア産であった（[7]95頁）。1931（昭和6）年度には、予算の削減により、綿羊を100万頭にまで増やす計画は、「施行ヲ中止スルノ已ムナキニ至」った（[9]37頁）。

　第一次世界大戦勃発後に羊毛確保の問題に直面した日本では、政府を中心に、羊毛の供給地として中国大陸に着目する動きがあったが、一般事業者の関心は高まらなかった（[11]）。概して20世紀前半における日本は、中国産羊毛の質に対して高い評価を与えなかった。例えば1930年に満鉄が刊行した調査資料には次のような表現がある。

　・凡そ支那の羊は数千年来肉を喰ひ皮を着る為に飼養せるものにして、羊毛採取を主目的とせざるを以て、1頭当りの採毛量は極めて僅少なるのみならず、品質は極めて粗悪にして死毛粗毛多く、其上多量の夾雑物を含み、カーペットウールとして僅に世界的に存在を認めらるゝのみである（[12]1頁）[2]。

　・外人が支那羊毛の利用に着目して以来、累年輸出数量は増加し、今日では羊毛は支那に於ける重要なる商品であるが、牧羊者並に其牧羊事情には何等の変化なく、従つて羊毛の品質改良の加へらるゝことなく、死毛及び粗毛多く、加之輸出品として商人の手に取扱はるゝことゝなつて以来、支那の奸商は、取引に際し重量を加へて不当の利得を得る為有ゆる奸策を弄し、挾雑物を混入するもの多く、甚だしく支那羊毛の品質を害し、且つ支那国内の動乱の為、輸出数量には年々顕著なる増減あり、工業原料として価値を倍々低下しつゝあり。斯の如き状態にて支那羊毛は品質上、利用途は限られ、又極めて取扱ひ難き商品として遇せらる（[12]33頁）。

　中国産羊毛の利用価値が高くないという評価は中国側でも見られた[3]。全体として、質が低いという評価を受けた中国産羊毛であるが、例外的にそれとは異なる評価を受けた羊毛があった。華北に分布した寒羊と寿陽羊の毛で

ある。1930年に刊行された満鉄の資料は、寒羊毛について次のように説明している。

 直隷、河南、山東省に産する特種の套毛にして、外商は之を Lamb Wool と称す。繊維細くして捲縮性に富み光澤あり、挟雑物も少く、支那羊毛中品質第一位に居る。直隷省辛集鎮、順徳は其有名なる集散地である。山東省東昌府の産毛は品質最も優良なりと云ふ、直隷省御河沿岸に産するものを御河寒羊毛と称し、泊頭を経由して天津に出廻る、品質寒羊毛に比し稍異り、繊維套毛に類似し脂肪多し（[12]48頁）[4]。

寿陽羊の毛については、寿陽散抓毛として次のような説明がある。

 寿陽散抓毛は山西省寿陽一帯の産にして、繊維細くして強靭、品質散抓毛中第一位にして順徳に集散す（[12]50頁）[5]。

満洲事変（1931年）の後、中国への日本の軍事的進出が活発になるとともに、日本では軍需羊毛に対する需要が高まった。1936年5月にオーストラリアは日本から輸入する人絹布、綿布に高率関税を設けた。これに対して日本は、オーストラリアからの羊毛の輸入を制限した。日豪間の通商紛争は、同年12月に一応解決に至ったが（[13]127～128頁）、軍需羊毛の自給体制の確立が緊急の課題となった。1936年、日本政府は、軍の平時所要の羊毛を自給するため、「羊毛自給施設奨励計画」をたてた。この計画は1937年から6年後に綿羊を約33万頭、12年後に約120万頭に増やすというものであった。しかし軍需羊毛への需要がさらに増大したため、計画を拡充する必要が生じた（[8]970～974頁）。

1938年9月、企画院[6]が「羊毛生産力拡充大綱計画（案）」をまとめた。この計画は、「第1. 羊毛増産方針」で「日満及北支（蒙疆ヲ含ム）ニ於テ、緬羊ノ改良増殖ヲ図リ、以テ国防資源ノ要求ニ応スル」、「昭和13〔1938〕年コリ昭和21〔1946〕年ニ至ル9ヶ年計画トスル」などの方針を掲げた（[16]）。計画を実施する地域の中には、それまで中国の行政・研究機関が綿羊の改良・増産を試みてきた華北[7]が含まれていた。

表1は輸入先別の日本の羊毛輸入額である。1930年代後半、日本の羊毛の輸入額全体に中華民国からの輸入が占める割合は、0.12％（1937年）、

第Ⅰ編　社会環境の変動

表1　日本の羊毛輸入額（1937～39年）

(単位：円)

年	合計	中華民国	オーストラリア	南アフリカ連邦	アルゼンチン	その他
1937	298,403,862	381,757	118,196,247	82,762,773	17,713,050	79,350,035
1938	94,425,569	3,327,372	64,882,049	4,266,266	5,945,883	16,003,999
1939	72,590,259	11,162,548	51,377,644	1,598,762	686,232	7,765,073

出所：大蔵省編纂『日本外国貿易年表』。
注：羊毛とは、「羊毛（カード又ハコームシタルモノ）」と「羊毛（其ノ他）」。

3.5%（1938年）、15.4%（1939年）と高まる傾向にあった。日本では1938年3月から羊毛の輸出入リンク制（羊毛製品を輸出した者に輸出証明書が支給され、この証明書の譲渡を受けた紡績業者が羊毛の輸入割当を受ける制度）が実施された（[14]114～116頁）。これにより、第三国（外貨決済が必要な外国）との羊毛の貿易収支は、赤字が続いたものの好転した（[15]92～96頁）。円ブロックの中国からの羊毛輸入は、外貨の節約に寄与する可能性があった。

「羊毛生産力拡充大綱計画（案）」の中で、本稿の主題と関わりが深い内容として注目されるのは、華北において在来種、特に寒羊を増やすという計画が含まれていることである。「第3. 新規緬羊改良増殖計画」に、「北支ニ於テハ、速ニ緬羊改良増殖計画ヲ樹立実施シ、昭和21年ニ於テ改良種百万頭、生産羊毛量一万八千四百俵ヲ保持スルコト、之カ為必要ナル改良用種牡緬羊ハ、内地及朝鮮ヨリ供給スルノ外、在来種特ニ寒羊ノ増殖促進ヲ図ルコト」（[16]）とある。

1940年5月、興亜院華北連絡部が「北支那緬羊改良増殖計画要綱（案）」の「第2. 要領」で「緬羊ノ改良増殖ノ指導奨励ヲ行フ為、華北政務委員会実業総署ノ監督下ニ華北綿羊改進会（仮称）ヲ設ケ、緬羊育成場及緬羊管理所ヲ経営セシム」（[2]）という案を示し、同年11月、「華北ニ於ケル綿羊ノ改良増殖指導奨励機関トシテ」、華北綿羊改進会が華北政務委員会実業総署の監督下に創設された。本部は北京に置かれ、1943年までに西山（北京西郊）、済南、太原、石門（河北）に綿羊改進牧場が設けられた（[3]）。

華北綿羊改進会（以下、改進会と略記）の主な事業は6つあった。「1. 綿

羊改進牧場ノ設置」「2. 種綿羊ノ購入及貸付」「3. 綿羊技術員ノ養成ニ関スル事項」「4. 指導奨励ニ関スル事項」「5. 調査研究ニ関スル事項」「6. 綿羊ニ関スル知識ノ普及向上ニ関スル事項」である。「5. 調査研究ニ関スル事項」の内容は、「<u>華北ニ於ケル綿羊飼育ノ実態調査</u>並ニ其他綿羊改良増殖上必要ナル試験研究ヲ行フ」（下線は筆者）ことであり、「6. 綿羊ニ関スル知識ノ普及向上ニ関スル事項」とは、「綿羊ニ関スル講習、講話会、競技会並ニ品評会共進会等ノ開催、<u>印刷物ノ刊行</u>、標本ノ蒐集、其他綿羊ニ関スル知識ノ普及向上ニ必要ナル事業ヲ行フ」（下線は筆者）ことであった（[17]1～2頁）。事業内容に綿羊飼育の実態の調査や印刷物の刊行を含んでいた改進会は、「華北綿羊刊物」と称する資料群を刊行した[8]。ここには寿陽羊に焦点をあてた調査報告が含まれる。『山西の寿陽羊に就て』（華北綿羊刊物第17号、1943年）である。

このほか、改進会の関係者が、寒羊と寿陽羊に焦点をあててまとめた調査報告が雑誌『華北農業』の中に2点見られる。1点目は、占野靖年[9]・庄司四郎（華北綿羊改進会）「寒羊実態調査」（『華北農業』第4期、1942年）、2点目は、占野靖年・森彰[10]（華北綿羊改進会）「山西の寿陽羊に就て」（『華北農業』第6期、1944年）である。1940年、北京大学農学院、華北産業科学研究所、華北農事試験場を中心に華北農学会が組織され[11]、会長に農学院院長の龐敦敏、副会長に研究所長兼試験場長の秋元真次郎[12]が就任した。この華北農学会が学会誌として不定期で刊行したのが『華北農業』であり（[18]）、第1期（1940年）から第6期（1944年）まで刊行されたことが確認できる。

以下、上記の「寒羊実態調査」（1942年）、『山西の寿陽羊に就て』（1943年）、「山西の寿陽羊に就て」（1944年）の3点の調査資料に依拠して、1940年代前半の華北における寒羊と寿陽羊の飼養状況にどのような特徴が見られたのかを論じる。

第Ⅰ編　社会環境の変動

2．寒羊の飼養状況

　1940年代前半における寒羊の飼養状況を、「寒羊実態調査」（『華北農業』第4期、1942年）はどのように描いているのだろうか。この調査は、1942年4月10日から24日の15日間にわたり、「寒羊の原産地と目せられる河北省中部地方を実地踏査し、農村に於ける寒羊の飼育実態を観察聴取し、往時の羊毛及羊毛皮市場に就て、綿羊及羊毛事情をも聴取したもの」である。調査地は、河北省の藁城、晋、束鹿、邯鄲、順徳、大名であった。目次は以下の通りである。

　Ⅰ．緒論
　Ⅱ．調査時期及地域
　Ⅲ．蕃殖に関する事項（牝綿羊に就て、牡綿羊に就て）
　Ⅳ．飼養管理に関する事項（放牧、舎飼、羊舎及管理用具、寒羊飼育と宗教との関係、疾病の状態）
　Ⅴ．綿羊生産物（羊毛及羊毛皮、羊肉、羊肥、農家の綿羊収入）
　Ⅵ．其他の調査（寒羊の特徴に就ての調査、寒羊の推定頭数及分布状況、寒羊の沿革、寒羊の分布が所謂寒羊地帯より広がらなら〔い？〕[ママ]理由、寒羊と蒙羊の放牧群の構成状態、寒羊と蒙羊との雑種、灘皮）

　「緒論」に、「古来、支那羊毛中、寒羊毛の優良なることは夙に知られ、外商間にはLamb woolの名目の下に取引せられたが、寒羊そのものの実態に関する調査は比較的に寡い」という表現がある。
　「寒羊実態調査」の作成以前に、華北の寒羊を主題として作成された日本の代表的な調査資料は2点ある。1つは、興亜院華北連絡部『北支那緬羊調査報告』（1939年）である。これは、寒羊の実態を明らかにすることを目的として1939年3月に華北で行われた調査をもとに作成されたが、寒羊と特定できる綿羊に十分接することができないまま調査が終了した（[5]）。
　2つ目は、山根甚信[13]「北支那の寒羊」（『植物及動物』1巻4号、1933年）

である。これは 1922 年秋に直隷省南部を踏査した結果と、1924 年に北海道月寒種羊場から台北帝大に払い下げられた寒羊と蒙古種の羊の飼育実験結果、そして 1929 年以降、満鉄公主嶺農事試験場で行われた寒羊と他の羊種との交配試験の結果に基づき、寒羊の名称、分布、体型、毛質・毛量、繁殖力、気候や地形への適応性、生理的特徴、起源についてまとめたものである。

「寒羊実態調査」が、『北支那緬羊調査報告』や「北支那の寒羊」と比べて注目されるのは、寒羊を飼養する農民の存在が、良質な寒羊毛の安定確保・増産にすぐにつながるとは言い難いことが読みとれることである。日本は華北の寒羊の毛質に期待をしたが、寒羊を飼養する農民は、良質な羊毛を得ることを最優先したわけではなかった。農民が寒羊を飼養する際、何に重点を置いていたのかについて、次のような記述がある。

> 寒羊の飼育者は其の収入の重点を何に置くか。農家に於ては必ず羊肥を得ることを第 1 の目的とする。第 2 は仔羊であり第 3 が羊毛であるが、羊毛には余り重きを置かないやうである。其の例として晋県方面に於ては、冬季の補助飼料代を羊毛にて充当すると謂ふ。……飼育者の毛質に対する態度は極めて無関心にして、毛質改良等考慮せることは全然ない（藁城、晋県、束鹿）。

寒羊は「特別な場合（大雨、大雪）を除き、年中努めて放牧」した。「穀雨期、即ち 4 月中旬頃になると、綿羊の食する生草が出揃ふから、此時期より 12 月迄は専ら放牧せしめ補助飼料は給与しない」が、「1 月より 3 月迄は放牧の時間は比較的短く、甘藷蔓、高粱下葉、粟稈等を補助飼料として給与」した。放牧の場所は「主として道路傍、河畔（晋県、藁城方面にては主として滹沱河々畔）、墓地、鉄路沿線、未耕地の丘等を利用」した。

放牧群は「小なるものは 20－30 頭、稍大なるものは 50－60 頭で 100 頭を越へる様な群は本調査地区に於ては見られな」かった。「藁城県方面の寒羊群には約 10％の蒙〔古〕羊を混じ、晋県方面のものは約 5％の蒙〔古〕羊を混ずる」という状況であり、「大名県方面のものは 1/3 が寒羊、1/3 が蒙羊で、残りの 1/3 が両者の雑種であ」った。放牧は「牧夫 1 名にて約 30－40 頭の放牧群を管理するのを常と」した。

第Ⅰ編　社会環境の変動

　調査地域では、牧夫を「放羊的（Fang Yang Ti）又は看羊的（Kan Yang Ti）と呼び……放羊的が最も多く用ひられ」た。放羊的は「普通は男子で、小孩か老頭児が多いが、一般に彼等は一生放羊的で終る場合が多く、綿羊群が農家間に取引せられる場合は放羊的附の儘譲渡せられる事が多」かった。

　羊肥（羊糞）を得ることを重視する寒羊飼養農民は、羊肥からどれくらいの利益を得たのであろうか。「Ⅴ．綿羊生産物」の「農家の綿羊収入」という節には次のようにある。

　　正確なる算出は不可能であるが、飼育人の概算に依ると〔牧夫である〕放羊的の給料と羊毛代とが匹敵し、放羊的の食費と綿羊補助飼料とは生産仔羊に依り補ふことが出来る。併し、普通、此飼料は農業副産物であるから計算外とすれば、仔羊は余生ずる計算となり、其の他羊糞が1頭当り年産300斤として約9圓となり、何れの飼養法に依つても羊糞だけは純益となるやうである。

　1頭あたりの羊糞による収入が約9圓よりもさらに高かったことがうかがえる次のような記述もある。

　　晋県張家庄の一貧農にあつては、綿羊の飼育を羊糞買〔売？〕却の主目的としてゐるものがある。其の価額は馬車1台（土を約95％含むもの1,000斤）約3圓である。30頭飼育して馬車約141台の土糞を得、1台3圓にて売却し、約423圓の収入を得ると謂ふ。

　ここにある30頭を飼育し423圓を得るという表現によれば、1頭あたり14.1圓となる。

　次に子羊の売却について、「Ⅲ．蕃殖に関する事項」の「牝綿羊に就て」という節に、以下のような説明がある。

　　生産仔牡羊中、特に優秀なものは約1割を種牡候補として残し、其の他は約1個年飼養後売却するを普通とするが、肉綿羊出廻期（主として旧正月前）に入れば、1個年に達しないものも大小混じし1群として値を附し売却するもので、1頭当り約18圓乃至20圓に相当すると謂ふ。

　では、羊毛の売却により得られた額はどれくらいであろうか。「Ⅴ．綿羊生産物」の「羊毛及羊毛皮」という節によれば、調査地では、「何れも剪毛

第2章　華北の寒羊・寿陽羊と日本

のみにて抓毛することはな」く、「藁城県に於ては春秋2回、晋県に於ては春夏秋の3回、或は春秋の2回に剪毛」した。子羊の場合、「生後約1個年にして剪毛するのを普通とするが、5－6個月で既に剪毛してゐるのも見受られ」た。寒羊の毛量は、成綿羊では、「2回剪毛の場合は春毛最大1斤5両、最小8－9両、平均12両の程度で……秋毛は平均5－6両であ」った。1斤は16両である。3回剪毛の場合は、「春毛6両乃至1斤5両、〔夏の中伏に剪毛する〕伏毛2－4両、秋毛2－4両、大約上記の如くであるが、種々の事情により非常に差があるやうで……大体1個年間に1瓩〔＝kg〕前後と推定」された。

　農家の羊毛販売額は、「春秋2回剪毛の藁城県に於ては1斤につき春毛約3圓、秋毛3圓30銭の程度で……3回剪毛をなす他の地区では〔1斤につき〕春毛1圓60銭－1圓80銭、伏毛2圓40銭－2圓60銭、秋毛2圓50銭乃至4圓であ」った。ただ、「この価額の中には高価に過ぎるものがあ」った。羊毛は「何れの地区に於ても、仔羊のものも成羊のそれも混合し売却する習慣になつてゐ」た。

　上記の数値をもとに羊毛による収入を推定してみる。2回剪毛の場合、春毛の収量を12両、秋毛の収量を5.5両とすると、春毛が2圓25銭、秋毛が1圓13銭で合計3圓38銭となる。また、3回剪毛の羊毛について、春毛、伏毛、秋毛のいずれも最も高価に合計1kg（1.67斤＝26.7両）、うち伏毛と秋毛を4両ずつ売却できたと仮定しても、春毛2圓10銭、伏毛65銭、秋毛1圓、合計3圓75銭であり、1頭あたり約9圓あるいはそれ以上の額の羊糞、1頭あたり18－20圓という子羊の額を大きく下回る。

　寒羊から良質な羊毛を獲得し売却することに対する農民の関心の低さは、寒羊の疾病に対する姿勢からもうかがえる。3回剪毛の場合の1年間の毛量が1kg前後と推定されることについて、「是は甚だ少きに過す感があるが、この地方〔＝調査地域〕の寒羊が殆ど疥癬に罹つてゐることも1つの原因であると思われる」との分析がある。しかし「農民は之〔＝疥癬〕を疾病と認めず放任してゐる状態であ」った。

　1943年、改進会は、綿羊の改良増殖について「重点的ニ集中指導ヲ行フ

第Ⅰ編　社会環境の変動

目的ノ下」に「重点地区」を決定し、このうち河北の真定、順徳、冀南の各道と真渤特別区、山東の東臨、武定、済南、曹州の各道が「寒羊地区」に選定された（[19]）[14]。改進会が寒羊飼養に重点的に取りくむ地域を設定した背景の１つに、「寒羊実態調査」から読みとれる状況、つまり「寒羊を飼養する農民の存在＝良質な羊毛の安定的な確保・増産が期待できる」とは言い難い状況が関わっていたことが想定される。

3. 寿陽羊の飼養状況

寒羊とともに、毛質が優良な華北の在来種として日本が注目した寿陽羊の飼養状況について、『山西の寿陽羊に就て』（華北綿羊刊物第 17 号、1943 年、以下①と略記）と、「山西の寿陽羊に就て」（『華北農業』第 6 期、1944 年、以下②と略記）の２点の資料はどのように描いているであろうか。

①の構成は次の通りである。
1. 緒言
2. 綿羊飼育状況
   (1) 綿羊分布状況　(2) 飼育状況　(3) 管理状況　(4) 放牧状況　(5) 放牧人の利得　(6) 衛生状況
3. 綿羊飼育の事情
4. 綿羊改良に対する農民の意向
5. 考察

②の構成は以下の通りである。
　緒言
　Ⅰ．寿陽県の農業概観
　　(1) 位置、地勢及気候　(2) 面積、人口　(3) 農業状態　(4) 家畜の種類と頭数
　Ⅱ．寿陽羊に関する調査
　　(1) 性質及特徴　(2) 頭数及分布状況

Ⅲ．飼養管理に関する事項
 （1）綿羊飼育目的 （2）飼育状況 （3）管理状況 （4）放牧状況 （5）蕃殖に関する事項 （6）剪毛
Ⅳ．寿陽羊に対する農民の意向
Ⅴ．考察

　1943 年刊行の①と 1944 年刊行の②では構成に違いがあるが、両者の「緒言」、①の「2．綿羊飼養状況 （4）放牧状況」と②の「Ⅲ．飼養管理に関する事項 （4）放牧状況」、①の「3．綿羊飼育の事情」と②の「Ⅲ．飼養管理に関する事項 （1）綿羊飼育目的」などがほぼ同様の記述であり、②の作成に際し①が参照されたと推定される。
　①の「緒言」は、中国の在来の優良種から羊毛を確保する必要性が高まっていること、華北では寒羊とともに寿陽羊も優良種に含めることができ、この改良・増殖を図る必要があることを次のように指摘する。

　　　由来日本及支那に於ける毛織物の原料は、地元支那羊毛を充分使ひこなすことを得ずして、外国産の羊毛を輸入して大なる矛盾を持つて居たのであるが、大東亜戦争下、時局益々多端にして外国産羊毛の輸入杜絶し、現地共栄圏内に於ての調辨に迫られ、支那羊毛は、時局下その重きを加へ、羊毛の生産拡充は緊急問題となり、羊毛の科学工業に依る高度の利用化は必然的に要求せられるに至つた。さり乍ら資源の開発こそは更に焦眉の緊急事にして、之が対策として綿羊改良の必要なることは言ふを俟たない所であるが、是に併行して、現下の支那綿羊中より優良種を探索し、優秀なる羊毛を確保して、資源の開発に努めることは肝要なことである。

　　　北支の綿羊中、寒羊種の優秀なるは周知の如くなるも、之に次いで蒙古羊の 1 種に寿陽羊と称するものがあり、之は山西省東北寿陽県附近一帯に飼育せられる綿羊で……その羊毛は密生し綿毛多く、極めて優良にして、華北の綿羊資源の重要なるものである。これを現在の比較的恵まれたる環境に於て更に其の特性を活用し、その改良増殖を図るは肝要に

第Ⅰ編　社会環境の変動

　　　して且つ先決問題であると思考せられる。……今回華北綿羊改進会渡部
　　　技士が寿陽県に赴きその飼育状況を実地踏査した。

　調査時期が「今回」となっており、1940年代初頭としか確定できないが、1944年刊行の②には、「民国 31、32〔1942、43〕年の各 10 月の 2 回に亘り、寿陽県に赴きて飼育状況其他を実地調査せる」とある。

　寿陽羊に焦点をあてた①②でまず注目されるのは、寒羊の調査と同様に、優良種を飼養する農民の存在が、彼らから安定的に羊毛を確保し、羊毛の増産が期待できることを意味しないことが読みとれる点である。

　寿陽では、日中戦争勃発前は、「県内に約 7 - 8 万頭の綿羊が飼育せられて居り、その大部分が寿陽羊と推定せられ」（① 1 頁）たが、1941 年度の県公署による調査では、綿羊は 15,000 頭、1942 年度は 39,000 頭であった（② 115 頁）。戦争前後の頭数の差は、「動乱に依る減少、事変後、隣県の孟県、平定県、楡次県等に相当多数の移動があつたこと、及び治安等の関係に依る調査洩れのある事等が想像出来る」（② 115～116 頁）という。

　寿陽の各農家の綿羊飼養数は、「最大繋養頭数約 20 - 30 頭にして、4 - 5 頭の所有者が大多数」であった。「華北一般農家と同様、綿羊を飼育する目的は第一に肥料を得ること、次いで仔綿羊を売却して確実なる現金収入の道を計る」（① 4 頁）ことにあり、「直接飼育者に聞いた処に依つても第 1 に肉、第 2 に羊糞が目的であると言ふ」（② 117 頁）反応であった。そして、綿羊を所有する農民である「羊主は、羊毛より利益を得ることは全然出来ない」（① 4 頁）という状況であった。

　寿陽で綿羊を飼養する農民が羊毛から利益を得られないのは、この地の放牧の慣行が関わっていた。①の「2．綿羊飼育状況」の「(4) 放牧状況」と「(5) 放牧人の利得」が、この慣行について詳細に紹介している。

　　　寿陽県内に於ける飼育状況中特に注目に価するものは、完全なる共同放
　　　牧を実施して居ることである。……早春 4 月、放牧人は各農家が農耕を
　　　始めると同時に、部落の綿羊を後述する契約のもとに集め、約 100 頭を
　　　1 単位として野草の発芽を追つて山岳地方に長期移動放牧するのである。
　　　併して 8 月下旬、青草期を過ぎるに至れば充分に肥満した羊となり、再

び部落附近に下り、11月下旬に至るまで畑地に刈跡放牧をなし、降雪期に入ると各農家に綿羊は返還せられる。

上記の「契約」については、次のように説明されている。

此の地方の放牧人は、他地方の如く年工、或は月工として雇庸せられるものでなく、独立せる綿羊放牧請負業者であると同時に、此の地方唯一の綿羊技術者でもある。羊主と放牧人との契約方法は種々あるも、最も普通な契約は次の如くである。

(a) 放牧人は羊主より放牧期間（4－10月）1頭につき 0.50－1.00 圓を貰つて綿羊を放牧する。

(b) 放牧期間中の綿羊生産物は、仔羊を除く外、羊毛、羊糞は全部放牧人の所有となる。

(c) 放牧期間においては持主たりとも、放牧人の承諾なくしてはその綿羊を販売することを得ぬ。

(d) 放牧中、綿羊が疾病又は事故により斃死するとも、放牧人は別に責任を負はず、羊主に毛皮を返却するのみである。

(e) 放牧に必要なる労力、資金は総て放牧人が自分で負担する。

放牧人が 100 頭の羊を 1 年間管理した場合の収支は、収入が 290 圓（羊毛代 100 圓、放牧料 100 圓、羊糞代 90 圓）で、支出が 170 圓（牧童 2 名を雇ったときの人件費 160 圓、剪毛・抓毛用具、放牧用鞭などの雑費 10 圓）であった。

収入に含まれる「羊糞代」とは、「放牧人が 8 月、山より降り、9、10、11 月の 3 箇月間、部落附近の作物の収穫後に放牧をなしてゐる際に、農家に 8 日間を 1 期とし、夜間丈綿羊を宿泊せしめ、此の間に於ける羊糞をその家に売却する契約をなしたものであ」り、「100 頭単位の綿羊より 1 夜に約 1.00－1.50 圓の羊糞を生産せるものと見做されてゐ」た。そして、「放牧人に預託せる間は、綿羊主には何等羊糞に対する権利を有せず、羊群を自分の家に宿泊せしめる場合、その中に自分が預けた綿羊が混入してゐる場合においても、矢張り羊糞代を支払はなければならぬ」とされていた。

以上のように、寿陽における綿羊の放牧慣行では、綿羊の生産物の処理に

第Ⅰ編　社会環境の変動

対する放牧人の関与の度合いが強く、綿羊所有者である農民が羊毛の管理、売却に関わる余地はなかった。同様の内容は②でも言及されている。こうした状況を踏まえ、①②のいずれも、放牧人との関係を深める必要性を指摘している。①には、「……羊官児〔＝放牧人〕を充分に把握して〔寿陽羊の〕同種改良〔＝選択淘汰〕に依る資質の向上を図り、以て生産羊毛の市価を江湖に問ひ、収買機構を確立し、次第に本綿羊の分布を押し拡めて寿陽羊地帯を形成しなければならない」とある。

　ただ、放牧人は、農家からの委託を受けて放牧を行い、その上で羊毛を売却するため、放牧人の行動のみで羊毛生産量を大きく伸ばすことは難しい。寿陽特有の放牧慣行のもとで寿陽羊毛の生産量を増やす方法の1つとして、個別農家が寿陽羊の飼養数を増やすことが考えられる。ただ、この試みを短期間で実現するのは容易ではないことが、寿陽の地形や、飼料と飼養数との関係に言及した②の次の表現から推定される。

　　〔寿陽〕県下各農家の綿羊飼養頭数を見るに、最大繋養頭数20－30頭で、4－5頭の飼育者が大多数を占めてゐる。之は特に当県が山西省の山岳地帯に位してゐる為、耕地が少い故である。更に当地区の綿羊冬期飼料は豆莢、黒豆を給与する関係上、自家生産飼料を給与する場合は4－5頭以上を繋養する事が困難な事情に由るのである。即ち当地に於ける綿羊収容可能頭数は、主として冬期飼料たる自家生産の黒豆の収量に依つて決定せられるのである。

　この問題に関して、①に次のような表現がある。
　　農家で黒豆等を旧態依然として無造作に与へて居るのは、夏季放牧の飽食と共に栄養良好なる原因となり、一応は羊毛の優秀なる原因とも考へられるが、〔冬季の〕舎飼期に於ける飼料対策に積極性を見出されない所は、更に技術的指導を以てせば、家畜の包容力を増加し得ることを想はしめる。

　しかし、個々の農家への「技術的指導」は相応の時間を要するであろう。また仮に個別農家による寿陽羊の飼養数が増えた場合、放牧人に支払う放牧料が増加し、農家が自家の収支に影響が出ないのかどうかの判断を下すまで

にも時間を要するであろうし、農家が飼養数の増加を拒む可能性もありうる。
②は次のような表現で結ばれている。

　寿陽羊は遺憾乍ら一小地域に分布するに過ぎず、従つて頭数も少く、故に羊毛の市場価値も十分に認識せられてゐない。即ち寿陽県一帯の農家に可及的速に綿羊を斡旋し、農家に対して技術的指導を以てしてその収容力を増加し、同時に放牧人との接触を密にして、之を十分把握して、同種改良に依る資質の向上を図り、以て生産羊毛の市価を江湖に問ひ、次第に本綿羊の分布を拡大して、確固たる寿陽羊地帯を形成しなければならない。

①の結びも、これとほぼ同様に、寿陽を起点に寿陽羊の飼養範囲を広げる必要性とその実現のための方策を示している。ただ同時に、2つの資料で紹介される放牧の慣行や、綿羊飼養における羊毛の非主流的な位置は、そうした方策の実現が決して容易ではないことも暗示している。前章で、改進会が1943年に綿羊の改良増殖の「重点地区」として「寒羊地区」を定めたことに触れたが、同時に改進会は、山西省の「太原管区楡次以西」を「重点地区」の中の「寿陽羊地区」に選定し、また同年7月には太原に支部を設けた（[19]）。寿陽から離れた地域に「寿陽羊地区」を指定した背景に、2つの資料に描かれた寿陽における綿羊飼養の実態が関わっているのかもしれない。

おわりに

　本稿では、日中戦争期の1940年代前半に、華北に分布する在来の優良種の羊として日本が期待を寄せた寒羊と寿陽羊を主題とする調査資料から何が読みとれるのかを述べた。

　1936年に作成されたと推測される文書「支那羊毛調査（続）（上情36第71号）」[15]の「支那羊毛輸出状況」という章に、1933-35年の中国の羊毛輸出統計の紹介に続き、「日本向ニ〔輸出が〕振ハサル理由モ、常ニ濠洲或ハ新西蘭羊毛ノ代用ト謂フ目的ニ支那羊毛ヲ持ツテ来ルカラテアツテ、支那羊毛ノ特徴ニ付何等顧ミル処ナシ」という表現が見られる。オーストラリアや

第Ⅰ編　社会環境の変動

　ニュージーランドの羊毛の質を基準に中国の羊毛の価値を捉えようとした日本にとって、良質な毛を生む寒羊や寿陽羊は望ましい羊であった。寒羊に対する期待の例として、興亜院華北連絡部の調査資料に次のような記述が見られる。

　　北支緬羊ノ飼育ハ、蒙古地帯又ハ西北牧野地帯ト異リ、各農家個々ニ飼育セラルル集約的ナルモノデアツテ大群放牧デハナイ。緬羊飼育経済ノ根本ヲ誤ツテ迄モ之レヲ改良シナケレバナラヌ危険ヲ、支那農民ニ強ヒルワケニハ行カヌ。此処ニ於テ緬羊改良増殖ノ根本的研究ヲ必要トスル。一方ニ於テ、北支那緬羊中ニ、今直ニ我等ノ要求ニ応ジ得ル緬羊ガアルトスルナラバ、之レガ増殖ト利用ノ最善ヲ尽サネバナラナイコトトナル。然ルニ幸ナコトニハ、北支那ノ一部ニハ、所謂寒羊ト称セラレル繊細毛ヲ有スル緬羊ガ飼育セラレ、近来其ノ利用ノ声ガ頓ニ盛トナツテ来タ。即チ在来支那緬羊ノ改良ヲ計ルト共ニ、一方寒羊ノ急速ナル増殖ヲ計ルコトガ有利ナリト叫バレテ居ルノデアル（［20］3頁）。

　本稿で検討した1940年代の3つの調査報告は、華北における寒羊や寿陽羊の飼養がどのような点に重点をおいて行われていたのかを具体的な数値を通して知ることができる。さらに、寒羊や寿陽羊の飼養のあり方に、飼養地域のどのような自然的条件や慣行が関わっていたのかを具体的に知ることができる。管見の限り、こうした特徴は、1930年代までの調査資料では顕著でなく、1940年代前半の調査の深化を見いだせる。

　同時に、本稿で検討した調査資料に見られる、羊毛に対する華北農民の認識、綿羊飼養農家の収入に羊毛が占める割合、羊毛売却への放牧人の関与などに関する記述からは、優良種を飼養する農民・地域の存在が、良質な羊毛の安定的確保や容易な増産にすぐにつながるとは言い難いことがうかがえる。日本の羊毛確保の試みには様々な制約が存在したのである。また、戦前期の日本が、中国の綿羊について、どのような性質の毛を具えているのかということに関心の重点を置き、飼養現場の環境に関する情報を十分に蓄積しなかったという特徴をうかがい知ることができる。

第 2 章　華北の寒羊・寿陽羊と日本

文献一覧
［１］森彰『図説　羊の品種』（養賢堂、1970 年）。
［２］興亜院華北連絡部「北支那緬羊改良増殖計画要綱（案）」（1940 年 4 月、ACAR（アジア歴史資料センター）Ref.B06050487400、外務省外交史料館）。
［３］華北綿羊改進会『華北綿羊改進事業概況』（1943 年、ACAR（アジア歴史資料センター）Ref.B06050487400、外務省外交史料館）。
［４］丁暁杰「日偽時期"華北綿羊改進会"及其活動述論」（『中国農史』2007 年 3 期）。
［５］吉田建一郎「興亜院華北連絡部『北支那緬羊調査報告』について」（『史学』第 85 巻第 1 〜 3 号、2015 年）。
［６］羽鳥和吉「ヒツジの起源と改良の歴史」（田中智夫編著『ヒツジの科学』朝倉書店、2015 年）。
［７］伊東光太郎『日本羊毛工業論』（東洋経済新報社、1957 年）。
［８］農林省畜産局編『畜産発達史　本篇』1966 年。
［９］農林省畜産局『本邦内地ニ於ケル緬羊飼育ノ沿革』1938 年。
［10］東京支社『本邦の羊毛工業（東京支社経済資料第 8 号）』（刊行年は不詳であるが、記載内容から 1930 年代初頭と推定される）。
［11］北野剛「羊毛自給と満蒙」（同『明治・大正期の日本の満蒙政策史研究』芙蓉書房出版、2012 年）。
［12］南満洲鉄道株式会社臨時経済調査委員会『支那羊毛』（南満洲鉄道株式会社、1930 年）。
［13］秋谷紀男『戦前期日豪通商問題と日豪貿易――1930 年代の日豪羊毛貿易を中心に――』（日本経済評論社、2013 年）。
［14］通商産業省編『商工政策史　第 16 巻　繊維工業（下）』（商工政策史刊行会、1972 年）。
［15］白木沢旭児『日中戦争と大陸経済建設』（吉川弘文館、2016 年）。
［16］企画院「羊毛生産力拡充大綱計画（案）」（1938 年 9 月、ACAR（アジア歴史資料センター）Ref.B05016226700、外務省外交史料館）。
［17］華北綿羊改進会　占野靖年『華北綿羊改進会要覧』1942 年。
［18］田島俊雄「農業農村調査の系譜――北京大学農村経済研究所と「齊民要術」研究」（末廣昭責任編集『岩波講座「帝国」日本の学知　第 6 巻　地域研究としてのアジア』岩波書店、2006 年）。
［19］華北綿羊改進会『民国 32 年度　華北綿羊改進会業務報告書』（1944 年、ACAR（アジア歴史資料センター）Ref.B06050487400、外務省外交史料館）。
［20］興亜院華北連絡部『北支那緬羊調査報告』1939 年。

註
1）本稿では、日本語史料引用の際、筆者が適宜句読点を補う場合がある。
2）近代中国の羊毛がアメリカのカーペット工業と深い関係にあったことについては、臨時経済調査委員会『支那羊毛カラ見タ世界ノ羊毛事情』（1928 年）や、谷山隆雄『米

第Ⅰ編　社会環境の変動

　　国ニ於ケルカーペット工業ト支那羊毛』（1929 年）などが言及している。
 3) 例えば、宋棐卿が 1932 年に創設した天津の東亜毛呢紡織股份有限公司は、創業後、
　　毛糸の品質の悪さが問題となり、原料羊毛をオーストラリア産に変更するなどの対応
　　により品質の改善を図った（李静山・郄希源・陳亜東・孟広林「宋棐卿与東亜毛呢
　　紡織公司」寿充一・寿墨聊・寿楽英編『近代中国工商人物志　第二冊』北京、中国文
　　史出版社、1996 年）。東亜毛呢紡織の発展史を扱った代表的な研究に、Brett Sheehan,
　　Indusrial Eden: A Chinese Capitalist Vision（Cambridge, Massachusetts, 2015）．がある。
 4) 引用文中の「套毛」とは冬季に密生し陽春前に刈り取った羊毛で、形状が羊の体の
　　形にしたがって 1 枚になっているものをいう（［12］43 頁）。
 5) 引用文中の「散抓毛」とは、清明節前後に、抓手と呼ばれる熊手のようなものを使っ
　　て取った毛であり、太さや質に関係なく混交し、「抓毛」のように球状に束ねること
　　はなかった（［12］50 頁）。
 6) 戦前期に総動員計画などを担当した内閣直属の総合国策立案機関。1937 年 10 月に
　　企画庁が資源局を吸収して成立（永原慶二監修『岩波日本史辞典』1999 年、285 頁）。
 7) 例えば山西では、山西全省模範牧畜場（1917 年創設）がメリノを、山西銘賢学校
　　が 1932 年からランブイエ・メリノを用いて在来種の毛質を改良するなどの試みを
　　行った（楊常偉「民国時期山西省綿羊改良実証考査」『中国農史』2009 年 1 期）。
 8) 管見の限り、台湾の中央研究院近代史研究所図書館（以下、中研院と略記）、東京
　　の農林水産政策研究所（以下、政策研と略記）、茨城の農林水産技術会議事務局筑波
　　事務所（以下、農技会と略記）、スタンフォード大学図書館に、19 点の所蔵が確認さ
　　れる。書名、刊行年、所蔵場所は以下の通りである。①『華北之綿羊』（華北綿羊刊
　　物第 1 号、1941 年、農技会）、②『華北綿羊改進会要覧』（華北綿羊刊物第 4 号、1942
　　年、中研院）、③『西北羊毛の品質に関する研究』（華北綿羊刊物第 5 号、1942 年、中
　　研院）、④『西北開発と牧畜』（華北綿羊刊物第 6 号、1942 年、中研院）、⑤『綿羊の遺
　　伝綜説』（華北綿羊刊物第 7 号、1942 年、中研院・農技会）、⑥『北京近郊ニ於ケル綿
　　羊肥育法』（華北綿羊刊物第 8 号、1942 年、中研院）、⑦『大陸綿羊の改良』（華北綿
　　羊刊物第 9 号、1942 年、中研院・農技会）、⑧『中国綿羊の改良と人工授精術』（華北
　　綿羊刊物第 10 号、1942 年、中研院）、⑨『華中の湖に就て』（華北綿羊刊物第 12 号、
　　1943 年、中研院）、⑩『蒙古の牧業』（華北綿羊刊物第 13 号、1943 年、中研院）、⑪
　　『羊肉家庭料理』（華北綿羊刊物第 14 号、1943 年、中研院）、⑫『綿羊之品種』（華北
　　綿羊刊物第 15 号、1943 年、中研院・農技会）、⑬『華北に於ける綿羊に関する調査』
　　（華北綿羊刊物第 16 号、1943 年、中研院・政策研）、⑭『山西の寿陽羊に就て』（華北
　　綿羊刊物第 17 号、1943 年、中研院・政策研・農技会）、⑮『綿羊の疾病』（華北綿羊刊
　　物第 18 号、1943 年、中研院・農技会）、⑯『綿羊の蕃殖』（華北綿羊刊物第 19 号、
　　1943 年、農技会・スタンフォード）、⑰『綿羊の管理』（華北綿羊刊物第 20 号、1944 年、
　　中研院・スタンフォード）、⑱『綿羊の飼養』（華北綿羊刊物第 21 号、1944 年、中研
　　院・スタンフォード）、⑲『綿羊の生産物』（華北綿羊刊物第 22 号、1944 年、中研院）。
 9) 1905 年生まれ。和歌山県出身。九州帝国大学農学部農学科卒。農学博士（九州大
　　学）。1959 年の時点で、農林省畜産局畜産課長の職にあった。主な著書に『家禽家畜

第 2 章　華北の寒羊・寿陽羊と日本

飼育各論』『家畜品種論』『畜産経営』がある（社団法人日本著作権協議会編集、監修、発行『著作権台帳 文化人名録 第 26 版 本冊』2001 年、1105 頁、占野靖年『畜産行政概論』養賢堂、1959 年）。
10) 愛媛県出身。宮崎高等農林学校出身。1949 年の時点では宮城県農業短期大学教授を務め、1957 年の時点では東北大学農学部家畜育種学教室に所属。1960 年、『雄動物の繁殖障害に関する研究』で農学博士（九州大学）の学位を得た（占野靖年・森彰『緬羊詳説：実験・飼育』養賢堂、1949 年、武田満・森彰・中島誠・西田周作「実験動物の育種、特に繁殖と成長に関する研究——1.2 系統の Rat について」『実験動物』6 巻 6 号、1957 年、『日本博士録 昭和 35 年集』1961 年、599 頁）。
11) 華北産業科学研究所と華北農事試験場の全体像に迫った成果に、山本晴彦『帝国日本の農業試験研究——華北産業科学研究所・華北農事試験場の展開と終焉』（農林統計出版、2015 年）がある。
12) 岡山県出身。1919 年、東大農学部卒業。農事試験場技師、鴻巣試験場勤務を経て、北京大学農学院教授に就いた（『第 13 版大衆人事録 外地、満・支、海外篇』帝国秘密探偵社国勢協会、1940 年、支那 2 頁）。
13) 1889 年生まれ。鳥取県出身。東北帝国大学農科大学卒業。北海道帝国大学助教授、台北帝国大学教授などを経て、1949 年に広島大学教授となった。家畜の比較形態学・繁殖学を研究し、人工授精技術を導入した。1972 年逝去（上田正昭等監修『日本人名大辞典』講談社、2001 年、1987 頁）。
14) この報告書には、1943 年度に、改進会が河北省産の寒羊 46 頭を移入し、山西省公署に 18 頭、太原鉄路局に 1 頭、甲第 1811 部隊に 42 頭を貸し付けたことが書かれているが、「重点地区」に多数の寒羊を貸し付けた記録はない。
15)「上情」は『上海情報』を意味する。『上海情報』は、満鉄の外郭団体であった財団法人東亜経済調査局の上海支局が作成した秘密文書であり、「上情〇〇号」という形で関係方面へ配布・発送された（白岩一彦「国立国会図書館所蔵満鉄文書——概要と主要文書案内——」『参考書誌研究』69 号、2008 年）。ここで引用したのは、南満洲鉄道株式会社『北支羊毛関係資料（満鉄調査）』（1929 - 36 年、公益財団法人東洋文庫所蔵）に収められたものである。

第3章
農村における結核と労働移動

福士 由紀

はじめに

　1933年10月、第一回全国結核会議の開会式において、当時の上海特別市衛生局局長・李廷安は以下のように述べた。

　　　結核は全ての主要な感染症のうちで最も広範に流行しております。経済状態がすぐれず、結核予防の仕組みが欠如している中国では、特にそうだといえます。中国の結核による死亡率は10万人あたりおよそ300と見積もられており、この死亡率を中国の人口にあてはめてみると、結核による死亡者は年間120万人になります。臨床的に結核に罹患しているとされる人数をこの10倍と考えますと、合計で1,200万人もの結核患者が中国にいる、ということになります。これは非常に憂慮すべきことであり、この国に莫大な経済的損失をもたらしているといえるのです（[1]301頁）。

　結核は結核菌によって引き起こされる感染症である。結核菌は感染箇所に炎症を起こし、組織を破壊しながら増殖し、発病者の咳やくしゃみにより空気中に散布され、それを吸い込んだ人に感染する。感染力はさほど強くはなく、感染しても必ずしも発病するとは限らない。現在では感染者における発病率は5～10％とされている（[2]）。栄養不良や過労、老齢などにより抵抗力が弱まっている人が発病しやすいとされる。結核菌は身体の様々な部位をおかすが、最もよくみられるのが肺結核である。発病すると咳が出て発熱し、衰弱し、寝汗や胸部の痛みといった症状があらわれ、重症化すると喀血し死

45

第Ⅰ編　社会環境の変動

に至ることもある。

　中国では、1930年代、国力と国民の健康状態との関係が強く意識される中で、結核が社会問題として大きく取り上げられるようになった。上述の全国結核会議は、政官界・医学界・経済界など各界からの参加者により構成された全国レベルの結核予防団体である中国予防癆病協会（防癆協会）の設立を受けてのものであった。

　歴史研究の分野では、近代期中国の結核問題は、細菌学説をはじめとする近代医学理論や技術の中国への流入とその影響に焦点をあてた医学史研究（[3][4]）、防癆協会の組織と活動の分析からナショナリズムと衛生・健康との関係を論じた医療社会史研究（[5]）、医学界をはじめとした各界における結核をめぐる言説および諸対策を通して中華民国期の政治文化の特徴を論じた文化史研究（[6][7]）が行われてきた。

　ところで、結核の流行という問題は、近代期、多くの国や地域が経験したものでもあった。結核は発病者との接触により感染が広がる。故に人口密度の高い環境が影響すると考えられ、欧米や日本では、近代化過程での都市化や住民の生活水準の問題、工業化の問題と結びつけられて、こうした社会経済的環境下での人びとの疾病認識や、諸対策の展開について検討されてきた（[8][9][10][11][12][13]）。特に近代日本においては、結核は「国民病」と称されるほど全国的に蔓延し、人口動態にも影響を与えたことから、繊維産業における若年女性工場労働者（女工）の労働移動と彼女たちの帰郷にともなう農村部での結核死亡率との関係を数理モデルにより解明し、工業化の負の代償としての結核問題を論じた研究もある（[14]）。

　こうした近代期の社会経済のありようと結核問題との関係は、上述の近代中国の結核問題を扱った先行研究群ではさほど強く意識されてこなかった。そこで、本章では、1930年代の医学界における結核をめぐる議論を手がかりに、特に結核の農村部での普及とその背景について初歩的検討を試みたい。こうした作業を通じて、近代期中国の農村社会の人びとの生活と健康の関係の一側面を照射できるものと考える。尚、本章では、河北省を主たる対象として考察を進めるが、その理由は河北省定県衛生実験区で実施された医療・

第3章　農村における結核と労働移動

衛生調査のデータが存在していること、また比較的多くの社会調査や経済実態調査等が実施されたため、関連資料の利用が可能であることによる。

1. 近代中国における結核流行状況

[1] 結核死亡率

ある国や地域の結核による影響をはかるための指標として、一定の人口あたりの結核による死亡率が一般的に用いられる。上述の李廷安の演説に見られるように、1930年代前半、結核が社会問題化された時期の中国における全国の結核死亡率は10万人あたり300程度と見積もられていた。当該時期の中国においては全国レベルでの生命統計は行われておらず、この300という数値は、北平（北京）第一衛生実験所[1]管区の1927〜31年の5年間の結核死亡率の平均値である318、上海特別市の1928〜32年の5年間の平均値244という数値を基に、全国の状況を加味して見積もられたものである（[1]301頁）。

この数値を日本と比較してみると、日本では1918年に10万人あたり257という最高数値を記録した後、低減傾向を示し、1933年当時では187という数値が記録されている（[15]36〜40頁）。300という数値は同時代の日本と比較した場合、比較的高い数値であり、当該時期の医学界においては、国際的に見ても中国では結核が非常に流行しているという認識がもたれていた。

[2] 地域的流行状況：都市と農村

1930年代、広範な一般市民を対象とした結核被害の状況の把握は困難であったが、各地域の学校や病院などを単位に、結核の流行状況を調査する研究は進められていた。上海のヘンリー・レスター医学院のH. S. Gearは、1933年から34年の全国16ヶ所の病院の外来・入院患者199,745人の記録から、華北・長江流域・華南の各地域における結核患者の分布状況を検討し、病院患者全体に占める結核患者の割合は、華南（3.00％）、長江流域（5.06％）、華北（6.88％）で、北方ほど高い傾向があることを示した。また肺結核を理

47

由に診療を受ける患者は 15～34 歳の青少年・壮年層が最も多く、患者の経済状況は比較的裕福で、職業では屋内での仕事に従事する者が多いことを指摘した（[16]）。Gear のこの研究は、特定の病院患者のみを対象としたものであり、中国社会全体の状況を反映したものではない。だが、地域的な流行状況の一端を示すものとして、同時代には衛生行政当局によって参照されることもあった（[17]88～89 頁）。

都市と農村といった地域属性の違いに着目した調査も行われている。こうした調査は主として、特定の地域の学校の児童・生徒や病院患者を対象にツベルクリン検査を実施し、結核菌感染の有無、感染強度、被験者中における感染者の割合を検討することで、児童・生徒などが生活する環境内での結核普及の程度を推測するという方法をとっていた。上海医科大学の D. G. Lai らによる上海呉淞区と高橋区のそれぞれ 0～19 歳の住民を対象とした調査では、上海の外港であり淞滬鉄路の起点でもあった呉淞区の被験者のツベルクリン反応陽性率が 65％に対し、黄浦江を挟んで対岸の高橋区では 44.5％であった（[18]）。Annie V. Scott による山東省済南の斉魯大学病院小児科患者を対象とした調査でも、都市部在住の子どもが 52％の陽性率を示したのに対し、農村部では 29％であった（[19]）。

同様の傾向は、北平協和医科大学の Philip T. Y. らによる北平市内（5,858 人、3 ヶ所の私立中学校および公立小学校）・河北省定県県城（1,003 人、各種学校）・定県農村部（557 人、6 ヶ所の村の学校）・北平郊外の香山慈幼院（440 人）の 5 歳～18 歳の児童・学生および結核患者との接触経験のある者あるいは結核感染の疑われる者（424 人）の総計 8,282 人を対象とした調査でも確認されている。図 1 は、この調査結果のうち北平・定県県城・定県農村・香山慈幼院の数値を示したものであるが、都市部（北平・定県県城）に比較して郊外（香山慈幼院）と農村部（定県農村部）での被験者全体に占めるツベルクリン反応陽性率は、各年齢とも低い数値を示している。この結果について、Philip T. Y. らは、結核が農村部よりも都市部において流行しているという状況は、他国と同様に中国においても一般的であること、また北平のような大都市のみならず、定県県城のような小都市においても、結核菌へ

第3章 農村における結核と労働移動

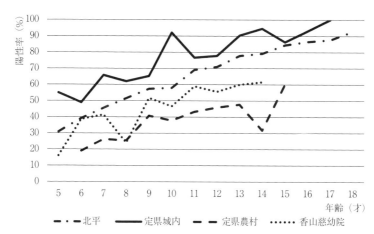

図1 北平・定県県城・定県農村・香山慈幼院におけるツベルクリン反応陽性率
出所：[20]559頁より作成。

の感染に有利な状況があるとの見解を述べている（[20]560頁）。

以上のように、当該時期の医学界では結核は農村部に比べ、都市部でより流行しているものとしてとらえられていた。だが一方で、農村部においても結核が主要死因の1つであったことを示す資料も存在している。

2. 河北省定県における死因調査と結核

近代期の中国農村の人びとの健康状況を示す資料は極めて少ないが、河北省定県の一部地域に関しては、例外的に一定程度の資料が存在する。河北省定県（現在は定州市）は、北平の西南200kmほどの地点に位置し、北平と漢口とを結ぶ平漢鉄路（現在は京広線）沿線にある。人口は1930年段階で39万7,149人、うちおよそ85％が主として農業により生計をたてていた（[21]121頁、149頁）。定県は、晏陽初を中心とする中華平民教育促進会が1926年に事務所を置いて以来、郷村建設運動が展開された地域でもある。中華平民教育促進会は、中国農村の四患として「愚」「貧」「弱」「私」をあげ、文芸・経済・衛生・公民教育を展開することで、これら四患を克服し、多方面にお

49

ける農村社会の改良を目指した（[22]）。衛生事業は、1929年、アメリカのミルバンク基金会からの援助を受けて本格的に開始された（[23]、[24]67～99頁、[25]175～201頁、[26]）。

定県衛生実験区における事業内容は、地元の青年に短期訓練を施す郷村保健員の養成を含む県・区・村の三級制の医療制度の創出、種痘の普及、井戸の改良、助産士の訓練と新式助産の普及、衛生教育など多岐に及んだが、出生・死亡・死因を統計的に把握する試みも行われた。

1932年以降、警察官や衛生検査員（中学卒業生で6ヶ月の専門教育・実習を受けた者）、郷村保健員による調査をもとに生命統計が作成された。登記対象の地域・人口は、1932年の県城を中心とした地域400人程度から、1933年には県城および16村、1934年には22,600人[2]、1935年には103,000人、1936年には170,000人へと拡大した。調査を行う郷村保健員は、登記表の記入方法、死因となる疾病に関する知識や中国語での表記法について医師から指導を受けた上で調査・登記を行った。彼らにより集められたデータは感染症対策を統括する医師の指揮の下、専門の事務員が整理・分析を行っていた。（[27][28][29][30][31]）。

表1は、1933年から36年の主な死因別死亡率を示している。呼吸器系の結核の10万人あたりの死亡率は、1933年に397.5という高い数値を示した後、翌年以降、208、178、141と低下傾向を示している。

表1中の呼吸器系結核死亡率の数値に関しては多少の検討が必要であろう。1933年の397.5という数値は、1930年の全国の推計値300を大きく上回るものである。これはあるいは死因登記を始めて間もない時期であり、死因が必ずしも正確に記録されなかった可能性はないであろうか。死因を記入する際、医師による判断が行われていたのかどうかは、資料からは確認できない。仮に医師による診断が行われていたとしても、全ての死者に対しそれが行われたとは想像し難い。故におそらく多くの死因は、調査員による死者の家族等からの聞き取りに基づく判断と推測される。定県の農民の間では、結核を含むと考えられる「肺癆」という病が日常的な死亡原因の1つとして認識されていたことは、李景漢らが定県の5,255戸に対して行った人口調査から見

第3章　農村における結核と労働移動

表1　定県主要死因別死亡率（1933～36 年）

(人口 10 万人対)

1933		1934		1935		1936	
死因	死亡率	死因	死亡率	死因	死亡率	死因	死亡率
呼吸器系結核	397.5	老衰・卒中	239	猩紅熱	653	老衰・卒中	270
老衰・卒中	283.1	呼吸器系結核	208	老衰・卒中	318	呼吸器系疾患	160
呼吸器系疾患	225.2	消化器系疾患	173	赤痢	230	消化器系疾患	156
痙攣・ひきつけ	150.5	心肺疾患	159	下痢症・腸炎（2 歳以下）	200	猩紅熱	151
下痢症・腸炎（7 歳以下）	137	感染症および寄生虫病＊	119	呼吸器系結核	178	呼吸器系結核	141

＊腸チフス、発疹チフス、赤痢、天然痘、ペスト、コレラ、ジフテリア、流行性脳膜炎、猩紅熱、はしか、化膿性感染症、狂犬病以外の感染症および寄生虫病を意味する。
出所：[30] 71 頁、[31] 384 頁より作成。

てとれる。李景漢らが、1929 年内の死亡者 296 人の死亡原因を死者の近親者等の住民にたずねた際、死亡者の 20.61％にあたる 61 人が「肺癆」（うち肺病が 3 人、その他の癆症が 58 人）により死亡したと住民は答えており、これが死因の第一位であった（[21]284 頁）。このような農民たちの間での、「肺癆」＝よく見られる死因という認識が、死因の記録に影響した可能性は考えられる。

だが、上述のような登記時の不正確さがある程度あり、1933 年の数値が過大であったとしても、表1が示す期間の結核死亡率の低下がおおよその傾向を示しているのではないかと考えられる理由もある。表1が示す 1930 年代前半、中国の農村は恐慌にみまわれていた。1920 年代半ば以来の国際農産物価格の下落と 1931 年の国際銀価の上昇にともなう中国元の対外為替レートの引き上げは、中国の農村にも大きな影響を及ぼした。中国国内でも農作物価格が下落し、農民たちの現金収入は減少した。また都市部から農村部への資金流入も滞り、その結果、従来農民たちが短期的・長期的な資金調達を行っていた農村金融市場も縮小し、農家家計は打撃を受けた（[32]109～137 頁）。

定県においてもこうした状況が見られた。定県の主要農産物は粟・小麦・

豆類・高粱・綿花などであるが、例えば1933年1月を100とした小麦の価格指数は、1931年に114、1932年に128であったのが、1934年には64に下落し、35年には97まで回復、36年1月には93、同年10月には123と変動している（[33]238頁）。定県の代表的な商品作物である綿花は小麦ほどの価格の変動は見られなかったが、定県内では土壌が綿花栽培に適さないため穀物の多毛作や綿花以外の作物栽培を主とする農家もあった（[34]）。また、農村金融市場の緊縮問題も発生しており、それへの対応として1932年には中華平民教育促進会により信用合作社の導入が図られている（[35]）。

1930年代初めからの経済変動が徐々に人びとの生活を圧迫していたことは、この間、家産を債権者に没収された家が、1931年には51家、32年には256家、33年には2,889家へと増加したことからも見てとれる（[36]103頁）。厳しい家計の中で、人びとが食料品や日用品の消費を減らすことで対応し、それが生活水準の低下をもたらし、健康状態にも影響したのではないかと推測される。定県の農家家計調査は、農家家計のおよそ60～80％が食品への支出に占められていたことを示しており（[33]256～257頁）[3]、多くの農家が食料品を市場で入手していたことがわかる。家計の規模に合わせて、食品や日用品の消費を弾力化させるという行動パターンは、1940年、南満州鉄道株式会社調査部による定県農村実態調査において、戦時下の農家の現金収入の減少にともない、塩や肉などの食品や燐寸・石炭などの日用品・燃料の消費が大きく減少しているという指摘からも見てとれる（[37]100～110頁）。

表1に見られる結核死亡率の低下傾向について、中華平民教育促進会衛生部部長・陳志潜（C. C. Chen）は、「1936年の地域経済の相対的順境によるものとする向きもあるが、その理由ははっきりとしない」（[31]385頁）とやや留保した説明をしているが、ある程度は地域経済の状況が人びとの健康状態に影響したのではないかと考えられる。

以上のことからは、1930年代前半には、結核は定県のような農村社会にも一定程度普及していたことが見てとれる。表1に見られるように、統計上では、呼吸器系結核は1933年には死因の第一位、34年では第二位、35、36年には第五位を占めており、農村においても主要な死因の1つであった。

3. 農村社会の暮らしと結核

1 結核流行の原因をめぐる議論

　では、定県のような農村社会を含めて結核が流行していた原因は、どのように考えられていたのだろうか。雷祥麟は、近代期の中国における結核の流行原因をめぐる議論の特徴として、それが工業化・都市化や生活水準といった社会経済的要因によって生み出される「社会病」としてではなく、伝統的な家庭生活や習慣を原因とする「家族病」として枠組み化され、議論されたことを指摘している。換気の悪い住居での大家族の同居、洗面用具や食器の共有、1つの皿の料理を全員でつつく食事方式、1つの寝台や炕で家族が一緒に就寝する習慣、痰をところかまわず吐く習慣などが結核の蔓延を助長する原因とされ、改善対象とされた。1930年代以降、防癆協会を中心に行われた結核予防運動では、「個人杯（個人専用のカップ）」や「公共筷子（取り分け用の箸）」の使用など、一見些末とも思われるような日常生活習慣の改善が声高に提唱された。これは、当該時期の国際社会では結核のコントロールには、患者の療養のための制度と施設の設置と並んで、人びとの生活水準の改善をもたらす社会経済的改革が必要と考えられていたが、当時の国民政府にとってこれらは実現可能なものではなく、むしろ比較的効果が出やすい天然痘やコレラといった感染症への対処が優先されたことが背景にあったとされる（[6]）。

　定県衛生実験区においても、天然痘、胃腸系疾患、新生児破傷風といったコントロール可能な疾病への対策が主眼として位置づけられていた。結核はこれら三種の疾病と比べると「人びとの経済状態によるもの」（[27]63頁）であり、「中国農村では死亡率の主因となっている疾患の根絶には時間と忍耐が必要で、現状の社会経済的条件下において全ての疾病を同時に抑制しようとするのはばかげている」（[30]74頁）との認識がもたれていた。それ故に、学校での衛生教育の一環として「個人杯」や個人タオルの使用といった日常衛生の心得が教育される以外（[38]242～243頁）の具体的な結核対策

第 I 編　社会環境の変動

は年次報告資料からは確認できない。

　以上のような家庭や生活習慣をめぐる議論のほかに、家庭外での労働環境や都市・農村間の人口移動と結核の関係を指摘する議論も見られる。北平協和医学院の G. A. M. Hall は、家庭が最も危険な感染源としつつも、児童・学生・教師などの学校での感染、医学生や医師・看護師などの病院・診療所での感染に加え、中国でよくみられる労働慣行である徒弟制度も結核の流行を助長するものであると指摘している。「中国の商業や手工業の大部分で取り入れられている徒弟制度は、結核の普及に理想的な状態をもたらす。少年が家を離れて、特に感染から発病に至りやすい年代の時に、青年や大人と密接に接触しながら働き、食事をし、眠る。貧しい食事や過密状態、長時間労働といった他の「原因要素」が衰弱を加速させ、働けなくなり、徒弟は家へ帰る。そしてそこでは、彼が彼自身の家族に対する病気の拡散者となるかもしれないのだ」（[39]914～915 頁）。

　このような外出者の労働環境内での感染は別の研究者によっても指摘されている。コーネル大学病理学教授で北平協和医学院の訪問教授でもあった Eugene L. Opie は、北京で結核により死亡した人の解剖結果と死者の生活史とを調査し、結核に初感染した結果、発病し死亡した 20～35 歳の人びとの中では、北京・天津・南京といった大都市の出身者は少なく、もともとは農村居住者で故郷を離れ 2～5 年以上の者が多数を占める、という結果を示した。そして、これらの人びとの多くが兵士としての職歴を有していたことから、軍隊での集団生活・業務の中で感染した可能性が高いことを指摘している（[40]）。また、国民政府衛生当局も都市で結核に感染した人の農村への帰郷について、1936 年、国際連盟保健機関により開催された極東農村衛生会議の準備資料内で言及している（[17]90 頁）。

　これらの議論からは、農村住民の労働移動、その労働環境や集団生活内での感染・発病、帰郷による農村部への結核の普及という「帯患帰郷」が、その規模こそ明確ではないものの、あり得るのではないかと考えられていたことがわかる。1910 年代、日本の繊維産業における女工の結核「帯患帰郷」問題を指摘した石原修は、過密で不衛生な寄宿環境の中での結核への感染、夜間

第 3 章　農村における結核と労働移動

労働を含む過重労働による体力消耗からの発病、労働不能による帰郷と農村部への結核の普及という実態を指摘し、工業化と結核問題との関連を示した（[41]）。近代期の中国においても紡織工場などの軽工業部門の労働者の結核問題を指摘する声はある（[42]142 頁）。とりわけ遠隔地から来集した労働者が雑居する草棚（掘立小屋）のような住環境は、多数の労働者が換気設備も不満足な狭い家に集住し、各種の疾病の温床をなしていた（[43]512～525頁）とされる。だが、本稿において近代期中国の労働者の労働・生活環境と疾病リスクとの関係を論じる余裕はない。これについては今後の課題とすることとし、以下では近代中国の「帯患帰郷」の議論の前提となっていたと思われる農村部での人口移動の様相を確認しておきたい。

２　華北農村社会における労働移動

　近代期の華北農村における人口移動については、離村問題や満州移民問題などを中心に多くの研究が行われてきた。そこでは、自然災害・戦乱・1 人あたり耕地の狭小さと余剰労働力問題・農民自身の価値観の変化・商工業部門の発展による吸引などの要因により人口移動が行われたことが指摘されてきた（[44]20～82 頁、[45]39～80 頁、[46]13～53 頁、[47]487～500 頁）。
　表 2 は、1924～34 年（1 月～3 月）の河北省定県における省外移動人口を示している。1924 年および 1930 年代には多数の人びとが省外へ移動していることがわかる。定県では 1920 年代には毎年のように水害が発生していたが、1924 年の水害被害は相対的に大きなものであり（[21]756～757 頁）、表 2 中の 1924 年の人口移動の多さはこれを反映しているものと考えられる。1930 年代以降の数値は、上述の農村恐慌の影響によるものと思われ、1934 年には 1 月から 3 月の 3 ヶ月で前年 1 年の 2 倍近い 15,084 人（うち男性が 14,499 人）が県外へ移動している。このうち、1,338 人に関しては、移動先および移動先での職業、年齢についての調査も行われている。移動先では 60％が満州（中国東北部）、18％が北平・天津・安国・石家荘・保定などの近隣および河北省都市部であった。また、職業では 67％が苦力、以下、農業労働者（10.9％）、商業（7.7％）、兵士（7.5％）であった。1,338 人の移動者のうち

第Ⅰ編　社会環境の変動

表2　定県省外移動人口（1924～34年（1月～3月））

(人)

	満洲（中国東北部）	その他各省	合計
1924	1,085	451	1,536
1925	394	338	732
1926	372	409	781
1927	398	369	767
1928	274	258	532
1929	325	449	774
1930	228	215	443
1931	322	1,046	1,368
1932	1,778	1,589	3,367
1933	5,012	2,837	7,849
1934（1月～3月）	15,084		15,084

出所：[36]99頁より作成。

975人が単身で移動しており、全体の9割が20～50代であった（[36]99～102頁）。以上からは定県からも多くの男性が苦力として満州へ行ったことが読み取れる。彼らがそこでどのような労働に従事し、どのような生活をしていたのかを具体的に明らかにすることは難しい。だが1928年、満鉄社長室人事課が刊行した『大連に於ける中国人労働者の生活状態』というパンフレットでは、「単身者の住居」について、間口から伸びた廊下の両側に炕を設け、その上で廊下の方に脚を向けて油漬の鰮を並べたように並んで寝る、と表現されており、苦力たちの集住生活の一端がうかがえる（[48]148～149頁）。

　ところで、表2からは、災害や景気変動による大量の人口移動が確認できる年が見られる一方で、それ以外の年においても数百人規模の人口移動があることがわかる。本書第一章の弁納論文でも示されているように、零細農の多い華北農村社会では、農業以外に副業や出稼ぎを含めて家族内の労働力を配置する家計戦略がとられていた（[46]97～99頁、[49]162頁）。以下では、1942年、満鉄調査部により行われた河北省良郷県呉店村の農村慣行調査を

第 3 章 農村における結核と労働移動

もとに労働移動の一様態を見てみよう。

　良郷県呉店村は、北平の西南、氷定河の流域、平漢鉄路の沿線にある。調査当時の主な作物はトウモロコシ・粟であり、全村 70 戸のうち自小作が 50 戸程度、小作だけのものが 6 戸であった。村内 1,100 畝の農地のうち 600 畝は外村人が所有しており、自己所有地を耕作するだけで自足できる農家は殆どいないとされる（[49]399 頁）。こうした状況から、慣行調査の応答の中には、しばしば出稼ぎについて言及が見られる。

　村民の主な出稼ぎ先は北平だが、親類や友人などの縁故を頼って南京や庫倫へ行く者もあった（[50]411〜412 頁・422 頁）。北平への出稼ぎ先での主な職業としては、商店店員、菓子職人、玉器職人、絹織物工、首飾り職人、靴職人、家具職人などがあげられ、半年〜数ヶ月の短期的な出稼ぎとしては菓子屋、人力車夫、ペンキ屋があげられている（[50]412 頁・430 頁・431 頁・437 頁・467 頁・516 頁・517 頁）。商売や手工業のための出稼ぎでは、10 代半ば〜後半の年代の少年が北平へ出て、徒弟を経て給料をもらうようになり、家に金を持ってくる。より年配の出稼ぎ者の場合、「苦力位しかできぬ」という（[50]516 頁）。

　家族成員を外出させるかどうかは家長の判断による（[50]459 頁）。ある農民の家では、北平で靴屋の徒弟をしている息子の年季が明けた後、村に残っている息子の妻が北平へ行くかどうかは父母によって決められるという。「月給をもらっても 10 何元くらいでは夫婦で暮らせない。結局家から補助するようになるから（妻が北平へ行くのは）許さない」（[50]467 頁）という言葉からは、家長を中心とした農家家族のあり様と、出稼ぎ労働収入をも含めた農家の家計戦略を垣間見ることができよう。

　ところで、こうして出稼ぎに出た労働者は、そのまま都市に定住する者もあれば、北平へ出た後、数年〜数十年を経て帰村する者も多く見られる。金を稼ぎ、村で土地を購入して帰村するケース（[50]422 頁・430 頁・431 頁）や、土地を相続して帰村するケース（[50]430 頁）、身体的不調により帰村するケース（[50]437 頁）など、帰村の理由が示される応答もあるが、理由が明らかにされないものも多い。商店や工房の倒産、解雇、仕事への不適合

57

など、出稼ぎ先での仕事上の理由、家族内労働力の再調整が必要とされる家庭内部の問題など、その理由は様々であったろう。

　外出者の帰村傾向については、満鉄による慣行調査と1965年に作成された「階級档案」内の各農家の家史を利用して近代期の河北省昌黎県侯家営村の人口移動について検討した呉家虎の研究でも指摘されている。河北省の東北隅に位置し、満州とも近い侯家営村は、地味不良で水害も多いため、満州での就業が生計問題を解決するための選択肢の1つとされていた。侯家営村では、商業や手工芸などを学び生計をたてるために十代後半から満州へ赴く者が多かった。満鉄による調査時においても「商売に成功して多額の金を蓄えて帰村」する者が少なくないことが記されている。([50]5頁) 呉家虎が確認した1900年から1949年の外出者116人のうち、1965年までに帰村していない者は8人のみであり、うち36％は、21～40歳の頃に帰村したという ([51])[4]。

おわりに

　以上、本章では1930年代の医学界における結核をめぐる議論を手がかりに、結核の農村部での普及とその背景について検討してきた。

　1930年代、中国では結核が社会問題化された。医学界では各種の調査が行われ、中国においても他国と同様に、結核は農村部に比べ都市部でより流行しているという認識がもたれていた。だが一方で河北省定県での調査結果が示すように、結核は同時期、農村部でも主要な死因の1つであった。農村部も含めた結核の普及の原因については、家庭や個人の生活習慣によるとする議論の他に、都市部や他所で感染した人の帰郷にともなう普及が指摘されていた。

　零細農の多い華北農村社会では、家族内の労働力を都市部への出稼ぎという形で配置する家計戦略がとられていた。都市部や他所で商工業などに従事した者の中には、そのまま定住する者もいたが、数年から数十年を経て帰郷するケースもあった。またこうした平常時の農村・都市間の人口還流に加え、

第3章　農村における結核と労働移動

農村の地域経済の状況によっては、苦力などの形式で季節的、あるいは数年の出稼ぎ労働を行い、帰郷する場合もあった。近代期中国の結核「帯患帰郷」の議論の背景には、こうした農村の社会経済的状況に規定された人口の移動と還流という現象があったと考えられる。

文献一覧
［1］Li Ting-an, "The Campaign against Tuberculosis: with Special Reference to the Inauguration of the National Anti-Tuberculosis Association", *Chinese Medical Journal*, 48 (3), 1934. *Chinese Medical Journal* は以下、*CMJ* と略記。
［2］WHO Representative Office China, "Tuberculosis in China", http://www.wpro.who.int/china/mediacentre/factsheets/tuberculosis/en/（2018 年 5 月 29 日閲覧）。
［3］J. A. Briedie, "Tuberculosis and the Assimilation of Germ Theory in China", *Journal of the History of Medicine and Allied Sciences*, 52 (1), 1997, pp.114-157.
［4］何玲「西医伝入中国：結核病案例研究（1900-1967）」上海交通大学博士学位論文、2011 年。
［5］楊祥銀・徐健偉「防癆救国：中国防癆協会的成立及早期活動（1933-1937）」『江漢論壇』2013 年 9 月号、134-139 頁。
［6］Sean Hsiang-lin Lei, "Habituating Individuality: the Framing of Tuberculosis and Its Material Solution in Republican China", *Bulletin of the History of Medicine*, 84 (2), 2010, pp.248-279.
［7］雷祥麟「習慣成四維：新生活運動與肺結核防治的倫理、家庭與身体」『中央研究院近代史研究集刊』74 期、2010 年、133-177 頁。
［8］福田真人『結核の文化史』名古屋大学出版会、1995 年。
［9］William Johnston, *The Modern Epidemic: A History of Tuberculosis in Japan*, Harvard University Asia Center, 1995.
［10］青木純一『結核の社会史』御茶の水書房、2004 年。
［11］David S. Barnes, *The Making of a Social Disease: Tuberculosis in Nineteen Century France*, University of California Press, 1995.
［12］Sheila M. Rothman, *Living in the Shadow of Death: Tuberculosis and the Social Experience of Illness in American History*, The Johns Hopkins University Press, 1995.
［13］Rene and Jean Dubos, *The White Plague: Tuberculosis, Man, and Society*, Rutgers University Press, 1996（=1952）.
［14］花島誠人・友部謙一「日本の工業化・都市化・結核：再考「女工と結核」」『適塾』46 号、2013 年、52-64 頁。
［15］厚生省医務局「衛生統計からみた医制百年の歩み（医制百年史付録）」『医制百年史』ぎょうせい、1978 年。

[16] H. S. Gear, "Tuberculosis in China: Incidence of the Various Types", *CMJ*, 49（5）, 1935, pp.446-461.
[17] League of Nations, Health Organisation, International Conference of Far-Eastern Countries on Rural Health, *Preparatory Papers: Report of China*, Geneva: 1937.
[18] D. G. Lai, "Incidence of Tuberculosis Infection among the Chinese in Shanghai", *CMJ*, 48（8）, 1934, pp.750-757.
[19] Annie V. Scott, "Tuberculosis in Chinese Children: Some Observation Made in Cheloo University Hospital and Clinic", *CMJ*, 50（4）, 1936, pp.520-523.
[20] Philip T. Y. et.al., "The Incidence of Tuberculosis Infection and Pulmonary Tuberculosis among 8,282 Chinese", *CMJ*, 58（5）, 1940, pp.556-569.
[21] 李景漢編『定県社会概況調査』中国人民大学出版社、1986年。
[22] 中華平民教育促進会『定県的実験』撫華印書局、1935年。
[23] 袁広泉「定県における農村医療制度創出の実験」『歴史研究』36号、1999年、289-311頁。
[24] Ka-che Yip, *Health and National Reconstruction in Nationalist China*, Association for Asian Studies, Inc., The University of Michigan, 1995.
[25] 楊念群『再造「病人」』中国人民大学出版会、2006年。
[26] 孫詩錦「現代衛生観念在郷村移植」『広東社会科学』2013年第6期、137-146頁。
[27] Hsun-Yuan Yao, "The Second Year of the Rural Health Experiment in Ting Hsien, China", *The Milbank Memorial Fund Quarterly Bulletin*, 10（1）, 1932, pp.55-66. *The Milbank Memorial Fund Quarterly Bulletin* は以下、*MMFQB* と略記。
[28] C. C. Chen, "Scientific Medicine as Applied in Ting Hsien", *MMFQB*, 11（2）, pp.97-129.
[29] C. C. Chen, "Public Health in Rural Reconstruction at Ting Hsien", *MMFQB*, 12（4）, 1934, pp.370-378.
[30] C. C. Chen, "The Rural Public Health Experiment in Ting Hsien, China", *MMFQB*, 14（1）, 1936, pp.66-80.
[31] C. C. Chen, "Ting Hsien and the Public Health Movement", *MMFQB*, 15（4）, 1937, pp.380-390.
[32] 城山智子『大恐慌下の中国』名古屋大学出版会、2011年。
[33] 李金錚『伝統與変遷：近代華北郷村経済與社会』人民出版社、2014年。
[34] 三品英憲「近代河北農村変容過程と農家経営」『社会経済史学』66（2）、2000年7月、69-87頁。
[35] 三品英憲「1930年代前半の中国農村における経済建設」『アジア研究』50（2）、2004年、89-106頁。
[36] 李景漢『定県経済調査一部分報告書』河北省県政建設研究所、1934年。
[37] 南満州鉄道株式会社調査部『事変下の北支農村：河北省定県内——農村実態調査報告』（満鉄調査資料第56編）1942年。
[38] C. C. Chen, "An Experiment in Health Education in Chinese Country Schools",

MMFQB, 12（3）, 1934, pp.232-247.
[39] G. A. M. Hall, "Contagion in Tuberculosis", *CMJ*, 51（6）, 1937, pp.905-918.
[40] Eugene L. Opie, "Tuberculosis of First Infection in Adults from Rural District of China", *CMJ*, 56（3）, 1939, pp.216-224.
[41] 石原修『衛生学上ヨリ見タル女工之現況』国家医学会、1914 年。
[42] Adelaide M. Anderson, *Humanity and Labour in China*, Student Christian Movement, 1928.
[43] 岡部利良『旧中国の紡績労働研究』九州大学出版会、1992 年。
[44] 池子華『中国流民史』安徽人民出版社、2001 年。
[45] 高楽才『近代中国東北移民研究』商務印書館、2010 年。
[46] 王印喚「1911-1937 年冀魯豫農民離村問題研究」北京師範大学博士学位論文、2001 年
[47] 侯楊方『中国人口史』第 6 巻、復旦大学出版社、2001 年。
[48] 内山雅生『日本の中国農村調査と伝統社会』御茶の水書房、2009 年。
[49] 仁井田陞『中国の農村家族』東京大学出版会、1952 年。
[50] 中国農村慣行調査刊行会『中国農村慣行調査』第 5 巻、岩波書店、1957 年。
[51] 呉家虎「近代華北郷村人口的流動遷移」『中国農業大学学報（社会科学版）』24（1）、2007 年、73-81 頁。

註
1) 北平第一衛生事務所は、北京協和医学院公共衛生系教授の蘭安生（John B. Grant）の発案により 1925 年に設立された北京公共衛生事務所の後身であり、北京内城一区を管轄区とした。管轄区内では環境衛生事業や防疫事業に加え、統計事業や公共衛生看護師による家庭訪問・母子衛生事業などの各種社会サービス事業も行われた。また当該地域は、協和医学院の学生の実習現場ともなっていた。飯島渉『ペストと近代中国』研文出版、2001 年、225～228 頁；[25]110～123 頁。
2) 1934 年には県城の他、80 村、120,000 人を対象に調査が行われたが、大部分は年末に調査が始められたものであった。そのため 1934 年の粗出生率・死亡率・死因等は、こうした調査結果を除いた 22,400 人分の調査結果に基づいて作成されている（[30]70 頁）。また、1934 年の登記人口数は、[31]では、22,600 人とされており、本文では[31]の数値を用いた。
3) 1928～29 年の 34 家の生活消費調査での平均食品支出は支出全体の 69.23％、1931～32 年の 123 家への調査では 59.97％、1936 年の 20 家の調査では 78.34％とされている。
4) 帰村した人のうち少なくとも 40 人は、1945 年以後、日本の敗戦と東北での戦乱を理由に帰村したとされる（[51]78～79 頁）。

※本研究は、JSPS 科研費（18K00262）の助成を受けたものです。

第4章
「社」と社会結合の変遷
―― 山西省のある村を事例として ――

陳　鳳

はじめに

　山西省は地理的に華北に位置するが、従来の日本における華北研究では河北省と山東省を例にするものが圧倒的に多く、山西省に触れるものは微弱である。2005年に三谷孝はじめ、日本の研究者が中心に中国研究者たちの協力を得ながら、山西省での調査を実施しはじめた。現在、内山雅生が調査グループを率いり、調査を継続している。山西省農村に関する本格的な調査研究はまだ始まったばかりといえる。

　山西省の地域性と社会結合の特徴について、行龍は「人びとが度々移動したため、華北地方では、単姓村が少なく、雑姓村が多数を占めている。雑姓村が多い華北地方では、宗族の力が弱く、宗族は族員に経済的な援助ができなかった。そのため、村民たちは地縁組織を重視し、それを頼りとすることが多い」としている（[1]190頁）。清代の中後期、山西商人と安徽商人はそれぞれ中国の南北において二大勢力を有する商人グループであった。しかし、安徽商人が宗族ネットワークを作っていたことに対し、山西商人は同郷者同士のネットワークを作り、両者の結合関係のあり方は大きく異なっていた。山西商人が同郷者同士のネットワークを作ったのは山西省の人びとは地縁関係を大事にするからだと一般的にいわれている。

　その一方、「山西省は山東省と並んで、中国北方地区において宗族が多く聚族している地域である」（[2]246頁）という指摘は前々から存在する。双方の主張が一見すると矛盾しているように見えるが、しかし、血縁と地縁の

第Ⅰ編　社会環境の変動

両方とも重要であることが伝統的な習慣や文化が多く残っている山西省の社会結合上の特徴ではないかと考えられる。

筆者が長年にわたって山西省のある村で調査を行ってきた。その村には宗族・「社」と呼ばれる血縁と地縁集団が存在し、一部の集団が現在も継続して活動を行われている。そこで本稿は、聞き取り調査と現地で入手した資料に基づき、清末から現代に至るまでの「社」の活動の実態を明らかにするとともに、行政の力の浸透によって村落社会の結合関係に与えた影響、および「社」が存続してきた理由を検証し、村落社会における結合関係の変遷について検討してみたい。

1. 調査地の概況と沿革

調査地の段村は呂梁市交城県夏家営鎮の下の行政村の1つである。段村は東経112°16′、北緯37°33′に位置し、海抜は752mほど、村は清徐県と文水県に隣接していて、交城県城から西10キロの地点に位置している。2本の道路が村を貫通しており、交通の便もきわめて良好である。村の総面積は1万1394.6ムー（約760ヘクタール）で、土地は平坦かつ肥沃である。耕地面積は全面積の80％、おもな農作物は小麦、トウモロコシ、高粱、粟と綿花である。村民の多くは農業のほかに工業、商業と運輸業に従事する兼業農家である（[3]5頁）。

2012年7月の統計によると、村の戸数は1,262戸で、在籍している農業人口は4,003人、その他非農業人口は300から400人前後である[1]。村には村民委員会があり、最高責任者は村長で、村民投票で選出される。2014年8月時点には、村に私営工場は16軒があり、業種は活性炭、耐火建材、鋳物、加工などである。商業店舗は38軒で、食品、日用雑貨、地元特産品などを販売している。

村に幼稚園1つ、小学校と中学校が1校ずつある。幼稚園と小学校が村営で、中学校は鎮営である。2014年8月に在園児童は126名で、小学校と中学校の在校生はそれぞれ195人と256人である。

第 4 章 「社」と社会結合の変遷

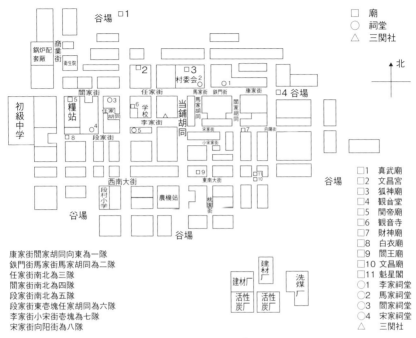

図 1　段村略図[2]

　『段村鎮志』によると、段村は西漢文帝元年（179年）には印駒城とよばれ、後年、黄河の支流である汾河の氾濫によって印駒城が東城と西城に分断された。以降、印駒城は廃墟になって、民居に変わり、段村の村名はそれに由来する。漢代、唐代、元代はそれぞれ晋陽県、清源県、交城県の管轄下にあった。明清時代は交城県鄭段都の管轄下になり、民国6年（1917年）は一区二段、民国29年（1940年）は五区、民国30年（1941年）は一区に管轄されていた（[3] 1〜2頁）。民国時期に段村は山西省政府が実施した「村本政治」[3]に従い、段村の内部に「閭」と「隣」を設置した。

　1949年に中華人民共和国が成立した後、1950年に八区に所轄され、1952年に「互助組」が組織されるが、1953年から所属が段村郷に変わり、段村が段村郷政府の所在地となっていた。その後、「初級合作社」、「高級合作社」を経て、1958年に段村は東方紅人民公社が管轄下に置かれ、1961年に東方紅

第Ⅰ編　社会環境の変動

写真1　村民委員会　2012年8月23日

人民公社の名前が段村公社に変わる。段村が段村公社の内の生産大隊の1つで、8つの生産小隊から構成されていた。1984年に人民公社が解体され、段村公社が段村鎮に変わり、段村は鎮に所管され、かつ鎮政府の所在地となった（[3]3～4頁・197～198頁）。段村生産大隊も段村村民委員会になり、生産小隊という名称が「区」に変わった。ただし、村の多くの活動は依然と「区」を単位に行われていて、村民の所属関係が変わらず従来と同様である。2001年から夏家営鎮の管轄下に置かれ、現在に至っている。

　段村にはかつて寺や廟などの宗教的な建物が多く、真武廟、関帝廟、文昌廟、財神廟、狐神廟、白衣廟、閻王廟、観音堂、観音寺、文昌宮、魁星閣があった。文化大革命の時に壊され、残存しているのは観音寺、文昌宮と白衣廟のみである。観音寺は小学校として利用されていたが、小学校が新校舎に移ってからは幼稚園として今も利用されている。文昌宮は筆者が調査し始め

写真2　白衣廟外観　2006年8月16日

写真3　白衣廟内部　2006年8月16日

第4章 「社」と社会結合の変遷

た2001年にほとんど形がなくなっていたが、2004年に村人の寄付によって新しく建てなおされた。白衣廟の敷地内に小さな飼料を作る作業場があるが、建物は老朽化が進み、一部を留めているだけである。

段村は典型的な復姓村でもあり、馬、張、李、閻、任、王、梁、曹、陳、賀、劉、康、宋、武、賈、牛、趙、田、呉、翼、韓、何、成、潘、鄭、呂、周、楊、尹、高、喬、孟、杜、路、薛、左、霍、郝、温などの姓の村民が住んでいる（[3]39〜41頁）。

2. 社の設置と村の現状

段村には閻家街、任家街、馬家街、鉄門李家街、康家街、李家街、大宋家街、小宋家街、段家街と呼ばれる古い街があり、各宗族は昔からブロックごとに居住しているため、街が族の姓で名付けられた。また閻家社、任家社、西任家社、馬家社、鉄門李社、康家社、李家社、宋家社、段家社という社が存在していたことも聞き取り調査から判明した。ちなみに、鉄門李家街に住む李氏一族が現在でも「鉄門社」という名前を使用し、社という言葉は生きている。

社の設置時期について、『県誌』によると、交城県において郷社が区画されはじめたのは、宋代のことである。大きな村では「家族」（宗族）を単位に社を設置した。元代の初期には宋代の区画制を継承し、各村において50戸を単位に「勧農立社」の組織が設置された。清代になると、社は「家族」（宗族）隣里の組織となった（[4]7頁）とのことである。

宗族がブロックごとに居住しているため、社の構成員は一族の人びとより構成されるのがほとんどであるが、社に加入する条件は同じ一族ではなく、そのブロックに住居を所有しているか、どうかで判断され、他姓の人が入ることも可能である。ただし、社への加入は強制ではなく、各戸の自由意志によるものであったと村の長老たちが言う。いずれにしても、社とは地縁的な関係を重視する集団だと理解できる。

社の規模について、『県誌』には、解放前に各村に20戸から30戸の家が

1社となり、1つの村に数社がある村もある（[5]740頁）。民国時代に入り、交城県が1923年に村政を実施した。同年に村の内部に隣接する25戸ごとに閭を設置した（[6]15頁）との記述がある。閭について聞いてみると、村の長老が、閭は社のブロック範囲とほとんど同じで、当時の段村に12の閭があったという。また、鉄門李氏の1944年の収入に「33俸社洋」と書かれているから、鉄門李氏はおよそ33戸数がいたと思われる。従って、段村の社の規模は20戸から30戸前後だと考えて差し支えない。

中華人民共和国が成立した後の1952年に12の互助組があって、1956年の高級社も12であった。この互助組と高級社も従来の閭の数と一致する。1958年に12の高級社から8つの生産小隊に編成され、現在の8つの区は、生産小隊から継承した形だと長老と元村長から聞いている。

さらに検証すると、8つの区のブロック規模が従来の村にある閭家社、任家社、西任家社、馬家社、鉄門李氏、康家社、李家社、宋家社、段家社とほぼ一致する[4]。したがって、従来の社が解体されることなく、中華民国期の「閭」や中華人民共和国が成立以降に編成した互助組、高級社と生産小隊も、現在の区も従来の社の基盤の上に編成したもので、村民たちが地縁で結ばれた関係は、ほぼ変わっていない。

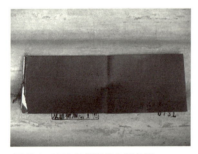

写真4　1991年鉄門社人員名簿
2012年8月23日

写真5　1994年鉄門社募金者名簿
2012年8月23日

第 4 章 「社」と社会結合の変遷

3. 社の機能を知る手がかり──「銀銭流水帳」

　鉄門李家街に住む李氏宗族が 6 冊の古い帳簿を保存している。その内の三冊は「銀銭流水帳」である。記録した年代が一冊目は光緒 24 年（1898 年）から 35 年（1909 年）まで、二冊目は宣統元年（1909 年）から新中国成立後翌々年 1951 年まで、三冊目は 1952 年から 1964 年まで（1959 年から 1963 年までの 5 年間の記録はない）である。表紙にはそれぞれ「銀銭流水帳　光緒 24 年正月立」、「鉄門社銀銭流水帳　民国三年正月吉」、「鉄門社銭米流水帳 1952 年新正月立」と書かれている。中身をみると、三冊とも鉄門李社に関する収支を記録した帳簿である。その他、「輪流社首帳」「人工雑記帳」と「李家戸」とが一冊ずつある。これらの帳簿の筆跡からは、記録したのは特定の人ではなく、多数の人によって書かれたものだとわかる。また、記録方法からみても統一性がなく、内容もその年に発生した費用を記録したのではなかろうと推測する。

　この帳簿の存在を知ったのは鉄門李氏宗族について聞き取り調査を行う時であった。「なぜ李氏宗族が鉄門社の帳簿などをもっているのですか」と族員と同行の長老たちに尋ねると、昔から鉄門社の成員は李一族の人によって構成され、通常には鉄門李家社とも呼ばれている。帳簿は「神子」と一緒に

写真 6　銀銭流水帳①
2012 年 8 月 23 日

写真 7　銀銭流水帳②
2012 年 8 月 23 日

第Ⅰ編　社会環境の変動

写真 8　銭米流水帳③
2012 年 8 月 23 日

写真 9　「李家戸」帳簿
2012 年 8 月 23 日

写真 10　輪流社首帳
2012 年 8 月 23 日

写真 11　人工雑記帳
2012 年 8 月 23 日

輪番で族員が保管し、これらが鉄門李氏宗族の共有物だと答えた。帳簿の内容を精査すると、社に関する収支以外に、毎年欠かさず祖先祭祀の記録もある。このことから、鉄門社とは李氏宗族の族人によって構成された宗族集団でもあると判明した。この事実は前節で触れたように、街の名前と社の名前が一族の名前で命名したとの聞き取り調査と一致する。

1　共有財産

　鉄門李社に「社房」という共有財産があり、中華人民共和国以前に、人びとがよく使用したそうである。その理由からか、建物は李氏の祠堂だという村民もいる。ただいつ建てられ、だれが出資したのかを知る人はいない。土地改革の時に、同じく李氏宗族の構成員である貧しい村民の手に渡り、建物

第4章 「社」と社会結合の変遷

は現在も残っているが、何度か建てなおされ、当時の形跡はほとんど見られず、普通の民家として使用されている。

　帳簿の内容を精査すると、社という文字が初めて使われたのが1907年である。その年に「社雨紙」36文（文は当時の貨幣単位）という支出があった。その後、1909年に「買社房掛号」100文の支出があり、「社房流水帳」5,000文の収入があった。1910年に「社房取○」75,763文の支出があり、1919年に「修社房」10,281文の支出があった。1910年の支出額が大きく、及び1919年の「修社房」の支出があったことから1910年に「社房」を建てたと思われる。

　1920年から1948年までに家賃収入があったことも記録されている。例えば、1939年から1944年までに広発堂という店から家賃をもらい、1946年から1948年まで李廷という人から家賃をもらったとの記録があり、その後に家賃に関する記録がなくなった。帳簿の内容が聞き取り調査と一致し、土地改革後に「社房」が貧しい人の手に渡ったとの話が立証された。

　その他、収入項目に「賃響器」（打楽器の賃貸料）、「賃風箱」（大勢の人の食事を作る時に使用する。火をおこす道具の一種の賃貸料）、「賃鍋」（鍋の賃貸料）といった内容もあった。賃というのは貸出の意味で、これらの記載内容から鉄門李社は家屋、風匣と響器などを他人に貸出し、レンタル料金を受けとることになる。したがって、鉄門李社がある程度の共有財産を所持していたと判断できる。

2　金銭の貸出

　社に関する収支以外に金銭の貸出があったことにも注目したい。

　「銀銭流水帳」の収入項目には人名が書きならべられ、だれがいくらを返済したか、返済したのは元金であるか、それとも利息であるかが書かれていた。さらに何年度の利息を返済したのか、はっきり書かれた年もあった。支出項目にだれにいくら貸し出し、利率がいくらだったかを明記したケースもある。

　光緒25年（1899年）に例をとってみると、成員からの入金と成員への出金

があった。その入金をみると、「24年利」や「本金」と書いてある。出金をみると、「取本」という文字があった。利とは利息のことで、つまり光緒25年に光緒24年の利息を回収したと意味する。「本金」とは元金のことで、つまり成員が元金を出資した。「取本」とは元金を取り戻したことを意味する。

　光緒24年（1898年）から宣統2年（1910年）までの収入に「本金」・「利」及び「銭舗」（当時の金融機関）からの入金がほとんどである。銭舗から入金する際に「○○が使用する」と書いてあり、銭舗へ出金する際にも同じく「○○が返済した」と書いていた場合が多い。これはおそらく個人が銭舗から金を借りる際に、その金を一旦鉄門李社に入金し、それから個人に渡し、返済する時も一旦社に支払い、それから社を経由して銭舗へ返済するといった仕組みだと考えられる。社に入金した返済用の利息は銭舗へ出金した利息の金額と同額であることから、社は仲介役をするだけで、差額を徴収し、利益を得たとは考えられない。銭舗が個人に金を貸す時に保証人が必要であり、社はその保証人となったのではないか、と筆者は考える。

　前に触れたように、「銀銭流水帳」以外にも、同じく鉄門李社のもので表紙に「李家戸」と書いた帳簿がある。内容は、だれが、いつ、いくら借金し、いつ、いくらの利息、あるいは元金を返済したのを示した個人台帳である。個人によって異なるが、最初の記録は同治9年（1870年）に遡る。何ヶ所かに「抄新帳」の字があることから、この帳簿はもっと古い帳簿から書き写したものだと考えられる。この帳簿には39人の貸し付けと返済の記録があった。

　個々のケースを見ると、1人が借金してから、元金を返済するまで、おおよそ数年、人によっては十数年が経過し、その間は毎年金利のみ返済したことが書かれている。また、借金した李姓の5人の名前の横には息子や甥の名前が書かれたケースもあった。こうした内容から、借金は本人が返せない場合に息子や甥が返済する（父債子還）義務があるということになろう。

　「銀銭流水帳」と「李家戸」に書いている金の貸し出す相手のほとんどは李姓の族人であるが、「外姓人」に金を貸し出した記録もあった。ほかにも、「李家戸」の帳簿に外姓人の横に「李××経手」と書かれており、この記録

第 4 章 「社」と社会結合の変遷

方法から外姓人に金を貸し出す際に李氏族人が保証人になる必要があり、李氏宗族人と外姓人をはっきり区別していたと思われる。

宣統 2 年（1910 年）以降の帳簿には個人への貸し出し、および個人からの返済の記録はなくなったが、銭舗と李氏間の金の貸し借りの記録があっ

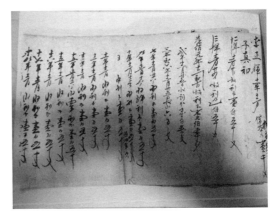

写真 12　帳簿コピー

た。ただ、銭舗の名前は何度もかわった。たとえば、1910 年までは「富有泉」という名前が多くあったが、それ以降に無くなっていた。1915 年から 1934 年までの帳簿に「大泉玉」という名前が頻繁にでていたが、1935 年以降にはなかった。これは 1936 年以前に「大泉玉」が存在し、その後閉店した（[3]146 頁）との研究と一致している。また、1937 年以降に、銭舗からの入金は完全になくなったが、これもまた、「本世紀（20 世紀——筆者注）の 30、40 年代に日本帝国主義の侵略によって、山西票号は大きな打撃をうけ、閉店、休業者が続出する。抗日戦争以降も、内戦の影響でインフレが起こり、票号は正常営業が必要とする経済条件が失われ、最終的に一歩一歩衰弱に向かった」（[7]101 頁）との指摘と一致している。

以上に述べた帳簿の内容から、鉄門李社は人びとに金を貸し出す機能もあった。この機能が一般的な「銭会」とは明らかに異なり、族人、社の構成員に対する一種の互助・扶助機能を果たしたと思われる。

（3）支出からみる社の機能

さらに帳簿の内容を精査すると、1898 年から 1902 年に何度か糧塩税、皇差、巡田（田んぼの見回り）等の記録があり、民国時代には、盤費（旅費）、

差人（人件費）、車費（交通費）、食事代といった出費があった。さらに1908年に広恵渠、1941年に村の井戸掘りの公益事業に出費したと思われる内容もあった。資料を調べると、広恵渠は明朝の万歴年代に作られた農業用水路で、黄河の支流である汾河流域に作った8つの用水路の内の1つである。その恩恵を受ける村は毎年の冬に用水路の整備に参加しなければならない。「段村は5.4日の労役を課せられていた」（[8]272～273頁）とのことである。

鉄門李社の帳簿に糧塩税、皇差、巡田、広恵渠などに関する支出があるということは、当時の政府がこれらの費用を社から徴収したと考えられる。また、盤費（旅費）、差人（人件費）、車費（交通費）、食事代などの雑費支出があるということは、社の活動が村内に留まらず、村外にも及んだことを意味する。さらに、1925年に隣接する馬家社に金銭を寄付したと思われる「馬家社布施」との文字があって、近隣の馬家社とも経済的な互助があったと思われる。

その他に、「人工雑記帳」も残っている。この帳簿は、社の成員たちが労役に参加する際、労働日数を平等に分けるために記録したと長老から聞いたが、残念ながら内容は読み取れない。

4.「元宵節」からみる社の歴史と変遷

「元宵節」は中国の伝統的な年中行事の1つで、旧暦1月15日に元宵を食べる習慣から「元宵節」と呼ぶようになったが、地方によっては「上元節」と呼ぶところもある。また、ランタンを飾る習慣があるので、「灯節」と呼ぶこともある。

『交城県誌』に、解放前の正月13日から5日間の間に、各社は社首の指導、管理のもとで「十王棚」[5]を作る。「十王棚」内には「十王下界」の図を掛け、全社の各家が「十王棚」に行き、線香をあげ、供え物を捧げ、神を祭祀する。各村に20戸から30戸の家が1社となり、1つの村に数社がある村もある（[5]740頁）との記述がある。

『段村鎮誌』にも、明清時代から民国時代まで毎年の正月15日になると、

第4章 「社」と社会結合の変遷

村民たちは各村の街頭に「十王棚」を作り、提灯を飾り、「塔塔火」[6]を積み、「鬧社火」[7]をする。1960年代中期から、伝統的な民間活動は「復古」・「四旧」だと批判の対象となり、この行事は全面的に禁止された。1977年から「十王棚」を飾り、神に祈る儀式を除いて、すべて復活した（[3]234頁）との記述がある。上記の内容から、村民たちは「元宵節」に社ごとに組織され、神を祭祀する慣行が明清時代からあり、活動の内容が変化しながらも存続してきたことが分かる。

鉄門李氏宗族の帳簿にも「灯節祭」に関する支出記録がある。ただし、1898年から1923年までの帳簿をみたところ、「元宵節」や「鬧社火」と関連するような収支について記録のある年もあれば、ない年もある。元宵節がどの程度の頻度で行われたかは断定できないが、活動があったことは確かである。その後の民国13年（1924年）から1964年までの帳簿には社に関する記録がほぼ毎年あるようになる（記録のない年を除き）。収入に「入社」[8]、「社洋」[9]、あるいは「灯節洋」の文字で記載され、支出には「正月15日祭祀」、「祭神」、「社洋」と「灯節洋」などの文字で記載されている。従って、この期間中に「元宵節」が欠かすことなく行われたと思われる。

1977年に元宵節は中国の伝統的な祝日として再び開催できるようになり、それ以降の暫らくの間、規模の大小があるものの、毎年に継続して行われた。ただ、1990年代以降に人民公社が解体され、段村生産大隊が段村村民委員会に変わってからは、村全体の元宵節行事が毎年ではなく、不定期的に開催するのが現状である。

1 組織者と参加者

中華人民共和国より前に元宵節の開催時には村民たちが社ごとに組織され、参加し、当時、「社首」と呼ばれる人びとが行事一切を取り仕切るということはすでに『県誌』から知ることができたが、現地でさらに詳細な聞き取り調査もできた。

長老たちの話によると、社首の人数は社によって異なるが、一般的に3人の場合が多い。内1人が中心的な責任者となり、他の人は補助的な仕事をす

る。ただ、社首は特定の人ではなく、社の成員の間に毎年輪番で持ち回りされている。また、1人が継続して担当し、他の社首を変えるケースもある。

これを裏つけるものとして、鉄門李社に「輪流社首帳」という帳簿がある。民国3年（1914年）から書き始めたもので、歴代の社首になった人の名前が書かれている。残念なのが名前はあるものの、いつの社首なのか殆ど記録されていない。そして社首の人数も不定で、2・3人の年もあれば、3・4人の年もあるが、「輪流社首帳」の名の通り、鉄門李社の社首が持ち回りされていたことが明白である。

『県誌』によると、社首の持ち回り制度はこの地域の一般的な慣習であり、「灯節行事が終わった後の正月18日に社首から次年度の社首に仕事の移行をする。この移行日は「倒社日」である」（[5]740頁）と書かれている。

鉄門李社の「銀銭流水帳」をみると、光緒24年（1898年）から宣統2年（1910年）までの年度の初めての記帳日は正月18日と書かれている。これは県誌に書かれた正月18日という「倒社日」と一致する。従って、民国3年（1914年）から書き始めた「輪流社首帳」だが、社の輪番制は前々からあって、彼らはそれを守り、毎年「倒社」をしたとわかる。

どのような人が社首になれて、社首はどのような役割を果たすかについて聞いてみると、長老たちが、社首を選ぶ時には、決して経済的裕福な人だけが選ばれるわけでない。人徳があり、誠実な人、灯節祭に熱心な人、組織力がある人が選ばれるそうである。また、社首とは灯節祭の際に、集金、人手の手配、飾り物の準備等を世話する人で、社の入金と出金も管理し、社の資産管理、社の運営全般も任されている。従って、調査村の社首になる人は社の世話人であり、つまり組織者であると同時に奉仕する人でもあると理解できる。

新中国が成立してから、特に人民公社という集体所有制に変わってから、村は生産大隊となり、責任者は生産大隊長で、人民公社政府から任命され、段村も例外ではなかった。段生産大隊の下に8つの生産小隊があった。生産小隊は集体所有制の単位だけでなく、村の行事のほとんども生産小隊が参加単位であった。従って、元宵節も生産小隊ごとに組織され、生産小隊長の

第 4 章 「社」と社会結合の変遷

責任の下で行事に参加した。人民公社が解体されてから、生産小隊がなくなった。ただ、それは集体所有制がなくなっただけで、従来の生産小隊が解散していなく、生産小隊から「区」という名前に変わっただけで、現在も機能している。筆者が見学した 2005 年にも元宵節は「区」ごとに組織され、区長の責任の下で行われていた。

　中華人民共和国より前、社への加入は自由意志によるものだと前述したとおりである。そして、社の行事への参加も自由であった。ただ、社首は輪番制であったため、組織者が参加者になったり、参加者が組織者になったりすることで互いの気持ちがわかり、協力関係が結ばれ、成員の主体性とサービス精神も生まれる。それに当時の元宵節を開催する時に使用する道具は「社」の共有財産であり、社の成員間の一体感が強く、ほとんどの人が社の行事に参加すると長老たちは語る。

　中華人民共和国が成立した後、特に人民公社以降に社の共有財産が生産隊のものとなり、村民もその一員となった。当時、村民が参加したい、協力したいという気持ちがあるかどうかよりも、行事に参加することは生産労働に参加したと同じ扱いにされることから、参加しなければ、その日は欠勤扱いとなって収入が少なくなる。そのため強制参加ではないが、実質的には強制参加と同じだったと村民は語る。人民公社解体後、生産小隊がなくなり、集体労働の時代と異なって、強制的な意味がなくなり、村民が参加するかしないかは自由に選択できる。

　伝統的な娯楽や祭祀活動に参加するのは男性であり、女性、子どもは観客であるのがこの地域の慣習である。しかし、生産請負責任制以降、特に近年では、若い男性の参加者が少なくなり、それに補うように女性や子どもが参加するようになったのが特徴である。2005 年の参加者の内では、50 代前後の男性が多く、また女性と子どもが多かったという印象を受けた。

②　財源由来の変化

　鉄門李社の帳簿に元宵節に関する収支記載があり、「社」が出資して、行事を行われたと捉えられる。ただ、1923 年までに社に関する収入の記載が

第Ⅰ編　社会環境の変動

ほぼなく、支出だけがある。1924 年から収支とも記載があるようになったが、その金がどこから入ってきたかの記録がない。ある老人は、灯節祭の提灯に自分の伯父の名前が書かれていたとの記憶がある。伯父は商人で経済的に裕福であったので、寄付金をし、そのお礼として名前が提灯に書かれたと話してくれた。その他の老人も、灯節祭に必要な金銭は社に属する成員から寄付されることが多く、特に裕福な成員から寄付される金銭の占める割合がかなり大きい。各社の成員は「有銭出銭、有力出力」の原則に基づき、社の行事に参加した。時々、村から出て遠くへ商売に出かけた人にも連絡を取り、寄付金を出すように頼むこともあると長老たちから聞いた。

　1944 年鉄門李社帳簿の収入に「33 俸社洋」と書かれているから、33 口から金を集め、おそらく当時の鉄門社は 33 戸数がいたと思われる。その後も「〇俸社洋」が書かれている。1958 年に「36 戸毎戸 1 角」との記録があり、これは明らかに 36 戸から 3 元 6 角の寄付金を集めたことになる。1964 年に 38 丁から 3 元 8 角と書かれていて、この時は戸ではなく、男性 38 人から金を集めたことになる。これらの記録から、1944 年から戸ごとに、1964 年から個人から元宵節に必要な経費を徴収したと考えられる。

　元宵節が復活した 1977 年以降にまだ生産小隊という集体所有制の時期で、個人から金を徴収することはなく、すべて生産小隊が出資した。土地請負責任制になってからは、「集体」が所有する企業も請負制に変わり、生産小隊の収入が減った。しかし、企業はあくまでも「集体」の財産であるため、行事に必要な金の一部は強制的に企業に負担してもらい、一部は生産小隊が負担した。1980 年代後半に入ると、生産大隊から村民委員会になり、「集体企業」も個人に売却された。従って、村の財源は政府からの分配金しかなく、行事に必要な金は再び寄付金に頼るようになった。当時の村長に聞いたところ、現在は村民個人から寄付金を集めることはなく、村の責任者が直接企業家に寄付金を依頼する。これらの寄付金と村民委員会が用意した準備資金を合わせ、各区に平等に分配する。もし、村民委員会からの分配金が不足ならば、区自身もさらに資金を集めなければならない。どのぐらい集められるかは、区長の力量と人脈にかかっている。ある企業家から、2005 年に村民委員会に

8,000元、さらに自分の実家と嫁の実家の区に1,000元ずつ寄付し、全部を併せると一万元を寄付したと聞いた。灯節祭に必要な費用が時代によって変化したことを物語っている。

　村の元責任者によると、1949年前に「鉄槓」[10]を所持していたのは、馬家社、段家社、李家社と宋家社の4つの社だけで、「鉄槓」はそれぞれの社の共有財産であった。人民公社以降に彼らが所属する第二、第五、第七と第八生産小隊の公有財産になった。1977年にこれまで「鉄槓」を所持していなかった第一、第三、第四と第六生産小隊自身は内々で生産小隊の資金から、「鉄槓」を購入し、村のすべての生産小隊が「鉄槓」を持つようになった。集体所有制の時代に、ものの買い換えや新しく必要なものはすべて集体の資金で補充したり、購入したりしたため、組織者からみれば金の心配はなかった。また、参加者が着用する衣服、使用する楽器は生産大隊から支給されるので、特に購入する必要はなく、それほど費用はかからなかった。

　しかし、現在は以前と比べてだいぶ変わった。村長、区長ら責任者たちを一番悩ますのは資金問題である。また、各区が村からの分配金と自分たちが集めた資金をどのように使うか、どうすれば観客も参加者も満足できるかといったことについて一番苦労したと区長が語ってくれた。というのも、各区とも参加者の服装や帽子、あるいは持ち物を統一したり、「鉄槓」を競ってきれいに飾ったりするためには、多額の金がかかる。さらに、各区は帽子や持ち物など参加者が使用したものを本人に支給することとなっているのに加え、参加者個人に報酬を支給する区もあり、かなり多額の資金が必要である。1960年代から現在まで40年余生産小隊長を務めてきた老人に、過去と現在を比べて一番大きく変わった点は何かと尋ねると、金がたくさんかかることだと答えた。

　このように時代によって元宵節を開催する時の財源確保の方法も異なっている。人民公社時代を除けば、すべて寄付金に頼っている。ただ、一部の裕福層だけの寄付金と社の成員が平等に寄付金を出すことの意味がまったく違う。戸や個人から徴収すると、全員参加型になるが、裕福層からの資金だと、かれらが金を出すか出さないか、あるいは金額の多少で元宵節が開催できる

かできないかが決まり、結局少数の人の意思で大多数の村民の意思が影響されることになる。しかし、村民１人ひとりから募金するのが難しい。現在開催に当たっては多額の資金が必要で、毎年企業家に資金を提供してもらうとなると、企業が負担しかねることもあるだろう。これは元宵節が不定期的に開催される要因だと村長が言う。

5. 多種多様の社

1 三官社

　元宵節が開催される正月15日当日に、段村の李家街に祭壇が作られている。祭っている神様は「三官大帝」・「送子観音」・「地蔵王菩薩」と村民からは異なる名前があがったが、いずれも民間信仰の対象であり、子授けの神様とされている。伝統的にこの「三官社」行事を主催しているのは李家街に住む村民たちである。かれらが、毎年輪番で祭場作り、出費、収入などの管理をする。

　祭壇はこの日のために作られ、行事が終わると、部材などは保管庫に保存し、李家街の村民がその管理をする。この街は李家街だが、住んでいるのは全員李姓の人ではない。ちなみに筆者が調査した2005年には、74歳になる田という老人が責任者であった。2014年調査時には、李家街に住む李という村民が行事の責任者であった。李の話によると、社の人びとは行事に参加するが、多くの人が社首をやりたがらないために輪番制が難しくなってきた。現在、社の共有物は彼が保管していると話してくれた。

　祭祀に参加できるのは村民のみならず、隣村住民たち、親戚、友人やだれでも自由に参加できる。このような祭祀活動は文化大革命の間に中断され、現在でも公式には禁止の対象となっているが、黙認され、強制的に止めさせられることはなく、元宵節と異なって毎年行なわれている。

　祭壇の両側にこのような対の言葉が書いてある。
　　A．虔誠敬神事業興旺・得子還願永保泰平
　　　（誠心誠意に神に祈願すれば、事業は繁栄する。男子が授ければ、神に恩返しをすべし、安泰を永遠に保障されよう。筆者訳）。

第4章 「社」と社会結合の変遷

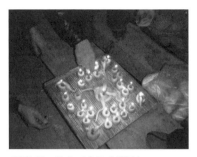 

写真13　供えてくる「糕灯」　　写真14　祭壇　2005年1月23日
2005年1月23日

B. 子繁孫続蒙神祐・香火燎绕灯火旺
（子孫が繁栄するのはすべて神様の加護のお蔭で、だから神様に線香を捧げ続けよう、その線香が絶えることなく永遠に捧げよう。筆者訳）

② 文昌宮

　文昌宮は任家街にある。2001年筆者が初めて見た時に建物はかなり老朽化していて、倒れそうであったが、中には何かを祭っている様子があった。その後2004年に再度村へ行った時には、文昌宮はすでに新しく建てなおされていた。

　聞き取り調査によると、文昌宮付近の任家街に住んでいる村民が中心となって文昌社を作っていた。文昌宮が祭っているのは「功名、知恵」の神である。文昌社は文化大革命以降になくなったが、文昌宮の建物だけが残っていた。建てなおされた後、筆者が調査した時点でも、宮を管理する組織はなく、任家街に住んでいる某家族が管理している。

　建てなおしの経緯について、宮の再建を促した任家街に住む任という老人に直接話を聞くことができた。老人によると、ある日、宮を建てなおすように神様から託された夢を見た。夢の中で神様は次のように告げられたという。

　「この宮を建てなおしてくれるならば、村の人びとにご利益がある。ただし、建て直しただけではだめで、最初の3年間に毎年劇を見せること。でなければ、ここに住み続けることができない」。そこで老人は、村民や村の企業家

81

第Ⅰ編　社会環境の変動

写真15　文昌宮（旧）建物
2003年8月13日

写真16　文昌宮（旧）内祭壇
2003年8月13日

写真17（左）　文昌宮（新）
入口　2004年8月19日

写真18（中）　建物
2004年8月19日

写真19（右）　神像
2004年8月19日

たちから募金をあつめ、宮を建てなおした。その後、神様にいわれた通りに、県の劇団を招き、3年間村で劇を上演したそうである。

現在村の子どもたちは進学する時には文昌宮へ参りに来ている。

３　その他

李家街に住む元村長の話によると、解放前に自興社という組織があった。60数戸の人びとが互助のために組織された社で、自由に入社できるが、「入股」をしなければならない。股というのは株と同じ意味で、現在の株式組織に類似する。

また、李家街に李家社があって、その下に火社、面社と金銭社があった。火社とは5戸（5世帯）が一組で、1年ごとに輪番し、おもに「元宵節」が行われる時にイベントを世話する組織である。面社とは社のすべての娯楽活動を担当する。例えば、皮影劇（影絵）、劇団舞台、元宵節などを担当する。

面社は火社より組織が大きく、責任範囲も広い。10戸（10世帯）が一組で、1年ごとに輪番する。金銭社はこれらのイベントに必要な金の入金や出金を管理する組織である。

　その他に旧2月1日に豊作を祈念する太陽社があった（ちなみに1934年以降に鉄門李社の帳簿に太陽社に関する収支記録は何度かあった）。同じく旧正月15日に祭祀し、子授けの神様を祭る新生十王社組織もあったそうである。新生十王社は、主に閻家街の近くに住む村民から組織されたと閻という老人から聞いた。残念なのは村の中にこれらのことを知る人がほぼいなくなっていることである。

おわりに

　以上をもって、「社」をキーワードに段村の結合関係の過去と現在を検証した。その結果、次のことが言えると思われる。

　まず、段村に存在する社は調査から明らかになったように、地縁集団であると同時に血縁集団でもあり、血縁と地縁が重層関係にある。村民たちが祖先祭祀などの宗族行事の時に宗族の一員として結集し、村の行事などの時に社（地縁集団）の一員として参加し、両方を使い分けている。その意味では宗族と社の両方の機能が相互に補いあっていて、この両集団とも村民らが村落生活を送る上できわめて重要な存在であり、これは社が存続してきた理由の1つだとみてよいであろう。

　この集団は、1949年までに祖先祭祀をはじめ、祭神・村の娯楽活動に参加する単位だけでなく、納税、互助、福祉、地域の公共事業など多方面において役割を果した。つまり、行政の力の浸透につれ、いろいろな機能を付与したり、解放後に名前が社から小隊や区に変わったりしたが、地理的範囲がほぼ変わっていなく、現在でも同じ生活圏内で生活している。また、毎年に祖先祭祀活動を行い、元宵節など村の行事に参加する単位であり、社の意識は依然と存在し、血縁と地縁関係で結ばれている関係、いわば土地と生活の共同が基本であることが変わっていない。

第I編　社会環境の変動

　元宵節は、元々神を祭るという信仰から由来し、現在では民間の娯楽行事の1つとなっている。元宵節が継承されてきたのは、人びとの信仰、娯楽に対する需要があるという側面があるが、行政の力によって押し進んできたことも否定できない。人民公社時代に強制的に参加させられたこと、各生産小隊に平等に行事参加用の道具などを供給し、行事を主催したことは、客観的に地縁意識、集団意識の再確認にも繋がったと考えられる。

　社という集団が、当時の行政側の政策によって、いくたび再編され、その役割が時代と共に消失したのもあれば、形を変えて存続しているのもある。しかし、どの時代も伝統的な地縁的結合の存在を無視できなかった。時には、社を利用したかもしれないが、人びとが村落生活を送るうえで、地縁関係がきわめて重要だと認識したのであろう。社会環境の変化とともに、とくに農村の都市化によって、人びとの流動が激しくなり、固定的な地縁関係が破壊され、従来の地縁集団の機能が衰弱し、人びとの結合関係に一定の変化の兆しが見えるが、村民自治に任せられた現在において、行政の力が及ばないところで村民たちが結束し、自分たちで解決する方法を探さなければならない。現に郷鎮企業や私営企業の新興によって、新しい経済体が生まれている。村民たちが異なる企業で働く場合に、それぞれの企業に属するため、村民たちの間に新しい集団が生まれ、新しい利益関係も生まれた。地縁的結合にどう影響を与えるのか、今後も注視していきたい。

文献一覧

[1] 行龍主編、2002、《近代山西社会研究》中国社会科学出版社。
[2] 清水盛光、1942、『支那家族の構造』岩波書店。
[3] 山西省史志研究院編、1994、《段村鎮誌》、山西古籍出版社。
[4] 交城県誌編写委員会編、1994、《交城県誌》、山西古籍出版社。巻一．第2章
[5] 交城県誌編写委員会編、1994、《交城県誌》、山西古籍出版社。巻二十四．第1章
[6] 交城県誌編写委員会編、1994、《交城県誌》、山西古籍出版社。大事記
[7] 石駿、1997、《汇通天下的晋商》、浙江省人民出版社。
[8] 交城県誌編写委員会編、1994、《交城県誌》、山西古籍出版社。巻八．第1章

第 4 章　「社」と社会結合の変遷

註

1) 中国の戸籍制度では農業人口と非農業人口に分かれており、村民委員会は農業人口のみ管理しており、非農業人口の人数を把握していない。
2) 本地図は村民委員会が提供してくれた地図と民国時期段村古建示意図（段村鎮志、p183）を参考に現地協力者と筆者が共同で作成したものである。
3) 村本政治は「村治」ともいい、中華民国時代に山西省が実行した村自治の政策である。自治の基層単位は村であり、村民が自己管理の習慣を身に付け、治安のよい村を作り、裕福な家庭を作るよう促すことを目的としていた。
4) 各小隊の主要な構成は次のようになる。第1隊は康家社、第2隊は馬家社、鉄門李社、第3隊は任家社、第4隊は閻家社、第5隊は段家社、第6隊は段家社の一部と西任家社、第7隊は李家社、第8隊は宋家社。
5) 十人の神様が人間社会へ降りてくるので、かれらを迎え、祭祀するために作ったものが十王棚とよばれる。華北平原では、十王廟という廟が多くみられるが、廟は建物であり、棚は臨時に組み立てたテントである。行事が終わった後に棚は解体され、部品は保管し、繰り返し使用する。
6) 正月15日に元宵節の祝い行事をする際に、男の子が生まれた家が3年連続で、祝賀行列が通る道に練炭を積み上げ、燃やす。この積み上げた練炭のことを「塔塔火」と呼ぶ。「塔塔火」は真冬の行事参加者や見物客の体を暖める役割を果たす同時にその家族も永遠に火のように燃え続け、旺盛であることを意味する。現在では練炭を使用しているが、昔は生の石炭を使用していた。
7) 旧正月期間中、特に元宵節前後に行われる民間の娯楽の1つで、木を組み立て、燃やす。鬧は騒いで祝うという意味である。社火の起源は土地と火の神に対する崇拝にある。現在では、ランタンや大がかりな花火のほかにも、様々な民間芸能や出し物などで盛大に元宵を祝い、面白さや楽しさを求める娯楽性の高い催し物へと変化してきた。
8) 入社とは社に加入することである。
9) 洋は金の意味で、社洋というのは社に支払う金、あるいは寄付金のことをいう。
10)「鉄槓」とはこの地域の伝統文化財の1つである。特注した鉄パイプで作られた棒に女の子の足を縛り高く乗せて、二十数人の男性が担いで練り歩く。歩きだすと女の子の衣装が揺れてとても綺麗である。

第Ⅱ編　「水利」と「宗教」をめぐる社会結合

第 5 章
伝統水利の争われる「公」

前野 清太朗

はじめに

　山西省中部は西を黄河と呂梁山脈、東を太行山脈に挟み込まれ、中央を南北に汾河が貫く巨大な谷地を形成している。汾河は太原盆地を南に流れ、呂梁山脈と太岳山（霍山）がつくる隘路を抜けて南部の臨汾盆地へと至る。本稿で取り上げる洪洞県一帯は臨汾盆地北端に位置し、山系の包み込む傾斜地が南へ向かうにつれてゆるやかに平野へと変じる区域である。1950年代から60年代にかけて日本の中国史学界では、中国「水利共同体」論争とよばれる議論がなされた。議論で着目された論点は多岐にわたったが、非常に簡潔にまとめるならそれらは水利用のため近世中国に形成された各地の慣行に着目し、それらの慣行の担い手を「共同体」と比定しうるかをめぐる議論であった。別の言葉でいうと公（オオヤケ）たる（はずの）国家と私（ワタクシ）たる（はずの）個人の間で水利用を担っていた中間領域を「共同体」とみるか、それとも別の何らかとみるのかの議論であった（[1][2][3]）。もっとも当時の資料的制約もあって最終的に統一見解が見出されることはなかった。一連の議論が中国社会の水利用をめぐるさまざま慣行を発掘し、それらの制度的理解へ大きく貢献したことは疑いない。しかし慣行の制度的側面を描くことを重視したゆえに、地域における水利用のあり方を固定的に描きがちであったのも事実である。

　1990年代中盤以降、中国における社会史研究ではフィールド踏査を通じての民俗調査、在地資料の探索が進み、水利用研究のための資料状況は大きく

第Ⅱ編　「水利」と「宗教」をめぐる社会結合

向上した。とくに盛んな資料探索が行われたのが中国北部の乾燥少雨地帯である山西省一帯であった[1]。その中でも中国社会の水利用のイメージを変化させたのは山西省中部にある「四社五村」である。洪洞－霍州の境界にあるこの地域は董暁萍とランクリー（藍克利）ら中仏共同調査によって「灌漑しない水利用」（非灌漑水利）として紹介された。「四社五村」は灌漑管理を担う5集落と、その周縁で附属的に水利用を行う諸集落から構成されている。「四社五村」の各集落では耕作のための水利用（灌漑水利）すらも禁止され、もっぱら生活や家畜のための利用に特化した管理が行われて違反者には罰則が科せられていた（[4]）。その後の研究の進展につれ「四社五村」ほどの厳格さではないにせよ、山西省一帯に相対的に強固(タイト)な水利用のあり方が確認しうることが明らかとなった（[5][6][2][7][8]）。

　中国最初期の人類学者のひとり費孝通は『郷土中国』（1948年刊）の中で「農村最大の病は私(スー)である」（郷下最大的毛病是私（[9]22頁））と記した。彼は蘇州の水路を例に引いて続ける。「（住民は水路を）自制が必要な場所とは全く感じていないのだ……この種の小水路は"公家(ゴンジア)"であるからだ……ひとたび"公家(ゴンジア)"であるとなれば……権利はあっても義務はないことになってしまう」（毫不覺得有甚麼需要自制的地方……這種小河是公家的……一説是公家的……有權利而沒有義務了（[9]22頁））と。この記述はあたかも「ばらばらの砂」と孫文が評した「私(スー)」にあふれる華人／中国社会イメージをなぞるかのようだ。そこでは私(スー)がばらばらにフリーライドを繰り返し、共同での水利用などおよそ成立しようもないように思える。一方で費はこうも書いている。「（ある主体が）一家のために一族を犠牲にできるとき、一家は彼にとって公(ゴン)である。（ある主体が）自身の小グループの利益確保や権利取得のために国家を犠牲にするとき、かれはやはり公(ゴン)、すなわち小グループの公(ゴン)のためにふるまう」（當他犠牲族時、他可以為了家、家在他看來是公的。當他犠牲國家為他小團體謀利益、爭權利時、他也是為公、為了小團體的公（[9]29頁））。費によれば人びとは自身を中心とする社会圏（己(ジィ)）を形成しており、おのおのの己(ジィ)にはおのおのの公(ゴン)がある。費のいう公(ゴン)は決して普遍的な原理ではない。己(ジィ)という社会圏をつくる「私人のつながりの中においてのみ意味を

持つ」(在私人聯繫中發生意義([9]30頁))ような相対的規範である。つまりある圈にいる人びとにとっては公となる対象や規範が、その圈の外からは私の目的や振る舞いとみなされうる。もちろん、その圈の外にある人びとも、彼ら各自のいる圈にとって公なる対象や規範を持っているのだ。費のいう公家と公とは性格が異なり、しかも並存が可能な概念を指すとみるべきである。私人のつながりからできるさまざまな己の網から漏れた対象が公家であり(ゆえに利用へ義務を負うべき相手がいない)、私人のつながった己のなかに成立するのが公である(ゆえにつながりあう相手に義務が生じる)。戦乱の母国に生きた費孝通が望んだのは個別の己、個別の公を超えて通用するような(権利も義務も伴う)国家の「公」をつくることであった。

そもそも国民国家成立後の社会に生きる観察者のわれわれは「公」へ無意識のうちに「官」(公権力)を設定し、それに対置して「私」=「民」を設定しがちである。しかし歴史的に、社会的にこのカテゴリーが常時適応されるものとの保証はない。井黒忍は山西の水利用について「平等な割合での分水が求められたわけではない」ことへ着目し「水利秩序の持続性が「平等性」に由来するものではなく、歴史的経緯に裏付けされた「公平さ」に基づくものであった」とする。上掲の四社五村の非灌漑水利についても、「階層化された不平等な社会秩序によってまもられる用水機会の均等性」が骨子であり「平等性」ではなく「公平さ」にとって水利システムが維持されたことを示す事例だったと指摘している([8]43～45頁[2])。費孝通の論じたような内的論理としての「公／私」をふまえつつ事例の再検討を行うことは、過去の中国「水利共同体」論争で問われた「公たる国家／私たる個人」の間の中間領域を評価しなおす手がかりとなるであろう。

1. 資料と本稿の分析対象

山西省一帯が1990年代以降のフィールド調査や資料発掘によって、水利用に関する研究の注目を集めるようになったことはすでに述べた。新資料を活用した研究に先立って知られていた資料に、民国6年(1917年)編纂の

第Ⅱ編 「水利」と「宗教」をめぐる社会結合

『洪洞県水利志補』(以下『水利志補』)とよばれる資料がある。本書は、山西省中部の洪洞県における計41渠(上巻9渠・下巻32渠)の灌漑水路(以下、渠)に関して整理された書物である。沿革および管理規約である「水冊」「渠冊」の抄録が掲載されているほか、37渠については水路とメンバー集落の所在が記載された地図が付属している。『水利志補』の記録は董・ランクリーの収集した四社五村資料ほどには村落内部の情報を詳細には伝えてはくれないものの、地域社会に関する資料ソースとして非常に有用な情報を残している。『水利志補』に記載された各渠の状況は当時の多様な水利用のあり方を伝えてくれる[3]。

本稿では、具体的な訴訟記録が『水利志補』の中に出現する清中葉(18世紀)からこれらの原資料が収集された民国初年(20世紀)までの期間を取り扱う。『水利志補』所載の記録の中には、古くは唐代に遡るようなものもある。しかし碑文や渠冊の文面は、つとめてそれが通時的な規則であったかのように装いながら過去を記述しようとする。ゆえに、訴訟記録に基き一定程度の具体性をもって事実の検討を試みられるこの期間が本稿の議論の及ぶ限界線である。この限界をふまえたうえ、本論では『水利志補』の諸事例から、水利用をめぐる公(ゴン)と私(スー)が前近代中国の地域社会でどのように取り扱われていたかを分析したい。

2. 洪洞地域の水管理

①共通性をもった制度慣行

『水利志補』に採録されている灌漑水路は前記の通りおよそ41渠である。民国『洪洞県志』(1917年刊)巻七・輿地志には(旧)洪洞県域を流れる汾河と潤水(洪安潤河)、勞水(曲亭河)、南潤水、沙河(石姑姑潤河)、北潤河(三交潤河)、南潤河(大安嶺潤河)の6流の河川名が記載されている(括弧内は現在の河川名([2]28~29頁))。

近年、フィールドでの聞き書きを交えて調査を実施している張俊峰の一連の研究成果によれば、洪洞区域の各渠は水源の種類に応じて引河型・引泉

第5章　伝統水利の争われる「公」

型・引洪型の3種に区分できるという（[2]8頁）。水源の性質の差異はそれぞれの灌漑域に農業生産上、農村景観上の大きな差異をもたらした。一方で、この地域の水利組織の制度慣行については各渠において相互にかなりの類似性を見出すことができる。

　本地域における水資源管理の制度構造は、すでに森田明や張俊峰など先行研究が丁寧な整理を行ってきた。ここでは続く議論に先立ち先行研究の成果を要約しておきたい。各渠において「地戸」「水戸」などと呼称される地主ないし水の利用戸は、小さい場合は4畝から大きい場合は30畝まで、概ね10畝前後を1ユニットとする「夫」ないし「甲」に編成された。この「夫」ないし「甲」が渠の浚渫・補修のための出役の基本単位となり、渠長・溝首ら渠の役職者の差配によって、ユニットごとに出役者を負担した。「夫」ないし「甲」へは各ユニットの代表者として夫頭・甲頭が置かれた（[2]221頁、[1]63～64頁）。渠全体の統括者は、渠長・渠司・掌例などと呼称され、その下位の単位の統括者として溝首・公直などの役職が置かれた。規模の小さな渠では「地戸」「水戸」の中から主要な役職者のみが公議によって選出され就任した（公挙）が、規模の大きい渠では利用監視を行う巡水などの補助者が任用されることもあった（[1]63～65頁）。上のような役職者の任免規定に加え、盗水禁止、配水量・配水順序、夫役負担に関する規定と罰則[4]が「渠規」として制定され「渠冊」「水冊」などと呼ばれる小冊子に編纂された（[1]60～62頁）。

　渠の運営には「公議」とよばれる意思決定の手続きが介在していた。『水利志補』採録の各渠渠冊においても「公議」による意思決定が規定の一部として盛り込まれている。この「公議」なる慣行は前近代中国の村落において広くみられた慣行であったとされる。1940年に内モンゴルの察哈爾・綏遠の2省において村落調査を行った今堀誠二は、「公議」とは村公会の役員である会首による「会首公議」と全ての村人（闔村士庶）を集めて行われる「闔村公議」の2種類の形態の手続きであったという（[10]82～87頁）。歴史的角度からは小田則子の順天府宝坻県（現天津市宝坻区）档案を用いた分析がある。小田によると、清代華北の郷村では「里や宗族の有力者、村（「庄」）の

世話役（首事人）、あるいは宗族の構成員や村人など郷村の様々な範囲の人びとが、彼らに共有される事業を行ったり、郷村に対する県政府の委託を実施したりする団体的な活動」が見られた。小田は「そうした集団的な行為の運営や実施について、郷村の有力者や「庄」の首事人たちが合議したり取り決めたりする行為、または村人や宗族の構成員がこれに同意したり協議したりする活動」を「公議」と呼んだとする（[11]281頁）。山西省の例では四社五村資料に度々「公議」の語をみてとることができる。里甲の役職者（里正）を選出するに際し「村挙」の上で「甲」において「公議」するなど四社五村での「公議」へは複数のレベルが設けられていた（[4]110～113頁）。

『水利志補』所載の渠冊においても「合渠公議」「合甲公議」などの記載があるほか、「同地戸等公議（[12]266頁）」、「地戸大衆公議（[12]284頁）」、「邀閤渠人公同磋商（[12]355頁）」のように地戸全体を含む「公議」であることを示す表現がみられる。このことから洪洞地域では代表者による部分的な「公議」と利害関係者に範囲を広げた「公議」が存在したことがわかる。一連の記載をふまえ各渠における「公議」は地戸・水戸全体での公議／夫頭・甲頭ら代表者の公議／渠長・溝首ら役職者のみの公議に3区分できる。もちろん渠の規模が異なれば公議自体の規模も変わり[5]、全ての渠に3種の「公議」の存在が確認できるわけでもない。ただしここからは渠における「公議」が村の「公議」（または里・甲の「公議」）とは異なり、基本的には地戸・水戸であることを前提にした利害関係のある者が参加する慣行であったことが窺える。

2　事例にみる水利運用の実際

各渠の管理組織が作成した水利碑・渠冊は個々の渠管理に関する渠規を細かく記載している。ただし1つの集落が必ずしも1つの渠、1つの管理組織にたよった水利用を行っていたわけではなかった。例えば洪洞県東部の洪安澗河（澗水）中流に位置する蘇堡鎮の場合、河から取水する3本の渠が近隣を通過していた。蘇堡とよばれた集落は、かつて近隣の9村が共同管理する澗源渠、同じく近隣の6村が共同管理する長澗渠の水を利用していたという。

第 5 章　伝統水利の争われる「公」

しかし明清期には潤源渠・長潤渠の共同管理から離脱し、洪安洞河から独自に取水する衆議渠を管理・運用するようになった[6]。蘇堡「村」の 18 世紀における経済的発展はめざましく、この時期に集落は「鎮」の規模へ発展したとされる（[12]197 頁）。集落内の劉姓からは山東、遠くは江南・福建で財をなし、あるいは官途につく者もあったが[7]、彼ら地域出身のエリートはしばしば集落の用いる衆議渠の補修に醵金を行った[8]。蘇堡鎮は地域出身のエリートと集落自体が有する経済力を背景に、周囲の集落が共同管理によって水を確保するなか独自に水利施設を運用しえていたのである。

　蘇堡鎮のケースは水資源と経済力に相対的な余裕[9]があったがゆえに選択的な所属選択が可能になったケースといえる。一方、利用可能な水資源に大きな制限がある場合にも、集落は複数の取水源確保へ積極的に動いた。洪洞県西部の三交潤河（北潤河）は、全長 50km、現在 4 郷鎮 12 村を流れて汾水に注いでいるが、下流域ではときに水涸れが生じる。このため中流より河下では集落が複数の渠に取水源を求める傾向があった。三交潤河北岸の曹家荘では、潤渠と西渠の 2 つの取水源を同時利用していた。前者は曹家荘が万安鎮・楊家荘・高公村の 1 鎮 2 村と共同管理する「数村公渠（[12]356 頁）」であった。これに対し後者の西渠は曹家荘が独自に開削した渠であり、管理者たる渠長の選出・出役単位の「甲」編成など独立の管理システムが構築されていた。『水利志補』編纂当時（1917 年）に潤渠の渠冊はすでに失われていた（嘉慶 6 年（1801 年）の水災と補修の時点では渠冊が再作成されていたようだ）。その代わり『水利志補』には高公村に残っていた碑文および曹家荘の夫簿（「夫」に編成された地戸の名簿）序が採録されている[10]。曹家荘の夫簿序によると、この集落では独自の渠である西渠（400 畝を灌漑）とともに潤渠の支渠 3 本を北渠・南渠・南北渠（各 900 畝、200 畝、200 畝を灌漑）と呼称して利用していたとある。個々の村や集落にとって灌漑システムは水資源の確保経路であったが、それらは自己を中心にめぐらされた水路網として把握されていたことが窺える。

　交錯した渠間関係は三交潤河南岸においてより顕著であった。表 1 は三交潤河南岸における取水関係を『水利志補』および張俊峰の研究を参考にまと

第Ⅱ編 「水利」と「宗教」をめぐる社会結合

表1 三交潤河南岸の取水関係（計6渠7村）

名称	開削年代	参加村	灌漑面積	備考
済民渠	元代以前	韓家荘、温家荘、鉄炉荘、賀家荘	1,700畝	
広済渠	明初	温家荘	132畝	
賀家荘潤民渠	明初	賀家荘	不明	民初には廃棄
天潤渠	明中葉	鉄炉荘	500畝	
塾堡村普潤渠	不詳	鉄炉荘、塾堡村、西梁村	不明	乾隆42年に下流の東梁村、南段村が離脱
㴋民渠	明初	上舎村	1,000余畝	

注：[2]の表を元に[12]を参照して再整理。同名の渠との混同を避けるため賀家荘潤民渠・塾堡村普潤渠の呼称は[2]にならった。

めたものである。

このうち済民渠は別称「汾州里渠」と呼称される[11]。これは韓家荘・温家荘・鉄炉荘（鉄婁荘とも）・賀家荘の4村が明初に「汾州里」へと編成されていたことからの呼称である。『水利志補』採録の渠冊によれば「本里四荘」の共用する「古渠」が水災で灌漑域一帯が被害を被り元の至大2年（1309年）[12]にかけて県の監督下で「四荘人夫」の出役（興夫）で補修が行われた。しかし以降も半ば定期的に発生する水災（この一帯の水利用は山岳部の降雨により生じた「濁水」を利用する）により渠の破損が定期的に生じ、かつ地震・蝗害などによって村落自体が渠の維持能力を失うこともあった。永楽2年（1404年）に再び大規模な補修が行われたが、その後も水災と続く補修のサイクルが繰り返されたようである（[12]331～337頁）[13]。以降15世紀から18世紀の間の済民渠の記録は欠落している。

その後の済民渠の変化が分かるのは『水利志補』採録の民国4年（1915年）訴訟記録（断案）からである。これによると済民渠は嘉慶年間[14]の水災で破損し、それまで4村で担われていた管理組織が解体した。すなわち破損した渠の補修費用が多大であることから、費用分担を嫌った賀家荘・鉄炉荘の2村は済民渠の管理組織から離脱した。これについて張俊峰はこの時点（19世紀前半）で賀家荘・鉄炉荘の2村が各自独立した灌漑水の確保が行えていたことが背景にあったと推定している（[2]246頁）（賀家荘が潤民渠、鉄炉荘が天潤渠からそれぞれ取水した）。

第 5 章 伝統水利の争われる「公」

　独立した灌漑水の確保を済民渠の利用と同時に行っていたのは同じく「四荘」の温家荘においても同様であった。温家荘は三交潤河から直接取水する広済渠の灌漑組織を有していた（[12]387 頁[15]）。一方、賀家荘は「張龍王溝」と呼ばれた降水時に水流が生じる涸れ川を水源としていた上、西隣の上舎村との水争の結果[16]、上舎村灌漑後の「餘潤」を用いることとなっていた（[12]324〜325 頁）。このため賀家荘が潤民渠から得る用水量は十分なものではなかったとされる。結果、民国初年までに潤民渠の運用は放棄されるに至っていた（[12]399 頁）。鉄炉荘が独自に取水する天潤渠は 4 村共用の済民渠と温家荘の広済渠それぞれの取水口の下流において三交潤河からの取水を行っていた。三交潤河から直接取水していたため、賀家荘に比べ灌漑条件はよかったが、前記の通り他の 2 渠の下流で取水している欠点があった。さらに鉄炉荘の所在地は三交潤河から内陸部に離れていたため、弘治 3 年（1491 年）に温家荘の村民 2 名の土地を購入してその土地に渠道を開削した。ところが渠の構造上閉塞が生じやすく、民国初年にはやはり用水不足が生じていた（[12]343〜347 頁[17]）。

　嘉慶年間の水災で賀家荘・鉄炉荘 2 村が済民渠の共同管理から離脱した後、韓家荘・温家荘の 2 村は新たに渠道用の土地を購入して渠道の再開削を行った。この一連の補修は各地戸への分担金（攤銭）によってまかなわれた。温家荘が自村の渠である広済渠の組織からも負担金を拠出したことに鑑み、済民渠と広済渠の引水系統は接続された。結果、定期補修のための「夫」と負担金の分担を行う組織も統合され（出銭幇修、歴年随同興夫）、済民・広済 2 渠は 1 つの組織で管理される状態になった（[12]339〜340 頁）。

　賀家荘と鉄炉荘は共同管理からの離脱後、それぞれの村が専有する渠の組織を運用して灌漑を行っていたが、前記の通り清末には灌漑水が不足するようになっていた。このため 2 村は宣統 3 年（1912 年、民国元年）に訴訟を起こしたものの、中華民国成立後も（恐らく辛亥革命の混乱で）結審をみずにいた。民国 3 年（1914 年）夏、山間部からの濁水が流入する増水期となったことから、賀家荘・鉄炉荘 2 村は県の許可を待たず村民を糾合して実力で済民渠からの取水を試みた。これに対して温家荘の側からも村民が出動し、

負傷者のでる抗争に発展した。

『水利志補』編者の孫煥崙が着任後、水問題に関する裁判が行われた。判決では温家荘に対し、すでに済民渠から灌漑している旧広済渠の田地については旧済民渠の田地と別箇に渠冊へ記載した上で給水を認め、同時に両渠の管理を再び分離するよう命じた。一方、賀家荘と鉄炉荘に対し新しい堰を築き温家荘の灌漑後に水門を開放する条件で済民渠からの取水を認めるとした。さらに新堰の工事費用および地租は2村が地戸に分担させる（攤銭）ことも定められた。以上の措置とともに渠冊が再作成され、済民渠の管理組織を再編して「旧」状への復帰が図られた（［12］339〜341・387頁）。

以上の例からもわかるように村による複数の取水源確保への模索は、往々にして異なる渠の系統への重複所属を生じさせた。共同管理のシステムといっても、その共同は決して強固なものではなかった。韓・温・鉄・賀の4村のように旧「汾州里（四荘）」を範囲にまとまる可能性は存在したが、水資源確保がシビアな状況下では個々の村や集落の論理に応じて連合の形態が選択されたのである。

3. 水利の中の公と私

［1］維持される公

渠規における「苦樂不均之弊（［12］216頁）」などの表現にも現れているように灌漑システム内の公（公平さ）を維持する必要性は常に認識されていた。「均平使水（［12］298頁）」、つまり渠の使う水における公を達成することが推奨された渠長・渠頭ら役職者に求められる任務であった。各渠の公の指標となったのが「興夫」すなわち渠の補修のための出役と、「認糧」すなわち金銭負担であった（［1］65〜66頁）。とくに出役負担を伴わない灌漑利用は坐食水利（［12］145頁）として厳しく制限された。水災・地震などで水利用の状況に変化が生じた場合、極力「旧状」に沿った回復が図られたがしばしば例外もあった。

氾濫原（灘地）へ新たな田地を開墾することは、この地区でよく行われる

第 5 章　伝統水利の争われる「公」

慣行であった（[1]70〜71 頁）。ゆえに氾濫原へ新たにできた田地を灌漑区内に編入すべきかどうかがしばしば問題となった。たとえ水資源に余裕がある場合であっても、新しい田地加入は必ずしも認められなかったが、一旦「興夫」の原則に従った組織秩序への加入が認められさえすれば、それまでの水利用の秩序は再編された。県東部の洪安澗河上流に位置する陳畛渠は、その水資源の豊かさを活かして耕作が行われていたが、他渠同様に新開地の加入は制限されていた[18]。ところが「村中一二長者」と渠の役職者の協議によって出役負担と引き換えに新開地の加入が認められると、以後続々と新開地が加入していった。ただし水災は氾濫原を出現させると同時に、水災で土地を失ったにもかかわらず渠冊の「夫」名が残ってしまう構成員をも生みだしてしまう。このため陳畛渠の渠冊再編に際しては新入者と離脱者の整理が同時に行われていた（[12]227〜228 頁）。

　もちろん特定の構成員のもつ財力・政治力が渠の運営へ影響を及ぼしたことは十分にありうる。前掲の蘇堡鎮の例からもその一端は窺える。前章で述べたとおり、蘇堡鎮では地域出身のエリートによる醵金が集落独自の水利施設の運用を可能としていた。嘉慶年間までたびたび渠の補修に支援を行っていた劉姓は清末に至り「衰敗」「中落」した（[12]197 頁、[13]999 頁[19]）とされるが、咸豊年間にも李姓の生員が渠の補修を指揮した記録がある（[13]1000 頁[20]）。ゆえに地域出身のエリートの存在が継続的に渠の運営へ影響していたことは間違いない。しかし地域出身のエリートが影響力をもったことが推定される反面、渠冊においてはあくまで「公平さ」（フェアネス）がアピールされていた。例えば衆議渠の「渠掌」（掌例とも。渠長に相当）を選出するにあたっては「貧富の拘りなく、水冊に名のある」（不拘貧富、但水冊有名）こととし、給水順序についても「灌漑地の多寡を問わず」（不論澆地多寡）罰則を議する、といった規定が設けられていた（[12]202〜203 頁）。現実には確実に「平等でない」格差は存在しつつも、管理における「公平さ」（フェアネス）はアピールされ続けていた。渠長など役職者の事務のまずさが渠の組織成員の不和をまねき、ついには渠の管理自体が行えなくなった記録[21]が確認できることからも、渠の役職者は（平等でなくとも）「公平」（フェア）であることに一定の配慮を行わなけ

99

ればならなかったことがわかる。

②　私(スー)にして公(ゴン)たる行為

　ここまで事例中にあって、いかなる水利用が公(ゴン)とされていたかを述べてきた。では、公(ゴン)とセットの私(スー)についてはどうであろうか。『水利志補』で「私」という表現が出現する用例は多くない。たとえば（公議でなく）「私に議事を行う（[12]116頁）」、「私に水門を開閉する（[12]116頁）」、（公挙を経ず）「1、2人の支持で私に役職へ就任（私保）する（[12]293頁）」、「私に無夫の田地へ灌漑する（[12]365頁）」など、構成員個人の行為に対して禁止を定める事項の用例がみられる。

　ただし一見個別の私(スー)的な行為であっても、「旧例」の担保があればある集団の公(ゴン)に対して自己の正当性を主張する事ができる場合もあった。三交潤河北岸の潤民渠（賀家荘潤民渠とは別）の例がこれにあてはまる。乾隆33年（1768年）、東姚頭村の生員鄒生通らが潤民渠の取水を遮る「腰堰」を築き、潤民渠との訴訟に発展した。鄒生通の主張によれば。嘉靖年間に鄒生通の「祖」が土地を提供して渠道を改修したため、村民は公議して子孫代々「用水するも興夫せず」（用水永不興夫）と定めたという。のち鄒姓は零落し田地も分散したが、左の渠規は石碑と渠冊に残された。最終的に県の裁定によって渠規は鄒姓に新堰を築くことまでは認めていないとして鄒生通の主張は却下された（[12]314〜315頁）。以上のような事態の発生には渠の貢献者（捐地者や械闘での死亡者など）に対し「公送義甲」などと称して出役免除などの特権を公(ゴン)にかなう権利として渠の組織が認める慣行が背景にあった。

　『水利志補』中の私に関する用例には異なる立場の主体間で私(スー)と公(ゴン)が入れ替わってしまう事例もある。范村は県東部の洪安潤河の南岸に位置する集落である。『水利志補』所載の「古沃陽渠叙」によると、金の崇慶元年（1212年）に范村の村民らが渠を開削して灌漑を開始した。その後、元の至正11年（1351年）・明の洪武5年（1376年）・成化元年（1465年）・万暦18年（1590年）にそれぞれ官印を受けて渠冊の再編が行われている。これらの渠冊再編は土地売買の結果、実際の土地所有者と名簿上の「夫」名の間に差異

第 5 章　伝統水利の争われる「公」

表 2　南沃陽渠の灌漑地をめぐる 4 渠の取水関係

名称	開削年代	参加村	灌漑面積	備考
南沃陽渠（新）		范村	300 畝	別名「南渠」
南沃陽渠（旧）	金代後期	范村	もと 200 畝	別名「上渠」。道光年間に破損し放棄
北沃陽渠	元代？	故県村、董寺村、李堡村、范村	500 畝	別名「北渠」、「下渠」
長潤渠	北宋中期	故県村、董寺村、李堡村、尹壁村ら 6 村	2380 畝	別名は四村渠。

注：[12] より筆者整理。

が生じた（買地夫存、有地無夫）ためであった（[12]279 頁）。当初范村は洪安潤河から直接取水していたが灌漑水量が不十分であったため、早期から北岸の故県村の泉（北泉）そば、南岸の尹壁村の泉（南泉）そばの土地を購入し泉水を利用するようになっていた。洪安潤河の南北に范村が持っていた土地にはそれぞれ渠が開削され、北泉から引水する渠を下渠、南泉から引水する渠を上渠と呼称していたという（[12]281 頁）。南泉から引水する上渠は范村が単独で利用し、北泉から引水する下渠は故県村・董寺村・李堡村・范村の 4 村が共同管理を行っていた。ところが道光年間の水災により范村のある南岸の上渠および灌漑地は流されてしまった。この後も范村は他の 3 村とともに北岸の下渠すなわち北沃陽渠の共同利用を続けていたが、光緒 12 年（1886 年）に北岸の下渠（北沃陽渠）に並行して新しく洪安潤河から直接取水する新渠（南沃陽渠）を開削した[22]。

　洪安潤河を挟んだ上渠（のち破損し放棄）と下渠（のちの北沃陽渠）は「沃陽渠」と併称された（[12]284 頁）。しかも洪安潤河が頻繁な渇水と増水を繰り返して蛇行したため、沿岸には氾濫原がしばしば出現した。新しくできた無主の氾濫原へは近隣村民が新開地として田地を設けるようになった。目まぐるしく変化する地域の実態を「官」が正確に把握していなかったことから、張俊峰の指摘した「旧例」回帰を原則とする判決がむしろ次のような水争にまつわる混乱を生み出していった[23]。

　『水利志補』へ残る最初の水争は康熙 59 年（1720 年）の訴訟記録である。前記の通り北岸の下渠は 4 村共同での泉水の取水を行っていた（洪安潤河へ

第Ⅱ編　「水利」と「宗教」をめぐる社会結合

つながる取水口も別途設けられていたようである)。当時、洪安潤河の氾濫原で下渠の灌漑地に組み込まれていない土地が生じており、故県村の村民らが耕作を行っていた。康熙 58 年（1719 年）の旱魃に際し、故県村の村民らは范村の北泉からの取水を妨げる形で新たな堰を築き新渠を開削した。范村の村民らは「私渠」を開削しているとして故県村の村民らへの訴訟を起こした（[12]284〜285 頁）。一方故県村の村民らは、現在の堰は洪水のため壊れた旧堰を再建したもので、むしろ范村の側が氾濫原の新開地（灘地）に灌漑していると主張した。最終的に范村の主張が実情に沿うと判断され、「旧状」に照らして故県村が新渠を埋め戻すよう命じられた（[12]285 頁）。

　次の記録は道光 28 年（1842 年）の訴訟記録である。この年は旱魃による灌漑水の不足が生じていた。下渠水源の泉水の使用をめぐり故県村・董寺村・李堡村の 3 村と范村の村民との間で争論が発生し、結果双方数百人が殴りあう抗争へ発展した。殴打された故県村の村民 1 名が死亡したことから裁判となり、范村は他 3 村が新渠を「私に」開削したと主張した。判決では范村の「掌例」（渠長に相当）が処罰され、灌漑用水については「古規」の通りとのみ命じられた（[12]386〜387 頁）。

　第 3 の記録は訴訟記録が直接引用されていないが、『水利志補』編者の孫煥崙自らが裁定を下した水争である。孫によると、范村が新たな取水口を北沃陽渠（かつての下渠）の洪安潤河へつながる取水口の上流に作り、取水の独占を図った。訴訟に際して范村側は「沃陽渠」の「古例」にのっとった措置であると主張した。これに対し孫は南渠（范村が北岸の氾濫原に開削した新渠）がすでに過去の上渠と異なる場所に存在する以上、かつてのように上渠と下渠が「平均」に取水できる（使水平均）状況ではないと判断した。これに則って孫は、范村ふくむ 4 村の北沃陽渠が河の上流で取水しつつも、荒い石組み（活石）で河流が透過する堰を備えた取水口とするよう命じたという（[12]273〜274 頁[24]）。

　南沃陽渠の事例からわかるのは、既存の各渠の公(ゴン)を支えていた状況が外的な自然条件の変化によって失われたにもかかわらず、新しい状況下でも継続して個別の渠の公(ゴン)に基く主張がなされたことだ。その結果生じたのが南沃陽

第5章　伝統水利の争われる「公」

渠と北沃陽渠の間の公(ゴォン)をめぐる対立であった。南沃陽渠の側は「官」が現況を「旧例」に違背したものとして「いない」ことを根拠に公(ゴォン)を主張し、北沃陽渠の行動を私(スー)とした。一方、同じ行動は北沃陽渠の側からみれば、南沃陽渠の側こそが自らの公(ゴォン)を支える「旧例」を乱すものであり、私(スー)であった。故県村による私(スー)、3村による私(スー)といった表現が示すようにここでいう私(スー)は、個人の（プライベートな）行為を示すものではなかった。まさに孫が「双方ともに「公」によって判断したのだ」（雙方皆係因公起見（[12]340頁））と記す通り、異なる公(ゴォン)の対立ゆえに一方の公(ゴォン)が他方の公(ゴォン)を私(スー)として指弾したのである。

おわりに

　以上、山西省中部の灌漑水路（渠）による水利用の歴史的事例を取り上げ、水利用をめぐった公(ゴォン)と私が地域社会の側からいかに受け入れられていたかを検討した。これまで見たように、渠の管理組織は出役負担や罰則を定めた渠規、集団的な意思決定である公議などの制度を用意して組織の強固さを常にアピールしていた。しかしその反面、水災など外的な環境変化や管理組織内の村の取水条件の変化によって容易に組織はゆらぎをみせた。水資源が利用可能な範囲の変化は出役・費用負担と取水のバランスの上に成り立つ組織内での「公平さ」(フェアネス)へ影響を及ぼさずにはいられなかった。組織は外的変化に対し渠規を含む制度を改変しながらも、「旧状」が連続していると主張することによって「公平さ」(フェアネス)の連続性を保とうとした。ところが個別の渠を超越して渠間の関係を調整・管理するシステムは、前近代の地域社会に存在しなかった。前近代の「官」は訴訟に際した限りで関与を行うに過ぎなかったし、渠の側も「各守旧規（[12]、352頁）」と渠間で相互に約するにとどまった。上位の調整・管理システムが登場するのは、近代以降、とりわけ共産中国の成立にともない技術的専門性をもつ国家機関（水利局・水利委員会など）が地域の水利用へ介入するようになってからである。上位の調整・管理システム不在の状況は、時に村や集団が水系や渠間を挟んで錯綜した取水関係をも

第Ⅱ編 「水利」と「宗教」をめぐる社会結合

つケースにおいてしばしば渠ごとに異なる「公平さ(フェアネス)」の重複を生み出し、何が「公平さ(フェアネス)」＝公(ゴン)であるか判断を「官」に求める事態を生み出した。

官が捉える「公(ゴン)」と地域社会が解釈する公(ゴン)（いわば民の側の公(ゴン)）の概念の間には断絶があった。官にとって「公(ゴン)」の究極的な体現者は自らである。ただし官は地域社会に問題が発生しない限り地域社会内へ「公(ゴン)」を体現して介入しない。一方、渠の存在する地域社会側では官からの基本的な介入のない状況で、規制や処罰の執行を行いうる渠の公(ゴン)を自らの側で用意する必要があった。ただしその公(ゴン)が渠の組織を超えて力を発揮するためには、物理的な力か、さもなくば訴訟を通じ官の「公(ゴン)」に依拠する必要があった。

公を体現する各渠の組織に村がユニットとして参加していたとしても、それは地域社会が（例えば鈴木榮太郎が日本の村において述べたように）村を下部単位とする入れ子構造の社会であったわけではない[25]。本論の事例に見られるように村が重複して複数の渠や泉源から水を得ることは珍しくなかった。渠の灌漑を担う水利組織は入れ子構造的だが、それは村の単位あるいは社の単位で参加する結社のようなもので、複数の「結社」に参加することへの妨げはなかったのだ。むしろ恒常的に水の確保が重要となる環境下では、複数の渠の水利組織へ参加することは十分にありえる行動だった。

溝口雄三は漢語「公(こう)」の概念が、古くは「公平に処する」倫理性を伴う概念であり、次第に「全ての私」が充足することで「公平さ」が実現した状態を示す概念となったと論じる。彼の論じるところでは、そうした「公(こう)」はつきつめていくと「天下の公理」につながる（[14]64～72頁）。だが本論で見てきたように、平時の地域社会で通用する公(ゴン)なるものは、決して地域の論理を飛び出て「天下の公理」へつながるようなものではなかった。地域全体で「天下の公理」を要求するのはむしろ官の側であり、地域社会の側は異なる己(ジィ)同士が正当性としての公(ゴン)を主張して争っていた。異なる己(ジィ)間の衝突において、一方の公(ゴン)からすれば他方の行為は往々にして私(スー)と判断された。さまざまな己(ジィ)が絶えず衝突し官の側の「公(ゴン)＝公(こう)」を解釈しながら、暫定的でモザイク的な「公平さ(フェアネス)」の秩序をつくっていたのが、かつての中国の地域社会であったといえるだろう。費の論じたような己(ジィ)の海がつくる社会像といってもよい。こ

第 5 章　伝統水利の争われる「公」

れら地域社会のあり方を変えていったのは、本書の他の論考にみられるような共産中国成立以降の国家建設であった。水の利用・管理から地域の中間領域が後退し、党＝国家による管理システムへ移行していくプロセスは、国家による「公(ゴォン)」の回収プロセスでもあったのだ。

文献一覧
［１］森田明「清代華北の水利組織と渠規――山西省洪洞県における」『史學研究』142号、1978年。
［２］張俊峰『水利社会的類型――明清以来洪洞水利与郷村社会変遷』北京大学出版社、2012年。
［３］森田明「「水利共同体」論に対する中国からの批判と提言」『東洋史訪』13号、2007年。
［４］董曉萍・藍克利『不灌而治――山西四社五村水利文献与民俗』中華書局、2003年。
［５］森田明『山陝の民衆と水の暮らし――その歴史と民俗』汲古書院、2009年。
［６］張俊峰「率由旧章――前近代汾河流域若干泉域水権争端中的行事原則」『史林』2008年2号、2008年。
［７］井黒忍「清濁灌漑方式が持つ水環境問題への対応力――中国山西呂梁山脈南麓の歴史的事例を基に」『史林』92巻1号、2009年。
［８］井黒忍『分水と支配――金・モンゴル時代華北の水利と農業』早稲田大学出版部、2013年。
［９］費孝通『郷土中國』觀察社、1948年。
［10］今堀誠二『中國の社會構造――アンシャンレジームにおける「共同體」』有斐閣、1953年。
［11］小田則子「清代の華北郷村における公議――順天府宝坻県の事例――」『名古屋大学東洋史研究報告』25号、2001年。
［12］孫奐崙編『洪洞縣水利志補』成文出版社、1968年（1917年刊）。
［13］孫奐崙編『洪洞縣志』成文出版社、1968年（1917年刊）。
［14］溝口雄三『一語の辞典　公私』三省堂、1996年。
［15］好並隆司『中国水利史研究論攷』岡山大学文学部、1993年。
［16］玉城哲『日本の社会システム――むらと水からの再構成』農山漁村文化協会、1982年。

註
1) 代表例を挙げれば1993年の（新）『洪洞県水利志』編纂、董・ランクリーらのフィールド資料収集、『三晋石刻大全』はじめ碑刻資料編纂、張俊峰らの残存渠冊収集・フィールド資料収集などがある。
2) 類似の議論は[2][15]も合わせて参照されたい。

第Ⅱ編　「水利」と「宗教」をめぐる社会結合

3）ただし『水利志補』記載の41渠に関わる村鎮の数が120あまりなのに対し、同年に刊行された[13]の輿地志に記載された村鎮は5鎮293村と数の上で倍近い差異がある。
4）罰則は主として米・麦ないし銭支払いで行われた（[1]62頁）。
5）通利渠のような3県（趙城県、洪洞県、臨汾県）を通過する大型の渠の場合、「合渠公議」といってもすべての用水関係者が集まるのは現実的でない。張俊峰はこの大型渠につき、地戸の代表者たる夫頭を中堅層として持ちながらも「合渠"紳耆"公議」が最高度の決定権を掌握していたとする（[2]136〜137頁）。
6）潤源渠（八村渠）は蜀村・故県・董寺・李堡・辛堡・梗壁・朝陽（城東）と蘇堡の計9村、長潤渠は尹壁・蜀村・故県・董寺と蘇堡・下魯の計6村。孫によると蘇堡が衆議渠を独立して利用するようになったのは元代からという（[12]27頁）。
7）[13]に見られる洪洞県内の各人の業績には山東省での商業歴を記す記載が多い。また数十年にわたり「客商」として外地にあるケースや、外地で客死して遺骸を故郷に送還するケースも多々あった。
8）乾隆年間（[12]199頁、[13]991頁）、嘉慶年間（[13]991頁）、咸豊年間（[13]1000頁）に補修と醵金の記事がある。
9）洪安潤河は1949年以前まで常時水流があったが、その後は季節性河川に変貌した（[2]32頁）。民国初年までは比較的水が多かったようで上流域の渠では「水常有餘」（[12]225頁）とある。
10）2つの資料は各集落が自らの利用管理のために作成した資料であったことに留意すべきである。
11）張俊峰がこの渠の補修をめぐる状況について『水利志補』を元にすでに言及している（[2]245〜246頁）。本稿では張の整理に依拠しながら、組織の解体と再編に着目した考察を行いたい。
12）張俊峰は大徳7年（1303年）の地震により渠が崩れたものと想定している（[2]211頁）。
13）これら頻繁な補修の必要は山水（濁水）を利用した灌漑方式の特徴である（[2]230〜232頁）。
14）嘉慶6年（1801年）の水災か。
15）「四荘」はいずれも三交潤河南岸にある。韓家荘については三交潤河北岸の潤民渠（賀家荘の渠とは別）へ万安鎮・楊家荘の1鎮1村とともに水利管理を行っていたが、集落自体は南岸にあったことから村民が北岸に土地を有していたものとも考えられる。類似のケースとして、河道の変化を被ったことで集落が河の南岸にありながら村民が耕作する田地が北岸にある後述の南沃陽渠と范村のケースがある。
16）賀家荘と上舎村の灌漑水確保をめぐる対立関係については張が『水利志補』の資料と現地調査を基に細かく調査を行っている（[2]213〜214頁・232〜233頁・245〜247頁）
17）鉄炉荘は専ら自集落の用いる潤民渠の外にも塾堡村など5村と利用する普潤渠の管理組織に加入していた。普潤渠はもともと用水量が豊富でない三交潤河のさらに

第 5 章　伝統水利の争われる「公」

下流へ位置しながら、その灌漑面積は広大で、しかも他の渠と同様に水災のたびに補修を要した。そのため康熙年間に下流の 2 村が管理から離脱し、その後も嘉慶年間までは 3 村での管理が続けられていたが、民国初年には利用されなくなっていた（[13]389〜392 頁）。
18) 新開地の加入制限の結果、[1]の引く連子渠の事例のように、「無糧」で「入夫」していない新開地の耕作者と渠の側での械闘に発展するケースもあった（[12]247頁）。
19) 劉姓の人物で官途に就いた人物は光緒年間まで[13]の人物志から確認できる。彼らの援助対象が県域全体に広がっていることなどからみて、元来の出身集落であった蘇堡鎮との特別な紐帯を徐々に失っていったのであろう。
20) 李養廉という名のこの人物は、「諸生」（県試及第者に相当）であったという。道光年間に「錢數百緡」を出して集落での救荒につとめたとされると同時に、趙城県で蜂起した土匪が鎮へ接近した際には「村中丁壮百餘人」を組織して防衛にあたるなど、清末民初にかけて「エリート」の性格が変容する様を象徴する人物像である。
21) 南沃陽渠の事例（[12]284 頁）、均益渠の事例（[12]403 頁）など。ただしどちらの記事も役職者の処理のまずさが運営混乱の元となったとするものの、混乱に至った内部の不満がどういったものであったかは具体的な記載がない。
22) この水災前後には范村北岸と他 3 村の一部では旱作から水稲耕作へ切り替えが進んでいたようである（[12]271 頁）。
23)「旧例」が果たした役割について詳しくは[6]を参照されたい。
24) 詳しくは不明だが、日本の「乱杭堰」同様に河下への水流を制限して分水を調節する構造物であろう。
25)「水利共同体」の概念は日本の村（むら）を対象にした研究で用いられなかったわけではない。17 世紀より現代の土地改良区に至るまで継続してきた水利システムは「村々組合」と称されるようにしばしば複数の村（むら）が連合して水を確保しようとする組織であった（[16]149 頁）。一見、日本の「村々組合」は本稿においてみた村をユニットとする水利組織に類似しているようである。だが日本においては村（むら）自体が「水利共同体」として確固たる団結をもった上で、しかも同時に「村々組合」へ各村がメンバーとして組み込まれる、所属の重複を許さない入れ子構造の組織であった点が決定的に異なっている（[16]150 頁）。

第6章
集団化と農田水利建設

郝　平

（翻訳：孫登洲、補訳と整理：菅野智博）

はじめに

　農業生産の安定化の実現には、農田水利施設の整備が重要である。「収穫できるかどうかは水次第（有収無収在於水）」という言葉は農業と水との関係の密接さを物語っている。歴史的に見ると、山西省は長期にわたって水害や干ばつの頻発する地域であり、「十年に九年が干ばつが発生、干ばつと水害が併存（十年九旱、旱涝并重）」という状況は現地の農業発展の難点になっており、それらをいかに克服するかは山西省の重要な課題であり続けてきた。

　水資源が乏しい山西省において、中央政府の呼びかけに応じて、省レベルの大衆的な農田水利建設運動が何回も実施された。そのうち、大寨、西溝などの村は、当時中国においても有名なモデル村となり、「三晋大地」（「三晋」は山西省の旧称）おいても大変革が見られた。それに対して、太原盆地の奥地の西南にある平遥県道備村は、集団化時期には無名であったが、典型的な食料と綿花の生産基地として知られ、村内においても渠や井戸を掘ったり、渠を作ったりする農田水利建設運動が展開された。国の政策が具体的に村でどのように実施されたのか、その得失はそれぞれどこにあったのかについてその運動から分析することができる。従って、本稿は、村というミクロの視点から端末社会における農田水利事業の実施状況及びその得失を検討し、目下の「三農問題」の解決策を提供することが目的である。そのため、本稿では道備村に焦点をあて、農田灌漑、排水及びその管理などから検討し、集団

第Ⅱ編 「水利」と「宗教」をめぐる社会結合

化時期の農田水利建設の実態を明らかにする。

1. 農田灌漑

平遥県は太原盆地の西南に位置し、域内はほとんど平地であり、気候は典型的な温帯の大陸性季節風である。道備村は平遥県の北西の南政鎮にあり、汾河がその西側を流れ、南は恵済河に臨み、沙河が東西に村を貫き、3つの河が合流するところに位置している。しかし、恵済河と沙河の流量が汾河に及ばないことから、道備村は汾河から引水して灌漑するのが中心であった。河の水のほか、道備村では井戸の水による灌漑も行われてきた。民間には「汾河の水は陽水であり、それに対して井戸の水は陰水である。井戸の水より汾河の水、つまり陽水で灌漑するほうがより効果的である」[1] との一説があるが、水源の違いによる収穫高の差異がほとんど見られない。こうして、道備村は汾河による灌漑と井戸の水による灌漑とが相まって、域内の事情に合った灌漑システムを構築してきたのである。

1 汾河による農地灌漑

「悠々たる汾河、両岸の肥えた土地、清いきれいな汾河、両岸の緑の山」、「さらさらと、汾河流れる音」などの詩歌は山西省の農業と生態環境における汾河の重要性を物語っている（[1]）。以上のことは、清朝光緒帝時期の『山西通誌』（[2]4691頁）や、1948年に刊行された『以水為中心的華北農業』（[3]）でも記されており、汾河流域の灌漑事業は歴史的に発展してきたといえよう。特に汾河流域の中心に位置する太原盆地は、平坦な地勢、集中した農耕地や河道のやや高い水位であったため、汾河による灌漑に恵まれた地域であった。道備村もその例外ではない。村内の約7,000畝の土地のうち、6,000畝近くの土地が汾河によって灌漑されている。従って、村内の事情に合った灌漑システムの構築は道備村の集団化時期の農田水利事業の重要な課題の1つであった。

一般的に、灌漑システムは各レベルの灌漑用の渠と排水用の渠から構成し

ている。灌漑用の渠はその使用期限によって固定渠と臨時渠に分けられ、コントロール面積の大きさとその水量分配の違いによってさらに固定渠を干渠、支渠、斗渠と農渠に分けられている。また、農渠以下には毛渠あるいは溝渠と呼ばれる季節性の臨時的な小さな渠がある。汾河の東の灌漑区にある道備村では、その灌漑システムは次の通りである。

汾河2番ダム→2番ダムの東幹渠（10番の水門）→十六斗渠→道備農渠→溝渠[2]

そのうち、渠は「汾河2番ダム」で「西幹渠」と「東幹渠」に分かれ、「西幹渠」は文水方面を経由して、祁県を経て平遥に至っている。「10番の水門」は平遥県西堡村にあり、「東幹渠」は20世紀50年代より作られ、底幅は8メートル、上幅は20数メートル、深さは2メートルである。「十六斗渠」は王家庄から道備村まで伸びており、1957年に王家庄と道備村の両村の村民らによって合同で掘られ、その後何回も改修され、全長約8キロメートルにもおよび6個の水門があり、12,400畝あまりの土地を灌漑できるものになった。その渠は底幅が8メートル、上幅が20数メートル、深さが2メートルある。「道備農渠」は1957～1958年に道備村の村民らによって計15個作られ、全長約30里もあり、底幅は約1.5メートル、深さは0.5メートル、上幅は一定せず、灌漑面積の大きさや地勢の違いによって深さと幅が異なっている。それに対して、溝渠は農田のすぐ側にあり、底幅約0.5メートル、深さ0.5メートル、上幅一定せず、農田を均一的に灌漑できるように灌漑前に臨時的に掘られたものである。灌漑用の水は汾河よりこれらの渠に沿って直接農田に入ってきている[3]。

　また、道備村の西側は汾河から離れており、さらに地勢が高いため、付近の1,300畝の農地は恵済河と尹回ダムから引水して灌漑することが多かった。しかし、20世紀50年代以降、恵済河と尹回ダムの水量が減り、灌漑の需要に応じるのは困難になった。従って、1958年に村の西側付近の農地への灌漑を確保するために、道備村民らは汾河から引水し、村の西側で高灌站を作った。

第Ⅱ編 「水利」と「宗教」をめぐる社会結合

その高灌站は2つの高灌に分かれ、それぞれ700メートル前後離れている。第1の高灌は高さ約2.5メートルあり、1,300畝あまりの土地を灌漑できるのに対して、第2の高灌は高さ約4メートルあり、約140畝の土地を灌漑できる。こうして、道備村内のすべての土地を汾河の水による灌漑することが可能になった。

　1964年春の檔案資料によると、道備村の農田の灌漑用水の水源は全部汾河から引水されており、域内の農地をすべて灌漑でき、食料の収穫高も毎年増加するようになった。1960年の全村の食料の総収穫は443,757斤であり、1961年には748,280斤に、1962年には884,372斤に、1963年には1,015,716斤に、1964年には1,330,444斤に、1965年には1,388,773斤に増加した（[4] 145番）。1960年代の前半期の食料の収穫高の増加は労働力投入の増加、農業技術の進歩、農作物の品種改良とは無関係ではないが、十分な灌漑用水の確保も重要な要素であろう。

2 井戸による農地灌漑

　20世紀50、60年代の汾河には豊富な水量があったため、道備村は汾河の水を利用して年に2回春と夏に域内の土地を全部灌漑できたが、70年代になると、汾河の水量が減少したため、汾河による灌漑は春にしか実施されなくなった。農作物の成長には大量の水と肥料が必要な時期に、汾河は十分な灌漑用水を提供できなくなったのである。そこで、道備村の幹部と村民たちは「渠や井戸を掘ったりして、水車を取り付けたりして小型水利事業を展開しよう」という国の呼びかけに応じて、利用可能なすべての水源をいかして、地下水源を開発すると同時に、人びとの力を借りて井戸を掘ったりした。こうして、井戸の水と汾河の水との2つのルートから灌漑用水を確保し、干ばつと水害時の村内の農業の安定化を目指した。

　明代の徐光啓の著書『農政全書』では山西省の井戸による灌漑を特別評価している（[5]）。それによると、井戸による灌漑は山西省農地灌漑の歴史において重要な役割を果たしてきた。三晋大地は十年に九年も干ばつに襲われ、汾河の水量も年々減少するため、汾河の水による灌漑事業は大きく制限され

るようになった。それに対して、井戸には安定した灌漑用水を提供できる利点があり、水量の不足を補填できるだけでなく、干ばつの被害状況を軽減でき、災害後の農業生産の復旧にも役立てる。そのため、中国人民共和国成立以来、各地で渠作り、井戸掘りや水車の取り付けなどの活動が展開され、井戸による農地灌漑も集団化時期の農田水利システムの重要な一環となった。

3つの河が合流したところにある道備村は、豊富な水資源に恵まれているため、古くから「大水漫灌」という「粗放な灌漑法。整地をしたり溝を掘ったりせず、傾斜のまま畑に水を流し込む」方式で農地を灌漑しており、村内には日常の飲用水のための井戸があるが、基本的には灌漑用の井戸掘りの伝統はなかったという。解放後、道備村の幹部と村民たちは国の政策の指導のもとで、汾河による灌漑事業を補うために井戸掘りなどを行い、積極的に「干ばつを防止するため、渠や井戸を掘ろう」という農田水利建設運動に取り組んだ。3回にもわたる大規模な井戸掘り運動を展開し、井戸による灌漑の土地の面積を広げ、最終的に「汾河による農地灌漑を中心として、井戸による灌漑はその補足」というシステムを構築するようになった。

20世紀50年代、道備村大隊では村民たちを動員して農田灌漑用の井戸掘りを始めたが、技術や資金の不足のため、井戸を10基しか掘ることができなかった。また、そのすべてが人工井戸であり、深さは15メートルにとどまった。井戸水は轆轤あるいは家畜によってくみ上げられたため、水揚げ量は少なく、1基あたりの灌漑可能な土地の面積は1畝未満であった。

1960年代から70年代にかけて、道備村では井戸による農地灌漑の最盛期を迎えた。依然として人力によって掘られていたが、主に村の西側に計50基の井戸を掘り、その深さは30から50メートルにも到達した。また、井戸の壁は煉瓦よりコンクリートに変更し、揚水道具もチェーンポンプあるいは渦巻きポンプが導入されるようになった。

技術の進歩と設備の改善は水揚げ量の増加につながり、井戸1基あたりの灌漑できる農地面積も2畝に増加した。1966年の道備村の南西と北西には計11基の井戸が掘られ、1時間当たりの水揚げ量は約60トンになった。そして、11基の井戸をフル稼働した際には一昼夜で200畝を灌漑でき、輪番制

で10日おきに、月に3回の灌漑も可能になり、灌漑面積は1,913畝にまで増加した（[4]147番）。

さらに、道備村では1972年に深い井戸を27基、1973年には深さ50メートルある井戸を6基掘った。1974年から1978年までの間、毎年平均して3基の井戸を掘った（[4]27番）。こうして、20年間で道備村は井戸による農地灌漑を実現してきた。

1980年代は道備村における井戸による農地灌漑の転換期であり、この間に掘られた約30基の井戸も同様に村の西側に集中していた。加えて、井戸作りも人工手作業から機械化電気化へと、深さも30メートルから150メートルもある深い井戸へと変わり、1基あたりの農地灌漑面積も5畝にも拡大し、井戸による農地灌漑の技術も日増しに発展してきた。

以上のように、道備村の20世紀50年代における農地の灌漑方式は汾河による農地灌漑が中心であり、井戸作りの規模も数も限られていた。そして、道備村の井戸による農地灌漑の最盛期といえる60年代と70年代には、汾河の水量の減少と農地面積の拡大、それに村の西側のやや高い地勢などの不利な要素の影響で、村民たちは次第に井戸による農地灌漑の必要性と緊迫性を認識するようになった。80年代に入ると、井戸作りの技術の発展につれ、深い井戸の数も増えてきた。こうして、30年の持続的な発展を通じて、井戸による灌漑は道備村の農地灌漑の重要な方式となり、とりわけ毎年の夏には、汾河による農地灌漑の補填という役割を果たしてきた。

道備村における井戸による灌漑面積は汾河には及ばないが、汾河の水量の減少とやや高い地勢という不利な条件の中で、井戸掘りが展開されてきた。さらに井戸による灌漑のための溝渠づくりも簡単で行いやすく、干ばつの時期でも安定した収穫をあげることができた。

2. 沙河の治水事業と農地の排水事業

農地の排水事業も水利建設の重要な1つである。従来、灌漑にこだわり排水が重視されていない「大水漫灌」によって、大規模な土壌のアルカリ化や収

第 6 章　集団化と農田水利建設

穫高の激減などの問題が出てきた。いかにして合理的に農地の排水事業を整備し、徹底的にアルカリ土壌を改良するのかは道備村の重要の課題となった。

　平遥県は温帯大陸性季節風の天候に影響されやすい地域にあるため、1年間の降水量はわずかである。そして80％の降水は夏に集中しており、水の蒸発量が大きい春には干ばつ、夏には水害が来るという深刻な事態が発生しやすかった。とりわけ排水しにくい低地はアルカリ土壌になりがちである。その土壌には塩分が蓄積されやすく、日照りで水分が蒸発すると、アルカリ性物質が地表に残り、霜のように一面に広がったため、その様子を農民は「冬には白物（つまりアルカリ性物質）で一面に、夏には水でいっぱいに」や「カエルに鳴かれ、蚊に刺され、のびのびと成長するのは作物ではなく、側の雑草」と表現していた。

　アルカリ化した土壌は農作物の成長に悪影響を及ぼす一方、それを利用して塩を作るいわゆる土塩づくりに必要な原材料を提供しており、土塩づくりも道備村の重要な副業の1つとして展開されてきた。アルカリ土地の詳細は次頁の表のとおりである。道備村の各小隊のアルカリ土地の面積は約640畝あり、それ以外の土地のアルカリ化も深刻であった。これらは1964年のデータであるが、適当なアルカリ土地の改良の方法がないため、1977年の沙河の治水工事までアルカリ土地の問題の深刻さはほとんど変わらないままであった。

　次頁の表のとおり、アルカリ土地問題は「提苗（苗提げ）」の割合に直接の影響を与え、安定した収穫が困難であった。村では土地を平らにしたり、大量の水で土壌を洗ったり、アルカリ土地に強い品種の作物を選んだりして、小規模な改良を試みてきたが、根本的な土壌改良には大規模なプロジェクトが必要であった。農家の戸別経営が中心であった伝統時代には、このような大規模なプロジェクトを実施するのは不可能であったが、集団化時期になると、そのような大規模な水利建設の遂行が可能になった。集団化時期、道備大隊は何回も大量の労働力を動員・組織化してアルカリ土地の改良事業に取り組んだ。その改良事業は、「洗（土地を洗う）」、「掘（渠を掘る）」、「控（アルカリ性物資をコントロール）」という3つのステップに分けて行われ、顕

第Ⅱ編 「水利」と「宗教」をめぐる社会結合

王家庄公社道備生産大隊各小隊におけるアルカリ土地面積（1964年）

	高粱		玉蜀黍		粟		綿花		アルカリ土地面積合計（畝）
	アルカリ土地面積（畝）	提苗の割合（％）	アルカリ土地面積（畝）	提苗の割合（％）	アルカリ土地面積（畝）	提苗の割合（％）	アルカリ土地面積（畝）	提苗の割合（％）	
合計	253		132		80.5		174.5		640
1隊	26	30	7	20	3	30	11	30	47
2隊	24	30	13	20	5	30	15	20	57
3隊	33	30	13	30	7	20	48	30	101
4隊	47	30	15	20	11	20	24	30	99
5隊	22	10	23	30	7	20	15	20	67
6隊	3	30	7	30	12	20	7	30	29
7隊	34	30	4	30	2	20	7	20	49
8隊	27	30	20	10	24	30	18	20	89
9隊	11	苗無し	18	20	4.5	苗無し	14.5	10	48
10隊	26	10	10	10	5	10	13	20	54

出所：（[4]153番）

著な効果が見られた。

　具体的に説明すると、まず農地ごとにその南側には深さ5～6尺あるアルカリ性物質排出用の渠を「一地一華里」（1里おきに1本）という基準で掘った。その後、灌漑用水を斗渠から農渠に注入し、それから農渠の中の大量の水を使って土地を洗う作業を行い、土地の表面に溜まった塩分を流れてきた大量の水で搬出した。灌漑のほか、余った水が表面の塩分を搬出し、直接的にアルカリ排出用の渠に注入することで、その渠に沿いながら最終的に沙河へ注入するようになり、2つの効果があった[4]。

　次の図のとおり、道備村のアルカリ土地を改良するには、互いに結び付く渠を何本か作る必要があった。そして、排出されたアルカリ性の水は最終的に沙河に流れたため、沙河の河道を広くし、水の流れをスムーズにする作業も必要であった。また、アルカリ土地の原因として次に挙げられるのは地下水の水位の高さである。土地のアルカリ性物質を下げるため、沙河の河道を

第 6 章　集団化と農田水利建設

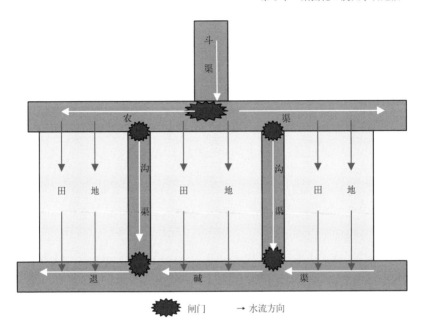

深く掘って、地下水を沙河へ滲ませていったり、農地の地下水の水位を低くし、春の水分の蒸発量を減少させたりして、最終的に地面に残る塩分の減少に結び付ける必要があった。従って、沙河の治水工事はアルカリ土地改良の最も重要な課題であった。

　沙河は祁県の劉家堡より流れ、昌源河の決壊時の水と周辺の人びとの改修工事によって作られた人工的なものである。沙河は祁県と平遥の両県の 5 つの鎮を流れ、晋中地区の南部を一貫し、平遥県南政村で恵済河と合流し、最終的には汾河 3 番のダムの下流で汾河に注入していた。

　排水の渠の働きをする沙河は、祁県の 1,678 畝と平遥県の 9,052 畝の農地のアルカリ性物質を軽減させたり、排水したりする必要があり、域内の農業生産に直接かかわっている。そのため、集団化時期、祁県と平遥県両県の民衆を組織して何度も沙河の治水工事に取り組んだ。平遥県では 1956 年、1965 年と 1977～1978 年には計 3 回の大規模な沙河の治水事業が行われた。そのうち、1977～1978 年のものが一番規模が大きく、特別に「平遥県沙河

治水工事対策本部」が設置され、本部は道備村に設けられていた[5]。
　沙河の治水工事は主として次のような二段階に分けられた。一段階目は、曲がり角を少なく、河道をまっすぐに広くし、両岸の岸壁の工事などいわゆる「挑沙河」である。工事実施前、沙河の河道は上幅78メートル、深さ3メートル前後であり、それに河道に曲がり角が多かった。工事実施後、河道の底幅は10メートルになり、工事前の10倍にもなった。また、上幅も50メートルあり、作られた堰（土）から底までの深さは10メートルあまりにも及び、工事前の3倍になった。そして河道もまっすぐになった。こうした対策を通じて、沙河の水量は明らかに増加し、河の流れの詰まりも減少され、排水のアルカリ性物質を軽減する効果があった[6]。
　二段階目は道備村で沙河を渡るための橋を架けることである。導水橋を2つ設けた目的は「跨沙引汾（沙河を跨り、汾河から引水する）」として、農地を灌漑させて、農業生産に利益をもたらすことである。
　沙河の治水工事の成功は、域内の生態圏の改善につながり、同時に貯水、排水と水害防止の働きをもしたが、その最も重要な功績は農地灌漑用水のための経路を作り、地下水を沙河へと滲ませ、水分の蒸発量を減少させ、アルカリ土地面積を減らして、農業収穫の安定化を実現させたことである。

3. 農地灌漑を管理する機関及びその制度

　中華人民共和国成立以来、農業部の下に農田水利局が設けられていた。1952年、農田水利局は水利部の管轄になって以来、農田水利関連の事務は水利部によって担当されるようになった。各省でも省レベルの水利庁（局）が設置された。各省の農田水利建設は水利庁（局）のもとで展開されていた。その後農田水利の組織管理組織自体が若干の変貌を経て、国と地方の水利部門による共同運営はすでに上から末端まで一貫した特色のある管理組織システムを構築するようになった。20世紀50年代の末頃、各地の人民公社の成立に伴い、各地の農田水利建設事業のよりよい展開を目指して、各公社では次々と専門的な水利部署を設置した。また、公社内に水利事務に当たる専属の水

第 6 章　集団化と農田水利建設

利職員を配置し、農田水利建設もその事務内容の 1 つになった。このような上から末端までの組織管理機関の設置は当時の水利建設事業を一定程度促進させ、農田水利の発展にも有利な条件を提供したのである。

　道備村の農地面積は広いが、そのほとんどが平坦なところに集中しており、農地灌漑の実施と管理が便利であるため、灌漑機関の組織とその制度完備は比較的に簡単であった。集団化時期、道備村では水利事務に専念する水利隊長が設けられていたが、人民公社解体後は水利主任として村内の農田水利事務の全般を担当するようになった。それ以外、専門的な水利隊も設けられた。全村の各小隊から 25～30 歳の青壮年の男性 2 人を大隊の水利委員に選出し、20 人からなる水利専門隊が設けられた。毎年の春と夏には、彼らは水利隊長の指導のもとに、汾河との距離によって順に村中の農地を灌漑した。また、24 時間態勢で灌漑し、ブロックごとの指導体制を取っていた。それは灌漑用の渠はいつ決壊してもおかしくないほどに弱く、水資源の無駄遣いを避けるために水利委員による緊急改修工事の必要があった。その 20 人の水利委員は作物の収穫期には生産労働に参加するが、収穫期以外には渠に対する改修工事を行い、とりわけ毎年の秋に土地が凍結する前に村民らを率いて渠の改修や渠の槽内の浚渫工事などに取り組むことになっている。また時にはコンクリート製の渠槽を作っておき、それを斗渠に入れたりする小規模な水利工事も行った。その作業を通じて、幹渠の地下への浸透防止機能を強化したり、地下水を下げたりすることができ、農地のアルカリ化防止にもつながった。さらに、農橋（農事用の橋）作り、漕渡作り、水利水門づくりなどの工事も行った。

　24 時間態勢で農地灌漑に参加した水利委員、とりわけ夜勤の場合は道備大隊から優遇されており、労働点数や手当のほか、食費も大隊が負担していた。道備村の王守芳が 1966 年に水利模範を申請する際に村内の水利建設事業について以下のように述べられている（[4]145 番）。それによると、道備村では農地水利管理事業は水利委員によるブロックごとの指導体制を取っており、水利に関する経験が豊かな各小隊の隊員たちを組織し水利専門隊を成立させた。日常では明確な責任や権限がなかったが、農地灌漑、渠の改修や小規模な水

119

第Ⅱ編 「水利」と「宗教」をめぐる社会結合

利工事を実施する時期になると、全面的な指導権を握っている水利隊長はブロックごとの責任を負う水利委員と協力し合って、24時間態勢で輪番制で農地灌漑に当たっていた。こうして、適当な時期に、適当な水の量で農地灌漑ができるようになり、水資源の節約にもつながった。そして、春の農地耕作を遅延させたりすることがなく、同時に村内の農田水利建設事業も順次に展開することができ、いわゆる一石二鳥の効果があったといえる。

おわりに

20世紀50年代から70年代にかけて、道備村では国の呼びかけに応じて、農田水利建設運動が展開され、とりわけ汾河による灌漑、井戸による灌漑、沙河の治水工事などに力点がおかれ、大量の人・物・資金を投入して、「灌漑用水の確保や溝の整備、安定した収穫を可能に」を目指した。中華人民共和国成立以来、国による政治・経済・文化資源の管理強化と、農村における農民たちの集団合作という国による運営方式によって、国が直接に農村の生産生活に介入することになり、またそのことが大規模な農田水利建設工事を可能にし、集団化時期の農田水利化の実現にもつながった。

その中でも、集団化は農田水利建設の順調な展開に重要な影響を与えたといえよう。計画経済という経済体制が大規模な農田水利建設の展開に経済的な支持を与えた。そして、計画経済には農家の戸別経営にない多くのメリットがあった[7]。

一方、道備村の3回にわたる沙河の治水工事や井戸による灌漑事業の展開から見られたように、互助組から合作社へ、人民公社へと変わる運営方式は大量の労働力を動員して農田水利建設事業に参加させるための制度が確立していった。最後には、上から末端に至るまでの各レベルの水利機関の設置も、農田水利建設の完全なシステム化に成功した。

しかし、集団化時期の農田水利建設事業には様々な課題も残された。当時の政治事情の影響により、多くの農田水利工事は建設の速さを追求するあまり、工事の効果が無視されることがあり、結果的には客観的視点を欠き、

人・物・資金の無駄遣いもあった。たとえば、「大水漫灌」という農田灌漑方式を取ったあげく、多くのところでは、農地のアルカリ化問題や土壌の流失問題が発生してしまい、大衆のやる気を挫いてしまうことになった。また、国による農田水利建設の計画は各村落の独自の事情と一致しないことも多く、資金や技術面などの制約があったため各公社や各大隊が国に規定された任務を遂行するのは困難になった。その対策として、村の幹部たちは村民らを動員して（「大兵団作戦」）、多数の人を大規模な生産に投入することで隠蔽しようとするようなこともあった。

　中華人民共和国成立当初、全国範囲の干ばつ対策として井戸作り運動が展開された際、道備村は井戸作りの必要が全然なく汾河による農地灌漑のみで十分であったにもかかわらず、上からの指示に従わなければならなかった。その結果、井戸作りのふりをして、農地の中で大きな穴を1つ掘ったこともあった。しかし、その穴には干ばつ対策としての効果が全然見られなかった。雨が降ると、雨水が低いところに溜まって、排出できないため、かえって土地のアルカリ化問題まで起こしてしまった。

　1962年には灌漑用の井戸が2基しかなかった道備村では、汾河の水量の減少に伴って、村民らは次第に井戸による灌漑の重要性を認識し、干ばつ対策として井戸作り作業をはじめ、その後大衆的な井戸作り運動を展開するようになった[8]。技術や資金面などの制約があり、集団化時期には大規模な農田水利建設事業は国の要求や基準に追い付かず、建設の速さも一定しなかった。そのため、農地の長期のアルカリ化問題を起こし、作物の収穫高を下げてしまった地域も現われた。

　現在では、ほとんどの水利施設で老朽化が進み、関連施設の整備も遅れており、危険な状況に陥ったダムもある。それに、農村における渠は槽内の詰まりも深刻化し、機能しなくなるものが多くなってきた。そのため、農業生産は不利な状況に陥っている。

　自然環境や人びとの生活の変化に伴って水資源の減少や農地灌漑用水の不足の問題も深刻化している。そこで改めて集団化時期の農田水利建設事業の得失を振りかえり、とりわけ道備村のような農村の事例への検討を通じて、

第Ⅱ編　「水利」と「宗教」をめぐる社会結合

現在の農田水利建設事業の新たな課題を再考することが求められよう。

文献一覧
［1］楊健「汾河両岸」（『黄河之声』、2007年第24号）。
［2］光緒『山西通誌』巻66、『水利略』、北京、中華書局、1990年。
［3］応廉耕・陳道『以水為中心的華北農業』北京、北京大学出版部、1948年。
［4］山西大学中国社会史研究センター『道備村档案資料』。
［5］（明）徐光啓『農政全書』巻16、上海、上海古籍出版社、1985年。

註
1) HXX（1934年生まれ、道備村民）、2010年10月22日の聞き取り調査による。
2) WBX（1945年生まれ、道備村民）、2011年8月6日の聞き取り調査による。
3) TTY（1936年生まれ、道備村民）、2010年10月20日の聞き取り調査による。
4) JH（1936年生まれ、道備村民）、2011年8月6日の聞き取り調査による。
5) TMG（1941年生まれ、道備村民）、2009年12月24日の聞き取り調査による。
6) WJ（1937年生まれ、道備村民）、2011年10月5日の聞き取り調査による。
7) 「中共中央、国務院関於今冬明春継続開展大規模興修水利和積肥運動的指示」『人民日報』1959年10月24日、第3版。
8) HYS（1935年生まれ、道備村民）、2011年10月6日の聞き取り調査による。

第 7 章
改革開放期の伝統水利関係とその変容
――山西省霍州市・洪洞県四社五村を中心として――

祁 建民

はじめに

　戦後日本では、1956～1966 年の間に、中国水利史研究における「水利共同体」問題について、重要な論争が起こっていた。豊島静英が戦前の現地調査の資料に基づいて、中国西北部にある水利組織を考察し、「ゲルマン的共同体」としての「水利共同体」という概念を提起した（[1]）。その後、「水利共同体」をめぐって、江原正昭、宮坂宏、好並隆司、前田勝太郎がそれぞれの意見を発表し、中国西北地域の水利組織から、『中国農村慣行調査』を利用して、河北省邢台の水利組織を中心として議論をたたかわした（[2][3][4][5][6]）。この論争は中国水利組織の構造を詳しく解明した一方で、マルクス（Karl Marx）、ヴェーバー（Max Weber）及び大塚久雄の共同体理論にこだわって、有力な結論が得られないまま収束した。
　1970 年代になると、森田明や石田浩がこの論争を整理し、新たな視角を提起したが（[7][8][9]）、その以降「水利共同体」をめぐる中国水利史に関する研究は一部の研究を除けば皆無に近い。
　中国では、2006 年に鈔暁鴻が、森田明らの水利共同体に関する研究について注目し、土地の売買が共同体の解体と関係がある一方で、水源の変動、水資源の公共性としてのあいまいさ、そして共同体内部の利益争いなどの要素が水利共同体の解体の原因だと指摘した（[10]）。
　以上の水利共同体に関する論争で、有力な結論が得られなかった理由の 1 つには、共同体理論に対する理解には、研究者の間に共同体に対する意味に

第Ⅱ編 「水利」と「宗教」をめぐる社会結合

はそれぞれの視角をもっていることが関与している。確かに内山雅生が指摘するように「それらの研究の多くが『水利共同体』から中国農村社会の構造を研究しようとする研究視角を内包しているため、簡単に結論を出せず、未だ論争に止まっているのも事実である。」([11]220頁)

中国の水利共同体を解明するには、形而上的な考えを深めることよりは、実証的な研究が不可欠である。その点、山西省にある四社五村は、水利共同体の解明にとって絶好の研究対象である。現在では、四社五村を中心とする水利共同体に関する膨大な資料（水冊、碑文及び現地調査の資料）が発見され、整理されている。そして、その伝統的な組織と慣習は、山西中部の山間部の農村で、現在までも継続されている。

四社五村は、少なくとも明代から、1950〜70年代の集団化、さらに1980年代以来の改革開放を経て、今もその生活用水（湧き水）の水権により、国家水利機関の管理・介入に抗して、自立的な運用を保っている。

改革開放までの四社五村に対して、すでに北京師範大学とフランス遠東学院が現地調査を実施し、研究報告書をまとめている（[12]）。日本でも、森田明が先行的研究を行った（[13]）。

改革開放以降、四社五村の伝統慣行は再び回復し、さらに発展してくる。新世紀になると、自然環境が激しく変化するとともに、市場経済にも大きな影響をもたらした。四社五村はこれに柔軟に適応し、その伝統を維持している。本稿では時代を改革開放以降に絞って、その最新の状況を追跡し、四社五村の継続と変容を研究し、中国水利共同体の特質を追究する。

近筆者は近年参加する研究プロジェクト[1]によって、四社五村および地方政府の水利行政機関において10回以上の現地調査を行った[2]。本稿ではこの現地調査の資料を多数利用している。

1. 国家水利政策に対する参与と対応

1949年以降、中国政府の水利政策は四社五村に対して大きな影響を与えたが、四社五村は強靭に対応してきた。四社五村が様々な変化に直面しても

伝統を生かし、その組織と慣行の一部は変容したが、地域用水秩序を基本的に維持してきた。

新中国の水利政策については、第一に、新政権の成立当初、民間の「不平等」的な古い水慣行を廃止し、水権を国有化するなどが主張された。第二に、民間信仰（水利信仰とその行事を含む）は迷信として打破された。村に残された廟は1950年代の土地改革時期、1960年代の「文革」の時期と1980年代の改革時期に次々に破壊された（[12]187頁）。第三に、水利組織の構成も一時変わった。四社五村には新たな水利代表と水利委員会によって管理することになった。第四に、「山河帰公」（山と河川がすべて公即ち国家に帰する）政策の下で、四社五村の水路も一部改造された。集団化時期には付属村も幹線水路と繋がったが、四社五村以外の村には分水しなかった（[12]194頁）。その伝統的な水利秩序の一部は改造されたが、根幹となる慣行が残された。1980年代の改革開放以降には、四社五村が新たな場合に直面した。

1 伝統的慣行の回復と発展

改革開放以降、請負制を実行し、政府は農民の生産自主権を尊重するように唱えた。人民公社の解体で、国家より農村への支配体制が緩やかにした。これによって四社五村の伝統的慣行が全面的によみがえり、民間信仰の祭祀活動が復活し、昔の水規と行事は殆ど回復され、その機能を再び果たした。

1980年代に、四社五村の人工水路をプラスチックのパイプで敷設して、徹底的に滲み漏れを防いだ。さらに、これがきっかけで四社五村が霍県の水利局の圧力に対して頑強に抵抗し、1970年代前の配水システムに回復して、水権を取り戻した。その後、1970年代から水の利用できる付属村の柏木溝村、桃花渠村、琵琶園村は続いて水を使用できるが、その水権を持たなくなった。水権は昔の通りに四社五村しか所有していないことになった。

1980年代の水利工事と水権回復の経緯は、当時の義旺村の党支部書記（同時に、義旺社の副社首を務めていた）HJHへのインタビューによって明らかになった。Hは次のように述べた。

1981年に、大洪水が出た。水のパイプを修繕するために、四社五村が相

第Ⅱ編 「水利」と「宗教」をめぐる社会結合

談して、それぞれの県に修繕の費用を申請することが決められた。まず、山の上の総工事の費用は臨汾地区へ建設費を申請した。その下流にある洪洞県と霍県のそれぞれの工事は別々に所属の県へ申請した。霍県のほうは、私が県の水利局に申請した。MHL局長と総工程師は、関係各村の幹部を招集し、会議が開かれた。県の計画によれば、その水を露骨に柏木溝村、桃花渠村、琵琶園村に譲られた。私は困り果てた。もし、譲らなければ、政府は金を与えない。もし、譲ると、私はその責任を負い堪えられない。歴史の慣行から見ると、県の計画は水を他の村に譲ろうとする面がある。最後は、孔澗村と李荘社の幹部は黙り込んだ。彼らは共通の利益があった。私だけは、M局長に「行けない」と言った。M局長は、「そうすれば金を与えない」と言った。私は怒って、「金をもらえなくても、私たちが相変わらず水を飲める。自力で毛渠（支流）を掘って水を引き入れる」と言った。私は、四社五村の水慣行はM局長に説明したが、M局長は聞き入れない。M局長は「現在、山と水はすべて公に帰する。君は共産党の指導に不服でもあるのか」と言った。私は「共産党も唯物論の信仰を持ち、歴史を尊重しなければならない。かつて四社五村の先祖たちが山を切り開き、水を引き入れて、現在に至った。私はむしろこの書記長職を辞めても、水の使用は一日でも譲らない」と言った。会議は争議で終わってしまった。その後、M局長は生産組のLさんを差し向けて、私と相談し、工事を完成させるよう求めた。私は「もし、そんなに露骨に譲るのではなく、うまく共同管理できれば、その水を使用できる。しかし、水を使用できるが、その水権を与えない」と言った。仕方なく、金は県から貰わざるを得ない。私は土産を持って、M局長の家へ伺って、このことはこのように解決した。水権は与えられない。私は何年間か幹部を務め、もし水権を与えると、私は水規を守られなくてしまう。長い歴史をもって、この水を利用しなくても、現在の幹部も放棄する勇気がない。もし、放棄すると村民に報告のしようがない、歴史的な犯罪者になる[3]。

　2007年に、筆者たちは現地調査の時、四社五村の水権に対して、現在、国家側はある程度承認することが分かった。霍州市（元霍県）水利局の総工程師AWDは次のように言った。「四社五村のような水利組織について、国

第 7 章　改革開放期の伝統水利関係とその変容

家は明確な指示がない。現在四社五村に関わる水利工事はすべて義旺村に任せて、義旺村によって統一調和がとれており、一般的に政府側は四社五村の内部のことに介入しない」[4]。更に、政府側は四社五村を県の無形文化財として計画し、申請したこともあった。

　四社五村の用水規則文書としての水利簿は、集団化の時期に一時隠匿されたが、現在清代同治十年の水利簿を再び探して見つけ、公開して四社五村の中に送り届けている（[12]195 頁）。その後 1981 年、1984 年、1998 年に三回書き写した。現在の四社五村では、水利簿は再び水利秩序を維持するための最も重要な規則文書として公認された。

　現在、政府側は四社五村の水規も尊重する。1995 年、沙窩村の村民 Z が四社五村水源地の水を引き入れ、菜園を灌漑した。これは水規に違反するとして、50 元の罰金を課された。Z によれば、「公安の警察官が来て仲裁できない。この水は四社五村の水だと言われた。しかし、現在、山河がすべて公に帰した。四社五村は存在すべきではない。この四社五村が残したことは不合理だ。しかし、彼らはこれが祖先からの残し伝えたものだと言った。実際には上の郷鎮指導機関もこの組織を承認する」といった（[12]223～224 頁）。

　1979 年以降、請負制を実行し、農民たちは「土地証明書」を貰って、土地の個人使用権が承認された。1995 年に、孔涧村が昔の水規に基づいて、沙窩村の土地で水利工事を興し、水利施設を建設しようとした。工事の場所は沙窩村民の W の土地であるので、不満をもった W は、土地使用権を守って、賠償を要求した。孔涧村の人が W と喧嘩して W を打って傷つけた。結局、県政府と四社五村がこの争いを押さえて、四社五村の水規に基づいて処理した（[12]302 頁）。

　改革開放以降、民間信仰と祭祀（大祭、小祭）活動も復活された。毎年の大祭と小祭には、各村の幹部（書記長、村長、現在四社五村内部でこれらの村幹部を社首とも呼ばれる）が出席した。清明節前後、四社五村の幹部が集合し、宴会を催し、三日間の演劇をする。HJH によれば、「演劇は昔と同じで、伝統劇（古装戯）だ。演劇は村民だけではなく、龍王のためのものだ。」（[15]）

第Ⅱ編 「水利」と「宗教」をめぐる社会結合

　南李庄の結義廟は1949年以降にその建物が保存されたが、かなり破損している。1995年、社首WDWと幹部たちが廟を全面修復して、盛大な開眼供養儀式を行った。その以降毎年旧暦4月8日に廟会を開催する（[12]308頁）。

　伝統水路の回復、水規の復活、民間信仰の蘇生などによって四社五村の「共同関係」が集団化時期より増強した。

❷ 農村飲水安全プロジェクトと伝統的慣行との葛藤

　2009年以降、国家及び山西省が実施する農村飲水安全プロジェクトは、四社五村に前例のない影響を与えた。1949年以来の水利改革はすべて元々の水源（沙窩峪の水）の使用・管理をめぐる政策を転換したが、今回は沙窩峪の水源以外に、機井（掘削機械で深い井戸を掘り、モーターで汲み上げる井戸）を掘り、新たな水源を加えたので、用水環境が大いに変わった。

　水利史から見れば、自然環境としての水源の変化は、人間社会の水利組織の変遷を最も左右する要素である。実は、四社五村の周辺には、昔から複数の同じような水利組織が存在していた。例えば陶唐峪の「四社五村」、義城峪の「四社五村」、七里峪の「四社五村」などがあった。これらの水利組織は殆どの県内で、1949年以降、県の援助を受け、用水環境を全面的に改善した。水源が変わって、昔の用水秩序と組織の機能が失われ、従って、これらの水利「共同関係」は次第に消えた（[12]184頁）。現在唯一残った四社五村は同じ危機に瀕している。

　農村飲水安全プロジェクトの経緯は次の通りである。1980年、国家水利部が山西省で「全国農村の人間と家畜のための飲水工作会議」を開催し、農村部飲水問題が政府の当面要務として提起された（[16]99頁）。1984年国務院弁公庁が『農村と人間・家畜のための飲水工作に関する暫定的の規定』を承認し、全国に下達した。1993年国務院が『国家八七扶貧攻堅計画』（8,000万人の貧困人口を1994～2000年の7年以内に貧困状態から抜け出し難関に挑むプロジェクト）を立てた。それは8千万人の農村人口の飲用・生活用水の困難を解決するという内容を含んでいる（[17]）。

　2003年初頭に、中国政府は2010年までの水利建設の発展目標をたてた。

第 7 章　改革開放期の伝統水利関係とその変容

その中には全国農村飲用・生活用水安全問題の解決も含まれていた。2005年 12 月、中国水利部が第 11 回五カ年（2006〜2010）計画を立て、1 億人の農村人口の飲用・生活用水安全問題を解決すると決めた。国家が 655 億元を投資し、1.6 億人の飲水安全問題を解決するというものである（[18]）。2010年 12 月、全国農村水利会議は、2015 年までに、農村人口の飲用・生活用水安全問題を全部解決すると決定した（[19]616〜624 頁）。

　山西省政府の調査によれば、2008 年までに、山西省は飲用・生活用水の安全問題に直面する人口が 568 万人に達する。2009 年初頭、中共山西省委員会が 2 年内に、この問題を全部解決すると決定した（[20]）。臨汾市が『臨汾市農村飲用水安全工程に関する管理弁法』など作成し、農村飲用水安全基準を定めた[5]。これによって、2011 年までに、臨汾市で飲用水安全水利工事 470 箇所が竣工し、19.78 万人の飲用水安全問題を解決した（[21]）。2010 年 6 月、霍州市が飲用・生活用水安全工程動員大会を開催した。水利工事の入札募集を行った（[22]）。2010 年内には四社五村の一部村を含む地域を管轄する洪洞県陶唐峪郷など七つの郷 64 自然村の 29,197 人の飲用水安全問題を解決する予定である（[23]）。

　この水利工事の費用は、国家の規定により、渇水地帯の農民が 1 人に 400元で、その中には、国家からの交付金が 200 元、その以外の 200 元は地方政府と農民より分担する（[24]）。また水道料金は、山西省は第十二回五カ年（2011〜2015）計画期間中に飲用水の料金は 1 立方に 2 元内に定められた（[25]）。このような水利施設は二種類があり、1 つには集中式であり、水源地から水を送水管で各世帯或いは公共供水ステーションまで送水する。もう 1 つは分散式であり、水源地で集水施設を建設し、住民が自らでそこに行って水を取る。山西省では，主に集中式供水施設を建設している。水利工事及び水利施設の管理では、各県に農村飲水工程管理ステーションあるいは管理センターを設置し、各郷・鎮で農村飲水工程管理ステーション支所を設け、村で村級用水管理協会を成立した。このような水利施設の建設と運営では、県の水利局より直接投資・管理以外に、民間で請負制、賃借、株式合資、競売、自己管理などの方式もあった。

第Ⅱ編 「水利」と「宗教」をめぐる社会結合

　四社五村でも、このような飲用水工程により、義旺村に集中供水ステーションが建設された。その水源の一部は四社五村の水で、一部は新たに掘削した機井の水である。供水ステーションのメンバーは 4 人である。供水ステーションよりそれぞれ義旺村、劉家庄村、柏木溝村、琵琶園村と孔澗村に供水している。洪洞県側の杏溝村と窰園村もこの水を利用している。春には水不足で、流量は 2 寸にも足りない時に、村には定時に供水した。夏では雨が降って、一日中に供水できる。供水ステーションの小屋の中に 1 村ずつで 1 つのバルブがあり、そこで各村への供水を制御する。水不足の時には、各村に順番に定時に供水する。大きい村には多く送り、小さい村には少なく送る。供水の量には各村の水管理者と相談し、釣り合いをとる。村の各世帯には水窖（貯水池）が建設された。1 つの水窖は 10 数立方の水を貯蔵できる。これは一世帯の 10 日間の生活用水の量である。

　供水ステーションが竣工してから、義旺村の生活用水問題はほぼ解決した。この工事の費用は国家と地方政府から投資された。しかし、井戸の中からモーターで汲み上げると電気料金がかかり、村民が水道料金を払わなければならない。しかし、2008 年以来、義旺村の内部では対立が起き、村民が集中供水ステーションに水道料金を納めなかった。一方で、水が不足した。村の幹部は水利局を訪ねて昔の四社五村制度を回復しようと要求した。同時に義旺村の幹部は洪洞側とも対立していた。以前から義旺村が洪洞側の水を使っているが、現在洪洞側が「我々分の水は川に流しても、あなた方には送らない」という。義旺村は三日間の水のみ使用できる（[26]）。

　供水ステーションの請負者の WBH によれば、「水の代金について、義旺村以外の村では、私自らが各村に行って、各世帯の水窖のメーターを見て、代金を徴収する。1 立方に 1.8 元であるが、義旺村では少しでも徴収できない。」その経緯については、「私はもともとこの村の村長だが、奉仕として水を供給しているが、村の全員が水の代金を払わない。この村はこの水源しか利用しない」といった。WBH はその後村長を退任して、水道料金を有料化するように求めた。

　供水ステーションの請負者 WBH は毎年水利局に両費（高額なメンテナン

第 7 章　改革開放期の伝統水利関係とその変容

ス費、減価償却費）の積立金を納めると、その後メンテナンス費の大半を水利局により支給される。納める金額は、毎年水利局が検分し、その収入によって金額を決める（[15]）。現在年間 2,000 元を上納している。水利施設と設備のメンテナンス費用は市の水利局より支払われるので、少額のメンテナンス費を請負者が自己負担している。

　村民が集中供水ステーションへ水道料金を払わない理由はいろいろある。当初、この集中供水ステーションが竣工してから、その請負者の WBH はこの村の村長だったので、管理しやすかった。以前、洪洞側が井戸水を使用して、この水を使わなく、義旺社に譲った。しかし、その水権は持ち続けていた。当時村長の WBH が洪洞と仲良いので、洪洞側が自分の水をこの村に譲った。集中供水ステーションは義旺村の人から水道料金を徴収しない。他の村から料金を徴収する。ところが 2009 年に、この村の幹部が入れ替った。集中供水ステーションの請負者の WBH は村長を担当しなかった。WBH は、水利管理には金が掛かり、この前は自分が村長を担当したので、村民に奉仕するが、現在では、村民から水道料金を徴収しようとした。しかし、後任の村長が納得できず、水道料金を払いたがらない。そこで給水を停止した。このことをめぐって、トラブルが起き、殴り合いとなった。市水利局のところにも来た。水利局の原則としては、水を利用すれば少なくても料金を払うべきだ。しかし、後任の村長が同意せず、彼が水利局に来て、昔の四社五村の水制度の回復を要求した。しかし、今洪洞側は自分の水をこの村に譲らなくなった。水利局と郷の幹部が一緒に調停した。水利局は金を払わなければ水を使用できない。少しでも払うべきだと説明した。水利局は郷の幹部と相談し、もし、渇水問題が深刻になると臨時の措置としてすこし給水してもいいと決まった（[26]）。しかし、その後村は自らで解決した。水利局 ZAG により「我々も村の内部の状況がよく分からない。実際、村の中で、続いて集中供水ステーションの水を使用している。」（[26]）

　集中供水ステーションを請負う前村長の WBH は、村民から水道料金が徴収できないので、村の幹部と相談しても、郷に協力を求めてもダメであった。結局、3 つの村から水費を徴収している。年間では劉家庄 5,000〜7,000 元、

琵琶溝 3,000 元、白木溝 3,000 元である。その後、義旺村の新しい村長の ZBB を選出して、問題とりあえず解決した。当時、義旺村の村長の立候補の条件は、全村の水費を負担することである。ZBB は外で工程隊(建築会社)を持っているので、毎年村の 5,000～7,000 元の水費を個人で負担できる。これによって、続いて村民から徴収しない([15])。

このトラブルに対して、四社五村の人は「家丑不可外揚」(家庭内の醜いことは外へは出してはいけない)という考えで、我々調査者には言いたくないとのことであった。現地調査の際に、HJH が「最近、何か問題が起こったが、ここでは言いたくない。現在、水の利用について何か不正常なことがあっても、四社五村は水の管理を放棄しない。」([26])しかし、もし将来 ZBB が村長を辞めたら、この水費トラブルは再び起こる可能性がある。

3 農民用水戸協会の設立と四社五村

改革開放以降、農村請負制の導入及び「両工」(労働積立工と義務工)を廃止すると伴い、大量な小規模の水利施設と大型施設の末端水路には管理者がなくなり、使用者が減少し、設備が破損したなどの問題が深刻になった。2005 年国家水利部・発展改革委員会・民政部が『農民用水戸協会の建設を強化するに関する意見』を発布し、農民が自主的に水利施設を管理する体制を構築した。

ところで 1995 年に、湖北省漳河灌区で初めの農民用水戸協会が成立した。用水戸協会は農村部における用水管理の「主体責任者」として位置づけされた。「農民の自己管理意識とレベルを高め、農村水利施設の所有権を明確し、現代高能率管理・運営体制を作る」と強調された。2007 年の中共中央「第 1 号文件」では、「農民用水戸協会の参与・管理モデルを推進する」と提起した。しかし、このような組織は殆ど政府により呼びかけて組織された官製組織である。

官製組織としての農民用水戸協会は伝統的「四社五村」のような水利組織とかなり異なった。その最大の問題は組織の自律性が低いことである。農民用水戸協会は「組織する時に、動員と訓練が足りないので、農民の主導的に

参加意識が低下し」（[27]109頁）、現在「農民たちは個人経営意識が強く、合作意識が薄く、公共施設管理について主体責任意識が不足し、協会の参加に消極的な姿勢を取る」などである（[28]）。また、協会の会長は手当を貰わず、その職務の遂行に対しても悪い影響を及ぼす（[29]）。多くの協会には信望を集め、影響力があり、責任を負い、能力が備え、無私な奉仕精神をもっているリーダーが現れていなかった（[30]）。協会内の組織力が健全ではなく、制度を整備せず、決まりがなく、協会組織が不安定で、ばらばらになった（[31]）。

ほとんどの用水戸協会は村の範囲内で設立する（[32]）。ある鎮では、村民を動員しても、用水戸協会への入会率は8割に留まり、会員の会費基準と異なり、村を超える水利建設費の徴収が難しいなどの問題もある（[33]）。2001年の調査によれば、84.4％の農民が渇水問題の解決は政府しか頼らないと考えている（[34]95頁）。

霍州市でも国家の用水戸協会の設置について呼び掛けに応じた。一部地域で手続きを取ったが、実際には正式に運営されなかった。一部は上級の呼びかけに答えるために、一時実行したが、継続しなかった[6]。しかし、四社五村では用水戸協会が順調に設立した。その組織は四社五村と同一の組織で、まったく一緒である[7]。用水戸協会の設置は四社五村と同じなので、四社五村が同時に官制組織としても政府に認められた。伝統的な水利組織は官制組織として生まれ変わるが、その構造と機能が一切変わらない。

中国における水資源の利用効率に関する調査によれば、山西省の効率は北京、天津のような直轄市に続いて三番目で（[35]75頁）、その高いレベルに達する理由は、四社五村のような伝統的水利慣行があることと関係があるのか、さらに究明する必要がある。

2. 自然環境と市場経済の影響とその適応

1990年代以降、四社五村も自然環境の変化と市場経済の席巻との両方の大きな影響を受けて次第に変貌してきた。

第Ⅱ編 「水利」と「宗教」をめぐる社会結合

　まず、自然環境の変化については、1980年代以降、四社五村の水源の水量は著しく少なくなった。2000年10月、北京師範大学の研究者が沙窩村にある四社五村の水源を測量した。その測量報告書によれば、光緒3年（1877年）の大旱魃の時、沙窩峪の泉水が殆ど湧いたが、2000年の旱魃は光緒三年の大旱魃より軽かったが、一部の泉水が涸れた。泉水が南峪と北峪まで流れる水路の幅は昔よりずいぶん狭くなった。現在機械で掘削する機井の深さはますます深くなるが、流量は減少しつつある（[12]404～406頁）。山間部の野草は昔の高さは1メートルに達したが、現在1尺（1メートルの三分の一くらい）になった。さらに、炭鉱が大規模に開発されて、水源が汚染され、泉水の地下水脈が破壊された。

　近年、地球温暖化の影響で、山西省のような内陸地域の降雨量は大幅に少なくなった。さらに霍山における植生が深刻に破壊された。1980年代後期には、霍山において1000年前から残された森林が破壊され続けている。1980年代以前では、原始森林状態で、厚い落ち葉と枯れた枝が積み重ねて、水を蓄えた。1980年代以降、特に1990年代以来、山の樹木が大量に伐採され、生態系が破壊され、その水の蓄積機能が失われた。麓にある森林の境がこの20年間に12.5キロメートルも後退したという。霍山では植生の減少によって保水力が失われ、沙窩村の泉水の一部はすでに断水した。これは四社五村にとって大きな脅威となっている。四社五村の村民が林業局に陳情に行ったが、行政機関が責任を回避した。山林の破壊は阻止されなかった（[12]326頁）。農民たちは「山に雲がかからなくなったのは伐採のせいだ」と恨みを込めて言う。社首は県政府に問い合わせに行ったが、林業局との間でたらい回しにされて激怒した（[13]139～140頁）。

　一方、改革開放以降、村民の生活水準が上昇し、人口も増加するとともに家畜の数も次第に増えきた。多額の金銭を手にした農民はより快適な生活を求めて、以前には考えられなかったことをするようになった。住宅の用水の需要量が増大した。村の中に大衆浴場ができた。さらに、果樹・野菜栽培や林業などの多角経営化もおきた。用水の不足はさらに深刻化してきた。昔、彼らは可能な限り、節水を以て生活を心がけて、入浴をせずなるべく洗濯も

第7章　改革開放期の伝統水利関係とその変容

せず、出産にも水を用いず、家畜と家禽は米のとぎ水と洗面の水を飲ませるほどであった（[13]138頁）。しかし、現在の生活・生産用水量は大きく拡大した。

その一方、市場経済の席巻で、政府と村および農民は、水利建設資金の調達・使用方法についての考え方を変えた。四社五村が自然環境の変化に対応する手段として、市場経済の方法をとったので、四社五村の組織構造と水規も変化し始めた。

1　井戸を掘る

降雨量が少なく、近くにも大きな河川が流れない四社五村地方では、渇水問題を根本的に解決する最も有効な手段は井戸を掘ることである。集団化時期、国家でも、集団でも井戸を掘る費用はあまりなかったが、改革開放以降、民間資金を使って井戸を掘ることができるようになった。1983年5月、全国水利工作会議が開催され、「農民自らの力によって小規模の水利施設建設を興す」と提起した（[19]445頁）。1980年代以降、政府の（井戸）掘削隊が市場化して、損益は自己の責任で負い、個人の掘削隊も現れた。一方、掘削機械と技術も進歩し、深さ500〜700メートルの井戸が掘られることになった（[36]296頁）。

実は洪洞県の地下水資源はそんなに豊富ではなく、利用できる地下水は毎年1億立方メートルだが、1985年にすでに40％の地下水が開発し利用されていた。1988年に県内機井の保有量は969個（その中深い機井戸は277個）があった。四社五村が所在する県の西北地域では地下水が乏しい（[37]86頁・842頁）。四社五村では井戸を掘っても水が出る可能性も高くない。この自然環境で、四社五村が元の水源に頼るしかなく、そのことが組織が残された理由の1つである。しかし、現在は幾つの村では井戸を掘ることが試み始めた。

1980年代後期、仇池社の橋東村は深い井戸が掘られて、水が出た。続いて1989年仇池社橋西村も井戸が掘られた。橋西村の井戸は深さ170メートル、建設費用は10万元ほどで、政府が三分の一、村が三分の二ほど負担した（[38]130頁）。四社五村の他の村も井戸の掘るのを試みた。1974年と1996年、劉家庄では二回井戸が掘られたが、水量が少なかった。その後、李庄社でも

第Ⅱ編 「水利」と「宗教」をめぐる社会結合

井戸の採掘に成功した（［12］271〜276頁）。

仇池社の付属村の南川草窪村と北川草窪村では、昔から古い井戸があったが、水量が少なく、主に四社五村の水源に頼っていた。現在でも、新たに井戸を掘る計画はない。彼らは「仇池社から良い待遇を受けた。水をくれる。これは井戸を掘ることより頼りになる」と言った（［12］275頁）。この2つの付属村は四社五村がずっと大事にしてきた。

だが、一部の村では、井戸の掘りが成功して、井戸の水が利用できてから、四社五村に新たな変化をもたらした。

まず、井戸の採掘に成功した仇池社の橋東村と橋西村では、井戸水を利用できるようになった。生活用水以外、200〜300畝の農地を灌漑している。これによって、四社五村の水を使用しなかった。しかし、仇池社は四社五村の水路の工事費を納めなくなったが、四社五村の行事には続いて参加している（［38］130頁）。

その理由については、仇池社の元社首DBYは次のように言っている。「私たちは今でもこうした事に参加し、水路を維持しています。私たちは歴史的にここに住んできました。私はよく言うんです。我々はずっと一緒だったと。私たちの政治、経済、文化がここにあるんです。我々が飲んでいるのは母なる川の水です。」「現在、我々には水がありますが、この水の飲める日を売る気はありません。売ったら負けです。譲っても与えたりはしない。我々の四社五村は母なる川に育てられた兄弟のようなものです。沙窩村は母であり、権力の源泉です。我々は水が無ければ生きていけない。水があって初めてここで生きていける。水は命です。祖先の賜物です。もし戦争になったらどうしますか。まずは水が必要です。アメリカはイラクを攻撃したではないですか。ユーゴもやはり攻撃されました。もしそうなったら電気はストップし、井戸水は飲めなくなるでしょう。自然の流水を飲むしかありません。状況はいつ変わるかわからないし、悪者の侵略は防がねばなりません。」（［13］136〜137頁）。

当時、初めに井戸から水が出る際に、橋西村社首DBYが大変喜んで、四社五村の人を呼んで来て、宴会を催し戯曲を上演した。これは四社五村全体

第 7 章　改革開放期の伝統水利関係とその変容

のお祝いごととして考えられた。DBY によれば、「われわれが渇水問題を解消して、彼らにとって水が有り余ることになった」といった。DBY はずっと政府の呼びかけに応じ、四社五村のために井戸を掘ると強調した（[12]273 頁）。これによって、仇池社が井戸を掘ってからでも、四社五村の連携は弱体化しなかった。

　また、仇池社の橋東村と橋西村における井戸の管理では、他の村のような請負制を実行せず、管理人が四社五村の水路管理の様式で井戸を管理し、井戸水を公平に分配している。奉仕精神を持って、個人の利益を得る目的ではない。井戸の水資源も四社五村のルールを価値観として管理・利用している（[12]218〜219 頁）。

　一方、李庄社は井戸掘りが成功して、四社五村の水源が必要なくなった。そこで、李庄社が四社五村の慣行と外れた行動をとった。李庄社が 5 日間の水日を付属村の琵琶塬村と百畝溝村に貸したが、いろいろな条件を付けている。水利工事と無関係の資金と労役を付属村に割り当てる。付属村は腹の虫を抑えて受け入れた。李庄社の行き過ぎた行動に対して、四社五村の中には批判的な意見が出た（[12]276 頁・324 頁）。

　義旺村では、2011 年に、2 つ目の機井を掘り、成功した。新しい機械井戸は飲用より灌漑用が主である。この井戸は 2 日おきに一回稼働し、毎回 14〜15 時間くらいで、リンゴ園の用水は随時に稼働する。この井戸の水量が多く、1 時間 40 立方メートルの水が出る。1 ヶ月半連続で稼働できる。井戸の深さは 510 メートルで、建設費用は 110 万元がすべて国家が出資した。井戸の維持修理および井戸からリンゴ園までの水道の維持修理費用全額請負者が出資する。灌漑が出来たら、村民の収入が増えた。村のリンゴ園経営者の収入は年に 7,000〜8,000 元くらい、多いほうは 1 万元に達する。リンゴは太原、北京まで輸出した。リンゴの出荷価格は 1 斤に 2.8 元だ。また、この水を利用し、農民たちはトマト、長ネギを栽培している。井戸があるので、2014 年には降雨量が減少したが、農民の収入は 30％増えた[8]。義旺村の生活用水は引き続き無料である。水道は各家までに通じた。高速道路のサービスエリアは自分の井戸水が足りないため、義旺村の水を必要としている[9]。

第Ⅱ編　「水利」と「宗教」をめぐる社会結合

　一部の村では井戸の水が利用できるようになると、四社五村の分水（水日）も変わった。まず、仇池社では、主社は井戸があるので、四社五村の水は全部付属村の川草窪村、窯垣村に使わせるようになった。同時に大祭と小祭の費用は付属村より分担した。沙窩村では、四社五村の水源の水を使って、各世帯までの水道が出来た。四社五村は機械井戸の水を使うため、沙窩村が水源地の水を多めに使用できる。2015年の時点で、杏溝、孔澗と劉家庄は井戸がないので、続いて四社五村の水を利用している。その足りない分は機械井戸の水を使う。

　龍王廟はまだ沙窩村によって管理された。毎月一日と十五日は義旺村の機井の請負人WBHが廟に行って、線香を立て、供えものを捧げる。大祭と小祭の時に社首たちが続いて線香を立てにくる。Wは現在あまり仇池社に行かない。水が満足するからである。昔はよく行き、水を借りに行った。しかし現在仇池社側の幹部たちとの人間関係は段々薄くなった。

　現在、毎年の大祭、小祭は各村が参加している。井戸ができたので、村の間に「水日」を調整する（即ち「借水」）ことが必要である。例えば仇池社は井戸の無い付属三村に水を与えている。このような「借水」のことは、すべて大、小祭の時に相談し、決める。

２　水と金銭

　1990年以来、四社五村が市場経済の波に巻き込まれ、金銭の力で伝統な「共同関係」に大きな衝撃を与えた。

　まず第一に、水を販売することが初めて現れた。2000年から、山西省の南北に貫く大運（大同から運城まで）高速道路は四社五村を通す計画した。工事が始まる際に、2001年清明節に、大祭の場で、四社五村はどの村でも道路工事に水を提供しないと決定した。しかし、その後孔澗村は自分の水日の水を工事に売り出した。この行動に対して、四社五村より１年間給水が停止すると処罰された。100年以来、四社五村の処罰は殆ど付属村を対象としたが、主社村を処罰することは珍しい。これは四社五村のリーダーたちは商品経済の席巻に対して、危機感を持って、組織秩序を強化する意思を示した。

第 7 章　改革開放期の伝統水利関係とその変容

だが、後の調査によれば、この処罰は実行されなかった。警告を意味するだけであった（[12]249 頁）。

　第二に処罰方法が主に罰金になった。昔では四社五村がルール違反者に対する処罰方法は伝統的方法、即ち打ち殺し（死罰）とひどく叩くこと（重打）だが、近代以降打ち殺すことが無くなり、ひどく叩くことが残った。さらに改革開放以降では、処罰は罰金を中心とした。その罰金の規則では、供水パイプをぶち壊す者に 50～100 元、水で灌漑する者に 100～200 元、水を盗む者に 300～500 元を罰金する（[12]247 頁）と規定された。

　第三に、水利工事と経費の管理方法が一部の村では変わった。李庄社が井戸を掘った後、泊池を修理する際には、昔のように村民たちに経費と労力を割り当てる方法を取らなく、今回には県から貸し付け、工事を村外の建設会社を募集した。工事が終わって、残した経費は社首の事務費として使われ、帳面づらを公表しなかった。村民たちは社首たちの潔白さに疑問を抱いている（[12]328 頁）。

3　水規の変更

　自然環境の変化及び商品経済の発展が進む状況に順応して、四社五村の用水規則が変更し始まる。1980 年以降、沙窩峪から流れ出る水の量が著しく減少し、一部の村では水不足が深刻となった。これによって 1984 年に新しい水簿を作成し、水日を改めて分配した。新しい水簿によれば、洪洞と霍州はそれぞれ 10 日間の水日を配分し、20 日間は 1 周期になって、各村の水日を減らし、送水の周期が短縮され、水を利用できない日が少なくなった。この結果は、各社の水日は、仇池社 6 日、李庄社 5 日、義旺社 3 日、杏溝社 4 日、孔澗村 2 日である。義旺社以外に、その他の社村は 2 日を減らした。その理由は当時の義旺社が井戸を持っていないからである。新しい水日の配分案は四社五村の賛成が得られた。これは四社五村の助け合いの風土が続けられていることと物語った。

　また、昔の「水利簿」によれば、四社五村の「三渠」以外に「再び溝を掘ることは許さなく、違反者に重罰を加える」という内容があったが（[12]55

第Ⅱ編 「水利」と「宗教」をめぐる社会結合

頁)、1993年孔澗村が四社五村の在来水路以外に新たな水路を建設した。これは四社五村の水規に違反する。しかし、主社の四社はこれを認めた。その理由は孔澗村と四社の間に利益の交換があった。四社のほうが新しい水路の建設を認め、その代わりに孔澗村が水源地と近い上流の3村（孔澗村、沙窩村、劉家庄村）の中で、他の2村を監督し、水源保護を強化しようと約束を交わした。1993年6月に、孔澗村、沙窩村、劉家庄村の上流3村が規則を作った。その内容は水路管理の責任を明らかにし、水路の修理費は3村により分担し、四社五村の規則をしっかり守り、水源を汚染すると罰金を課するなどのことである。一部の水規を変更しても、四社五村の全体の利益が守られた（[12]204〜207頁）。

　四社五村の間に「借水」慣習はまだ存続しているが、新たな現象が現れた。まず、劉家庄村が県境を越えて杏溝村から「借水」を行った。地勢の理由で、杏溝村から水を引き入れるほうが便利である。彼らは「われわれ洪洞、霍両県は同じ峪から流れる水を利用し」ている。また「9回借り、10回返さない。これは人情だ」という考えが強調された（[12]262頁）。

　李庄社の付属村の百畝溝村が1998年から李庄社の5日間の「水日」を全部借りた。付属村としての百畝溝村は水路管理者を任命し、祭祀活動に参加し、直接労役を割り当て、水路の管理に参加した。これは昔主社村のみの権利である。しかし、水権を持っていないので、百畝溝村は四社五村の運営に対して決定的な力は持っていない（[12]260頁）。

　一方、井戸水を利用する際には、電気代が発生したので、井戸水は有料になった。この影響で、今までの無料「借水」の習慣が揺るぎ始めた。一部の村は水を貸す時、他の利益を図る。例えば、借り手の村に地域の人民大会代表選挙の時に、貸し手村の立候補に投票するように要求した（[12]261頁）。

　2011年に義旺村が沙窩村の範囲内で機井を掘り、沙窩村の土地を占用した。その代わりに沙窩村に補償金を払った。その土地を無償で利用してはなかった[10]。これも昔の慣行、即ち四社五村が沙窩村で水利工事を興す際に、沙窩村の土地を無償利用できるという規則と異なる。

　また、最新の調査によれば、杏溝村の副村長YEWは個人で仇池社の6日、

第 7 章　改革開放期の伝統水利関係とその変容

南李庄の 5 日の水日を買ったことは明らかにした。現在 13 日の水日は杏溝村が所有した。Y はこの水の一部を灌漑用水として販売し、その料金の一部を四社五村に納める。この資金は四社五村の水利工事と祭祀の費用として使われる[11]。個人で四社五村の水を購入し、経営することは前代未聞のことである。

　以上の水規の変更は大半水源の水量の減少、機井水の使用などの状況に応じて現れる現象であるが、機井水の有料化の影響で、昔の完全無料の「借水」および水利工事で沙窩村の土地を無料使用することは維持できなかった。水を個人で購入、経営し始めた。これから、四社五村の水は人びとの死活に関わる公共資源から、四社五村の金銭収入の財産に変ることになるだろう。

おわりに

　改革開放以来の四社五村の変遷を考察して、この伝統的な水利「共同関係」がいまも継続してきた理由を、自然環境の要素以外に、四社五村側の強靭である対応と政府の曖昧な立場との両面から考えなければならない。

　農村飲水安全プロジェクトによって、井戸を掘っても、その水源の管理と利用は四社五村の伝統をまねて行われる。農村用水戸協会も四社五村の組織と重ねて、1 つの組織になった。

　一方、現代中国では、国レベルで国家の政策を徹底的に実行しようが、政権の末端レベルでは、水争の際には、完全に国家の政策を実行せず、柔軟に対応した。これは中国の伝統的政治の特徴の 1 つであり、すなわち法または公的基準によって積極的に民間トラブルを解決しないというやり方と同じである。中央政府は理念の遂行を優先したが、政権の末端組織は民間のトラブルを柔軟に解決することを優先する。現代中国でも、この現象が存在している。洪洞県政府のある古参幹部は四社五村のような「組織の管理方法は良い。1 つには紛争がなく、2 つには皆自覚的に守り、3 つには水を有効利用できる。これより良い制度はない」と述べた（[12]191 頁）。

　一般的に、市場経済の発展は伝統的非計算的人情社会に衝撃を与えたが、

第Ⅱ編 「水利」と「宗教」をめぐる社会結合

四社五村では、市場経済の影響を受けて、一部の水規が変更したが、その基本構造は解体しなかった。元社首の DBY は市場経済の発展と四社五村の慣行とは矛盾はなく、却って促進する考えを示した。彼は「共産党の指導の下に、われわれは中国特色の社会主義を建設し、市場経済を実行しても。『四社五村』が残すことができる。なぜなら水を市場化される。誰がここで大きい貯水池を作り、『四社五村』に開放し、金持ちが請負って、政府からも援助してもらい、『四社五村』も一部投資し、資金を集めて、大きな貯水池を作る。各村とパイプで繋がる。こうすればすべての畑を灌漑できるようになり、水田はもちろん畑より良い」といった（[12]323 頁）。市場経済により資金の調達方法は多元化になり、水利建設を興しやすいと考えられる。四社五村の水は個人で購入、販売して、四社五村の「共同関係」は水をめぐる生活共同体から経営共同体に脱皮するようになった。その結果、果して四社五村が解体していくか、さらにより強固になるか、引き続き見守っていくべきである。

文献一覧

［1］ 豊島静英「中国西北部における水利共同体について」『歴史学研究』第 201 号、1956 年 11 月。
［2］ 江原正昭「『中国西北部の水利共同体』に関する疑点」『歴史学研究』第 237 号、1960 年 1 月。
［3］ 宮坂宏「華北における水利共同体の実態——『中国農村慣行調査』水篇を中心にして（上）」『歴史学研究』第 240 号、1960 年 4 月。
［4］ 宮坂宏「華北における水利共同体の実態——『中国農村慣行調査』水篇を中心にして（下）」『歴史学研究』第 241 号、1960 年 5 月。
［5］ 好並隆司「水利共同体における『鎌』の歴史的意義——宮坂論文についての疑問——」『歴史学研究』第 244 号、1960 年 8 月。
［6］ 前田勝太郎「旧中国における水利共同体の共同体的性格について——宮坂・好並両氏の論文への疑問——」『歴史学研究』第 271 号、1962 年 12 月。
［7］ 森田明『清代水利史研究』亜紀書房、1974 年。
［8］ 石田浩「解放前の華北における水利共同体について」『アジア経済』第 18 巻第 12 号、1977 年。
［9］ 石田浩「華北における『水利共同体』論争の一整理」『農林業問題研究』第 15 巻第 1 号、1979 年。

第 7 章　改革開放期の伝統水利関係とその変容

[10]　鈔暁鴻「灌漑、環境与水利共同体――基于清代関中中部的分析」『中国社会科学』2006 年第 4 期。
[11]　内山雅生『現代中国農村と「共同体」――転換期中国華北農村における社会構造と農民――』御茶の水書房、2003 年。
[12]　董暁萍、藍克利：《不灌而治－山西四社五村水利文献与民俗》中华书局、2003 年。
[13]　森田明『山陝の民衆と水の暮らし――その歴史と民俗――』汲古書院、2009 年。
[14]　弁納才一「華北農村訪問調査報告（1）―2007 年 12 月、山西省太原市・霍州市農村」、金沢大学経済学経営学系『経済論集』第 29 巻第 1 号、2009 年 12 月。
[15]　内山雅生・祁建民「中国内陸農村訪問調査報告（3）」、『研究紀要』第 13 号、長崎県立大学国際情報学部、2012 年 12 月。
[16]　王亜華『中国水利発展階段研究』清華大学出版社、2013 年。
[17]　水利部『関于実施農村飲水解困工程的意見』2001 年、水農第 353 号。
[18]　『水利部「農村飲用水安全項目」啓動』、臨汾市水利局ホームページ（www.lfwater.gov.cn）、2008 年 10 月 21 日。
[19]　王瑞芳『当代中国水利史（1949-2011）』中国社会科学出版社、2014 年。
[20]　山西新聞網（www.sxrb.com）、2010 年 11 月 16 日。
[21]　『譲安全不掺「水」―我市農村飲水安全工程総述』、臨汾市水利局ホームページ（www.lfwater.gov.cn）、2012 年 2 月 27 日。
[22]　『霍州市召開飲水安全工程動員大会』、臨汾市水利局ホームページ（www.lfwater.gov.cn）、2010 年 6 月 30 日。
[23]　『霍州市召開農村飲水安全工程動員会』、山西省水利庁ホームページ（www.sxwater.gov.cn/hom）、2016 年 6 月 29 日。
[24]　『関于農村飲水安全　市水利局賈自勝局長答「臨汾日報」記者問』、臨汾市水利局ホームページ（www.lfwater.gov.cn）、2005 年 9 月 16 日。
[25]　『我省将厳控農村水価每方水不超過 2 元』、黄河新聞網（www.sxgov.cn）、2013 年 9 月 29 日。
[26]　内山雅生・三谷孝・祁建民「中国内陸農村訪問調査報告（2）」、『研究紀要』第 14 号、長崎県立大学国際情報学部、2013 年 12 月。
[27]　魏明孔、黄英偉『西北干旱地区水資源現状与利用―以甘粛省皋蘭県西岔鎮為調査案例』中国社会科学出版社、2012 年。
[28]　楊化蓮『関于農民用水者協会建設状況及建議』、湖北省民政庁ホームページ（www.hbmzt.gov.cn）、2016 年 2 月 4 日。
[29]　『彬州市農民用水戸協会発展状況調査報告』、彬州市水利局ホームページ（www.bzwater.gov.cn）、2016 年 2 月 4 日。
[30]　『河南省農民用水戸協会発展状況調査報告』、河南省水利庁ホームページ（www.henan.gov.cn/zwgk）、2016 年 2 月 4 日。
[31]　『関于湖北省農民用水戸協会状況的報告』、中国灌漑排水発展中心ホームページ（www.jsgg.com.cn/ciddc）、2016 年 2 月 4 日。
[32]　『我国農民用水戸協会的組建特点』、中国水芸網（www.aquasmart.cn）、2016 年 2

第Ⅱ編 「水利」と「宗教」をめぐる社会結合

月4日。
[33] 『建立郷鎮級農民用水戸協会的経験与建議』、常徳市水利局ホームページ（www.cdslj.gov.cn）、2016年2月4日。
[34] 李強他『中国水問題　水資源与水管理的社会学研究』中国人民大学出版社、2005年。
[35] 許新宜他『中国水資源利用効率評估報告』北京師範大学出版社、2010年。
[36] 山西省史志研究院『山西通志』第十巻『水利志』中華書局、1999年。
[37] 陳振先主編『洪洞水利志』山西人民出版社、2008年。
[38] 『中国内陸地域における農村変革の歴史的研究——平成17年度〜平成19年度科学研究費補助金（基盤研究（B））研究成果報告書』（研究代表者：三谷　孝、平成20年5月）。

註
1) この研究に関係するプロジェクトは次の通りである。「中国内陸地域における農村変革の歴史的研究」（基盤研究B、共同研究、研究代表者・三谷孝（一橋大学）、平成17〜19年度）。「近現代中国農村における環境ガバナンスと伝統社会に関する史的研究」（基盤研究A、研究代表者・内山雅生（宇都宮大学）、平成22〜26年度）。「水と権力——中国の水利問題からオリエンタル・ディスポティズムの再検証——」（基盤研究C、研究代表者・祁建民（長崎県立大学）、平成24〜27年度）。「華北農村訪問調査による近現代中国農村社会経済史像の再構築」（基盤研究B、研究代表者・弁納才一（金沢大学）、平成25〜29年度）。「個の自立と新たな凝集力の中で変貌する現代華北農村社会システムに関する史的研究」（基盤研究B、研究代表者・内山雅生（宇都宮大学）、平成27〜32年）。
2) 四社五村での現地調査及び整理する資料・研究成果は次の通りである。2006年8月、霍州市水利局、仇池社（橋西村）、義旺社（義旺村）を訪問。2007年8月、仇池社（橋西村）を訪問（『中国内陸地域における農村変革の歴史的研究——平成17年度〜平成19年度科学研究費補助金（基盤研究（B））研究成果報告書』（研究代表者：三谷　孝、平成20年5月））。2007年12月、霍州市水利局、義旺社（義旺村）を訪問（弁納才一「華北農村訪問調査報告（1）——2007年12月、山西省太原市・霍州市農村——」、『金沢大学経済論集』第29巻第1号、2008年12月）。2008年12月、霍州市水利局、仇池社（橋東村）を訪問（弁納才一「華北農村訪問調査報告（2）——2008年12月、山西省太原市・霍州市・平遥県農村——」、『北陸史学』第57号、2010年7月。祁建民「水権から見る村落と国家権力」『近きに在りて』第55号、2009年）。2010年8月、霍州市水利局、義旺社（義旺村）を訪問（内山雅生・三谷孝・祁建民「中国内陸農村訪問調査報告（2）」、『研究紀要』第12号、長崎県立大学国際情報学部、2011年12月）。2011年8月、義旺社（義旺村）を訪問（内山雅生・祁建民「中国内陸農村訪問調査報告（3）」、『研究紀要』第13号、長崎県立大学国際情報学部、2012年12月）。2012年8月、義旺社（義旺村）天主教会見学。2013年8月、霍州市水利局、義旺社（義旺村）を訪問（内山雅生・菅野智博・祁建民「中国内陸農村訪問

第 7 章　改革開放期の伝統水利関係とその変容

調査報告 (5)」、『研究紀要』第 15 号、長崎県立大学国際情報学部、2014 年 1 月)。2014 年 8 月　義旺社 (義旺村) を訪問 (河野正、前野清太朗、古泉達矢、田中比呂志「華北農村訪問調査報告——2013 年 8 月山西省 L 県 G 村、2014 年 8 月山西省 L 県 G 村、H 市 T 郷 Y 村、D 県 J 郷 Y 村」、『東京学芸大学紀要　人文社会科学系 II』第 66 集　平成 27 年 1 月)。2015 年 9 月、義旺社 (義旺村)、供水ステーションを訪問 (祁建民「中国内陸農村訪問調査報告 (7)」、『研究紀要』第 17 号、長崎県立大学国際情報学部、2016 年 12 月。祁建民「山西四社五村水利秩序与礼治秩序」、『広西民族大学学報』第 37 巻第 3 期、2015 年 5 月)。
3) HJH へのインタビューは、2007 年 12 月 17 日、義旺村において、内山雅生・弁納才一・祁建民によって実施された。
4) AWD へのインタビューは、2007 年 12 月 17 日、霍州市水利局において、内山雅生・弁納才一・祁建民によって実施された。
5) 『農村実施 (生活飲用水基準) 準則』によれば、1 人 1 日の水の獲得量は 25 リットル以上、家から水源地までの所要時間は 20 分間以内 (水平距離 800 メートル、垂直距離 80 メートル以内)、供水保障率 90％ 以上である。
6) 霍州水利局 ZAG へのインタビュー、霍州市水利局において、2016 年 2 月 24 日。
7) 四社五村 WBH へのインタビュー、義旺村にて、2016 年 2 月 26 日。
8) 四社五村 WBH へのインタビュー、義旺村にて、2015 年 9 月 22 日。
9) 四社五村 WBH へのインタビュー、義旺村にて、2015 年 9 月 22 日。
10) 四社五村 WBH へのインタビュー、義旺村にて、2016 年 2 月 26 日。
11) 四社五村 WBH へのインタビュー、義旺村にて、2016 年 2 月 26 日。

第8章
地域の権力と宗教
——山西省平遥県道備村の事例——

田中 比呂志

はじめに

　1949年の建国以来、中華人民共和国の宗教政策に大きな振幅があったことは否定できない。それに関して、筆者らが農民らに対して聞き取り調査を行ってきた山西省の宗教の歴史をまとめた『山西通志』第46巻「民族宗教志」では、「新中国建立以前、山西の宗教は歴代の統治階級と帝国主義により抑圧され、利用されてきた。（中略）新中国建立後、中国共産党（以下、中共と表記）は宗教信仰を自由とする政策を貫徹してきた……。」とする（[1]137頁）。確かに、1954年の中華人民共和国憲法では、第88条に「中華人民共和国の公民は、宗教信仰の自由を有する」と規定され、信教の自由が明記された。とはいえ、中国におけるこの個人的自由権については、西欧社会とは異なり、公民の義務に優先するわけではないことはすでに明らかになっている（[2]40頁）。また中共も、自身は無神論者であることを表明している（[3]121頁）。

　それでも「民族宗教志」の記述では、中華民国期に比べると人民共和国期の方が、はるかに権利が認められたと主張することに力点が置かれているのであろうが、ところが、文化大革命期には、各種の宗教は制限され、正常な宗教活動は停止され、愛国（傍点は筆者）宗教組織は無理矢理解散させられ、宗教団体、宗教界の人士は不公正な待遇を受けてきたという（[1]137頁）。その後、1978年憲法、そして現行の1982年憲法（ただし、制定以後に数回、部分修正が為されている）で、信教の自由は再び明記されるようになった。

第Ⅱ編 「水利」と「宗教」をめぐる社会結合

では、1949年以降の地域社会において、宗教信仰を持つ民衆らには如何なる圧力が加えられたのか。そして、それに対して民衆らは如何なる対応をしたのか。中共＝国家権力は、どのようにして民衆個々を把握し、統治力を社会の末端に浸透させようとしたのであろうか。また、現在の中国の農村社会での宗教に関する状況は、どうなのであろうか。そこで本稿では、村の檔案史料および村民への聞き取り調査のデータを利用してそれらを明らかにしてみたい。

調査地点であった山西省のいくつかの農村を訪問した経験からすると、近年の宗教的側面において顕著なことは、廟の再建とキリスト教会の存在であろう。これまでに聞き取り調査を行ったL市G村の場合は、村民らが1997年ころから、自主的に村廟の復興・再建を進めていた（[4]）。ところが平遥県道備村の場合、かつては村の政治的・宗教的中心でもあった老爺廟（元来は関帝廟）は荒廃したままにおかれ、再建等の動きは無かった。また、老爺廟以外にも、以前にはいくつかの廟が存在していたが金堂廟を除いて消滅してしまっており、調査当時においてやはり再建の動きもなかった。廟信仰に対して、平遥県道備村でむしろ目についたのはカトリック、プロテスタント両派の信者の存在であった。そこで本稿では、これらキリスト教信者らの存在に注目し、建国以後の歴史の中における権力と個との関係を検討する。なお、プライバシーに配慮して、個人名はかなりの部分を匿名化した。

1. 中華民国期の山西省におけるキリスト教の状況

まず、カトリックについて紹介しておこう。山西省で最も早期にカトリックの布教が行われたのは、イタリア人宣教師艾儒署（Julius Acemi）が1620年に同省絳州で行ったことであるという（[1]367頁）。これ以降、布教活動は継続して進められ信者数も増加し、18世紀初頭には、山西省の信者は3,000人余に、19世紀中ごろには8,000人余になった。そして信者の増加や教務の増加に伴って、19世紀末には山西教区は南北2つの教区に分けられた。そのうち北圻教区は1万3,000人余に、南圻教区は9,000人余に到り、そして

第 8 章　地域の権力と宗教

義和団事件直前には北坼教区の中の太原教区のみで 1 万 7,000 人余に至ったという（[1]368〜369 頁）。

　義和団事件時、山西省のカトリック布教に対しても激しい攻撃が加えられたことは、後述のプロテスタントと同様と見てもよいだろう。例えば 1900 年、太原教区の艾士傑（Gregorius Grassi）が殺害されており、朔県では教務活動は大打撃を被り（[1]370 頁・373 頁）、また大同教区や潞安教区などでも教会が破壊されたり、信者が殺害されたりしている（[1]372 頁・377 頁）。

　調査地の道備村は汾陽教区に属する。この汾陽教区にキリスト教関連の施設が設置されたのは、1698 年であるという。同年、修道院が 1 つ作られている。前述のように 1890 年、山西教区が南北 2 つに分区されると、汾陽教区は北坼教区に属することになった。そして 1926 年には汾陽を含む全部で 15 の県を国籍教区とし、調査地の平遥県もこの中の 1 つになった（[1]377 頁）。現在は、調査地の平遥県はこの汾陽教区の中に位置づけられている（[1]379〜380 頁）。

　平遥県にカトリックが伝わった事については諸説あるが、その中の 1 つは 1870 年に侯冀村民の侯存智という男が北京で商売に従事していたときに入信しもたらしたというものである。1889 年には県城に「本堂区」が設置され、1901 年には「建聖堂」1 座が設置された（[1]379〜380 頁）。

　カトリック教会もプロテスタント教会同様に、布教活動以外に、教育、医療、社会福祉などの社会事業を行っている。そのほとんどは義和団後から 1940 年代にかけての事業である。教育は学校の設置・運営が主で、この間、小学校が 10 校、中学校が 4 校設置されている。医療は病院・診療所が 10 ヵ所設置された。社会福祉は孤児や孤独老人の収容施設の設置が主であり、それらの中のいくつかは 1950 年代初頭まで存続していた（[1]389〜397 頁）。

　1930 年代では、大同、朔県、汾陽、洪洞、絳州、潞安、太原、楡次の 8 の布教区が設けられていた（ただし、行政区画の区分の仕方によっては、大同、朔県の教区を山西省ではなく、「蒙疆」とする分け方もあった）（[5]157〜234 頁・430〜436 頁）。

　次に、プロテスタントについてみておこう。山西省でプロテスタント教士

第Ⅱ編 「水利」と「宗教」をめぐる社会結合

の活動が始まったのは 1869 年である。蘇格蘭聖経会（The National Bible Society of Scotland）、倫敦会（London Missionary Society）の牧師 2 人（Alexander Williamson と Jonathan Less）が来晋（晋は山西省の別名）して宣教を始めたのがその嚆矢であった。次いで 1876 年には英国内地会（China Inland Mission、以下、内地会とする）の 2 名（J. J. Turner と F. H. James）が南京から来晋し澤州府、平遥府などで活動したが、経費が十分でなかったために、やむなく漢口へ引き返したという。翌年、この 2 人は再び来晋した。おりしも、この時、華北地域は大規模な飢饉（丁戊奇荒）に襲われており、山西省もその渦中にあった。2 人は直ちに、山西省民を救済する活動に従事し数ヵ月間活動を続けたが、極端な疲労と疫病の流行（F. H. James は罹患した）のためやむなく山西省から退去せざるを得なかったという。同年 12 月、2 人が山西省を去った 2 日後にはイギリス浸礼会（Baptist Missionary Society）のティモシー・リチャード（Timothy Richard）が来晋し、引き続き救済活動に従事したという（[1]426 頁、[7]489 頁）。

後述するように道備村の最初のプロテスタント信者は、介休の教会で入信している。介休には内地会の教会が作られていた。そこで以下、内地会の活動に注目してみよう。内地会は 1865 年、戴徳生（James Hudson Taylor）によってロンドンで創立された。そして前述のように、同会派遣の教士は華北五省を襲った大飢饉に直面し、救済活動に従事した。そのかたわら 1878 年 9 月、戴徳生夫人の福珍妮（Jennie Faulding）らは、太原に女子学校を設立した。そして同年、同会は太原、平陽にはじめて布教組織を設置した（[1]457～458 頁）。翌年、同会は太原に医療組織を設けている（[1]458 頁）。このような活動を経て、同会が中国で、本格的に布教活動を開始したのは 1879 年のことであった。アメリカのオーバリン（Oberlin College）大学神学科の学生団の建議により、同大学教授のスミス（Judson Smith）博士が団員を率いて来華し、布教組織を創設したのが始まりとされる（[7]490 頁）。1884 年に到ると、澤州や潞安府でも活動を始め、さらには 1887 年に戴徳生自ら来晋して各地をめぐり、これ以降、晋南での活動が著しさを増していった。1893 年には山西省内を洪洞を中心として 5 つの区画に分け、晋公会と命名

第 8 章　地域の権力と宗教

された組織を作った。これらに属する全 38 県中、ほとんどの所に布教活動の拠点が設けられ、巡回しての布教、あるいは市が立つ時や廟会時に、小屋がけをして教義を宣講するなどの諸活動が行われた（[1]458 頁）。

　このように順調に出発したかに見えたプロテスタントの布教活動は、しかしながら、カトリック同様に義和団事件が発生すると大きな打撃を受けることになった。山西省に義和団が出現したのは 1900 年 6 月であった（[1]427 頁）。山西省における被害は中国全体の中で最も過酷で、当時、全国で落命したプロテスタントの外国人宣教師は総計 159 人だったが、そのうち山西省の落命者は全体の 84% を占めたという（[7]491 頁）。またこれとは別の記述によれば、1900 年 6 月から 7 月にかけて、山西省では朔平、大同、太谷、そして太原など 40 余県で約 130 人のプロテスタントの宣教師、380 人ほどのプロテスタントの信者が殺されているとあり、内容はほぼ一致する。（[1]428 頁）。

　このように凄惨なことになった原因は、清朝が列強に宣戦布告をし、義和団を合法の存在と認め、そして山西巡撫として毓賢が山東から転任して来て「排外仇教」を表明したことによる。周知のように、毓賢がかつて山東省で義和団を黙認したことにより、列強外交団が清朝に対して強く抗議したため、彼は山東省から異動となったのであった。山西省到着後、毓賢は秘密結社の大刀会の首領に就任し、義和団を支持したという。これによって山西省の義和団は勢いを増し、キリスト教への攻撃は強まり、宣教会や教会の資産、布教活動は大きな被害を受け、挫折の憂き目をみた。そしてこの間の教会の活動は、幸運にも被害を免れたわずかな中国人信者によってなんとか維持されていったという。義和団事件終結後、山西省における布教活動の再出発は 1902 年、アメリカ公理会の宣教師であるアトウッド（Atwood）——同会で唯一生き残った——がアメリカから山西省に戻り、始めたものであった（[1]428 頁、[7]491 頁）。

　その後、同省におけるプロテスタントの布教活動は急速に回復していき、1920 年ころには外国人宣教師は 287 名、中国人神職は 566 名、信徒は 8,300 余人に達していた（[1]430 頁）。各教派は同省の洪洞（内地会）、運城（内地会系）、汾州（公理会）に道学院や師範学校を設け、教会指導者や布教員

の養成に努めた（[7]491頁）。信者の識字率は比較的高く、男性信者の約80％、女性信者の約50％が白話文の『新約聖書』を読んで理解できたという。これは全国的には湖南省に次ぐ位置だった（[7]499頁。なお、教会史を著述する際には、義和団事件後から1920年までの20年間を常に「黄金時代」と位置づけているという。[8]の272頁参照）。

義和団後に内地会で諸事業の回復に努めたのは創立者の戴徳生であった。彼は洪洞、介休などの地を自ら視察し、1906年以後、内地会は太原以南を重点活動区域とした（[1]429頁）。後述する道備村に深く関わるのが、介休での内地会の布教活動である。内地会がもともと介休に教会を設置したのは1889年で、1920年までに2ヵ所設置された（[1]431頁）。1919年の介休の男性信者は71人、女性信者は34人（[1]436頁）、1931年では男性信者は250人を超えており、女性信者は57人であった（[1]453頁）。山西省でも各教会は布教のかたわら、様々な社会事業を実施していった。主なものは教育分野、医療分野であった。1918年の報告によれば、教会に設置された初級小学校は139校、生徒数3,468人、高級小学校は26校、生徒数505人、中学校は7校、生徒数267人だった（[7]502〜503頁）。

こうして1920年ころまでには、山西省では、全部で13の教区が設置された。うち、最も広範な教区を獲得したのは、内地会系であった。内地会系の教区の広さは、全教区の面積の66％を占めるに至り、これは浸礼会系の22％、アメリカ公理会（American Baptist Foreign Mission Society）の8％などを大きく引き離すものであった（[7]488頁）。また、信者数も、内地会系全体で61％、内地会のみで44％を占めており、これに次ぐ公理会の18％を大きく引き離していた（[7]499頁）。

2. 道備村のキリスト教の歴史

道備村の村落檔案史料（以下、道備檔案史料、とする）によれば、道備村にカトリックが伝来した時期については2つの説がある。TYKに関する檔案史料（[9]）によれば、乾隆年間に陝西省北部の寧條（条）梁で商売に従

第 8 章　地域の権力と宗教

事していた五代前の祖先 T 輔功が入信し、それ以降 T 姓の代々の子孫がカトリックを信仰してきたという。もう 1 つの説は 1810 年前後、T 富公という人物が入信したのが最初とする説である。現在もカトリック信仰を継承している道備村の T 姓の始祖とされる人物である。T 富公は農業をするかたわら商売をも営み、子供が 7 人いたという。子供らは農業を営む者、平遥県城内で皮革加工業に従事する者、あるいは陝西省北部（陝北）で商売に従事する者などがいたという。当時平遥県城に教会があったことも述べられており、道備村はその教会が管轄していたことも述べられている（この点、［1］の史料の記述と異なると思われる――筆者）。

　この 2 つの説を比較してみると、いくつかの共通点が見えてくる。1 つは、およその所 18 世紀末から 19 世紀初頭にかけて頃に、T 姓により道備村にカトリックがもたらされたことである。2 つの説の祖先の T 輔功と T 富公とは名前の発音がほぼ同じであるため、同じ人物である可能性は否定できない。もう 1 つは、陝北の事例が共通する。そして、この T 姓によってもたらされた道備村のカトリックは、T 姓の第 3 世代、第 4 世代のころに発展している。このころ T 姓は商売に従事する者が多く、「T 姓生意、獲利実多（T 姓の商売は、たいへん儲かった）」だったという。中でも第 4 世代の T 発秀は有能な人物だったようで、当時の多くの州県官僚らと義兄弟の関係を結び、とりわけ平遥県知県の祁学謙と無二の親友だったという。そしてこのころに道備村に教会が設置され、また、T 姓以外にも信者がおり、「人煙亦多（多くの人でにぎわった）」だったという。

　義和団事件の前において、道備村の教会の神父がどの国の神父かは不詳であるが、義和団以後のしばらくはイタリア人神父が続き、3 人のイタリア人神父が異動した後に王純智という中国人神父になった。以後、1940 年代に到るまで中国人神父が続き、道備村の T 姓からも神父になった者がいた。彼らはローマやスイスで神職となり、帰国して北京などで布教活動に従事していたが、「解放」後に「反動反革命行為」があったとされて逮捕、法によって処罰され、「現在（資料が作成された 1966 年）」に到るまで刑に服している者もいた。T 姓は「現在」に到るまで 8 代にわたってカトリックを信

153

仰してきているという。このころ、道備村でカトリックを信仰しているのは、T姓の他にF姓、H姓、X姓、W姓、L姓、R姓、A姓がいる。F姓は1906年に祁県九汲村から道備村に移住してきた。こうして1920年代においては、最も多いときで130余人の信者がいたという。別の記録によれば24戸（T姓15戸、F姓2戸、L姓2戸、H姓、X姓、W姓、R姓、A姓各1戸）、3、40人とある。ただし、その後T姓2戸、H姓、X姓、R姓、A姓各1戸は「絶戸（病死等により後継が途絶えた家のこと）」になってしまっている。また、T姓7戸とW姓1戸は「走戸（他地域へ移動）」となり、1966年時点でT姓5戸、F姓3戸、W姓1戸、M姓1戸が残っている。人数としては30数人である。なお、この史料によれば道備村のカトリック教会は、1915年頃に修築されたものだという。

　他方、プロテスタントはどのようであるか。これについてはすでに別稿（[10]）で紹介したが改めて記しておこう。道備村の最初のプロテスタント信者は、HLY夫人のWJBの父親である。WJBの父は、かつて介休で商店の店員をしていた。その商店の主人が信者で、毎日曜になると店員たちを引き連れて教会に行っており、それがきっかけでWJBの父は入信したのだという。当時、介休には内地会の教会が2座あり、おそらくWJBの父はこのいずれかの教会に行っていたものと思われる。

　このように、すでに「解放」前において、カトリック、プロテスタントは歴史的経緯の差こそあれども、ともに道備村には伝わってきていた。「解放」前、カトリックを信仰する人が多く、「解放」後に少なくなったが、今はまた多くなったという証言もある（[11]227頁）。「解放」以後、これらのキリスト教徒は国家建設、社会統合、政治建設の嵐の中で厳しい状況に直面することになる。それこそが信者数が少なくなった要因と考えられる。そこで、次にそれを検討してみよう。

3. 地域の権力と宗教

　道備檔案史料には、宗教関係の檔案も残されている。それらは宗教工作関

第 8 章　地域の権力と宗教

連の檔案、あるいは「専政対象檔案」である。檔案袋には「建檔時間●●年△月■日」と記されており、これらの檔案が作成されたのは、おおむね1966 年前後である。檔案作成の要因は、1 つは、四清運動期に宗教信仰者に対するある種の思想・宗教統制が行われ、それが檔案として記録に残されたということである。そして、もう 1 つは、1965 年 2 月から 7 月にかけて、太原市および太原近郊で発生したカトリック信者らが関係していた「反革命騒乱」が影響を及ぼしていると考えられる。

　次頁の表の「A」からも知られるように、道備檔案史料の中のキリスト教関連の文献には、実は 1950 年代の「取り締まり」に関する文献も残されている。これは反右派闘争期に作成されたものである。だが、1965 年の上述の事件を契機として「専政対象檔案」という檔案が数多く作られていったのであろう。「専政対象檔案」とは、いずれも当局からして好ましくない個人について作成された檔案である。その中に反右派闘争期の文書が含まれているのである。以前から残されていたものを、再編して作成したものかもしれない。いずれにしても、道備村のキリスト教信者は、1950 年代から 1960 年代にかけて、少なくとも 2 回は強烈な政治的洗礼を受けたのである。では、反右派闘争の際、信者は如何なる事態に巻き込まれたのであろうか。

　たとえば表の道備檔案史料 1-515-2 は FG 遠という人物についての個人檔案である。この檔案の作成時期は 1966 年 7 月 5 日で、表紙に「問題性質」と記されており、FG 遠の場合は「摘帽右派」と記されている。これは右派のレッテルを取り去り、名誉回復されたことを示している。同檔案内に、FG 遠が名誉回復が決定された 1979 年の通知（整理番号 31）が含まれているが、彼はもともと 1957 年の反右派闘争時に「右派分子」とされ、それまでの仕事を罷免されて道備村に戻され、労働監督処分に処せられたことが記されている。そして 1960 年に一度レッテルが剥がされたが、四清運動期の 1966 年、再び反動的存在、すなわち四類分子と認定され、それが最終的に回復された経歴が上述の通知によって示されている。

　では、彼は如何なる経緯で右派とされ、思想改造を受けるようになっていったのか。そして、どのようにして名誉回復が為されたのであろうか。表

第Ⅱ編　「水利」と「宗教」をめぐる社会結合

表　道備檔案史料 1-515-2「専政対象檔案」の内容（ABC の区分、年代配列、整理番号は筆者によるもの、また（　）内は筆者のメモ）

A 反右派闘争期の檔案
1. 平遥県委員会から道備紅旗農社への手紙（1958 年 7 月 21 日、FG 遠が右派と認定されたため、帰村させ、生産隊で監督するようにという行政処分を伝達する内容）
2. 「検挙書」（FG 遠による自身の家族に対する告発書のこと、1959 年 6 月、とそれを受けての処分決定書、表題なし）
3. 「自我検査」（1959 年 6 月）
4. 「改造計画」（1959 年 6 月）
5. 自身の病気療養の請願書（表題なし、7 月 16 日の日付有り、内容からして 1959 年か）
6. 「保証書」（誓約書、1959 年 8 月 6 日）
7. 「読了政府特赦令后的感想」（1959 年 9 月 13 日）
8. 「自伝」（日付不詳、ただし内容は反右派闘争に関するもの、1959 年と推定）
9. 「変心材料」（改造による自身の変化について記したもの、日付なし、反右派の後の改造に対する内容「一年来改造中的認識」という項目があるので、1960 年ころと推定）
10. 「変心」（1960 年 2 月 6 日）
11. 「変心補充材料」（日付不詳、ただし内容は反右派闘争に関するもの、1960 年ころと推定）
12. 「決心」（1960 年 2 月 6 日）
13. 妻の見舞いのために太原に行きたいという請願書（表題なし、2 月 11 日の日付有り）
14. 「検査」（1960 年 11 月 2 日）
15. 「右派分子摘帽子審批表」（日付なし、FG 遠の年齢が 53 歳になっていることから 1960 年ころと推定）
16. 「洪繕公社道備管理互関於対右派份子 FG 遠通過労働改造的鑑定」（日付なし）
17. 「道備管理室の通知」（メモ書き、日付、公印なし、FG 遠の年齢が 53 歳になっていることから 1960 年ころのものと推定）

B 四清運動期の檔案
18. 「掲発材料」（FG 遠の「罪悪」の事実を証言する第三者による証言を記したもの。ただし文中の氏名が FG 源となっている。「遠」と「源」とが同じ発音。日付は 1966 年 3 月 14 日）
19. 「簡歴」（1966 年 4 月 30 日）
20. 「簡歴」（1966 年 5 月 13 日）
21. 「専政対象登記表」（1966 年 6 月 18 日）
22. 「個人簡歴」（1966 年 7 月 13 日）
23. 「補充材料」（1966 年 7 月 13 日）
24. 「平遥県王家荘公社道備大隊教徒登記表」（手書きで「天主教編十八号」と記載あり、1966 年 7 月）
25. 「自我検査」（1966 年 8 月 9 日）
26. 「自我検査」（1966 年 8 月）
27. 「天主教徒 FG 遠的問題」（中国共産党平遥県王家荘人民公社委員会が作成、2 通あり、1966 年 8 月 13 日）

C 名誉回復関係の檔案
28. 湖北省荊門武漢鉄路局工程四段隊人→道備大隊党支部への手紙（いつ右派のレッテルがはがされたかを問う手紙、1977 年 2 月 5 日）
29. 平遥県委員会から公社党委への手紙（摘右派分子のために人員を派遣する内容、1978 年 7 月 22 日）
30. 「証明」（武漢鉄路局四段→山西省平遥県王家荘公社道備大隊、1978 年 10 月 20 日）
31. 「関于対 FG 遠同志原定右派問題的改正決定」（1979 年 3 月 10 日）

第 8 章　地域の権力と宗教

で「A」に分類された史料をたどり、その具体的な経緯を追ってみよう。

　FG 遠が右派認定されたのは 1958 年 7 月のことであった。それにより FG 遠はそれまでの勤務地を離れ、帰村させられ生産大隊下に管理されるようになった（整理番号 1）。そして、おそらく村の党委員会によって調査され、思想改造が進められたのであろう。残されている檔案史料から察するに、そのやり方は「自発性」を重視し、「自白」を促すという方法だったと思われる。個人の詳細な履歴を自ら書き、そのうえで自身の「思想本質」を自己分析し、自身が犯した「罪悪」を記述し、自己批判している（整理番号 3）。審問の過程（「検査」）において明らかになり、要求されたのであろうか、自身の甥（FYY、かつて神父、汾陽在住、ピストルの所持とそれの行方不明に関するもの）、そして FG 遠の長兄 FGX の二女（「地主成分」に嫁ぐ）の長子である「応喜子」が北京の「解放」後に上海などを転々とした後、台湾から手紙をよこした件を自白する記述を残している（整理番号 2）。そして充分に自身の問題点を自覚したと見なされると、次は自身の「改造」計画を表明することとなる（整理番号 4）。これをもとにしてチェックがなされるのであろう、何回か修正を迫られたかもしれない。そして文案が固まると、これを「保証書」（整理番号 6）として作成し、自身の行動規範としてこれを履行することを「党政領導」に対して誓約するのである。

　1959 年、新中国成立十周年を記念して特赦令が出されたが、村では「五類分子」が集められて特赦について伝えられたという。そしてこれに関する「感想」を書くことが求められたのであろう、FG 遠の「感想」が檔案に残されている（整理番号 7）。やがて、まだ多くの「問題」があることを認めながらも「改造」が進み、認識が新たになったことが示され、党や大衆に対して謝意が表される。これを「変心」と称している（整理番号 9、10）。そして「右派の帽子（レッテル）を取り去り、新人となる」べく、決意が示されることとなる。これを「決心」と称している（整理番号 12）。

　さらに、一年来、一連の「改造」、自己努力をしたこと、具体的には「自覚態度がきちんとしている」「各級の指導者の指揮に服従している」「国家の政策や法令、政府の号令を遵守し擁護している」「公社や生産大隊の中にお

第Ⅱ編 「水利」と「宗教」をめぐる社会結合

いて、社員たちが書字、表報、書信を委託してきたときには、迅速に作成した（すなわち社員らへの奉士、貢献──筆者）」等の事を上申するのであろう（整理番号14）。これを受けて「右派分子摘帽子審批表」が作成されている。個人情報に加えて、その中には「主要錯誤事実」「摘帽子主要根拠」という項目が設けられ、改造された事実が記載され、公印（印字は平遥県洪繕鎮人民公社道備管理区）と当時の村の幹部の個人印（TKY、WXR）が押印されている（整理番号15）。そして一連の文書が提出されて、それが子細に検討されたのだと考えられる（整理番号16）。そしてこの後、1960年に「摘帽」となったというわけである。

しかしながらいったん「摘帽」となったにもかかわらず、1960年代半ばには、キリスト教徒らは再び政治の暴風雨の中に巻き込まれることになった。道備村では、1965年、霊石からBYLを隊長とする20人ほどの四清工作隊[1]が来村して、四清運動が始まった（[12]230頁、[13]124頁・126頁）。村民への聞き取り調査では「四清運動が始まってから1978〜79年頃まで、国は信仰を許さなくなった」（[14]101頁）「工作隊はカトリック教徒に礼拝をさせなかった」（[13]140頁）とあり、反右派闘争期に比べて、より徹底的に統制が進められたように思われる。聖書なども没収された（[15]329頁）[2]。そして工作隊は1966年の前半に工作を修了し、村を出たという（[18]95頁）。上述の檔案「B」は、最も時期が新しいものは1966年8月であることから、時期的には平仄が合うと考えられる。

山西省のキリスト教取り締まりは、四清運動の展開とともに、同省で発生した「反革命騒乱」[3]が引き金になったと思われる。そこでまず、「反革命騒乱」のあらましを紹介しておきたい。この「騒乱」を記録しているのは道備檔案史料1-82-2「太原地区天主教反革命乱中的牛鬼蛇神」であり、作者は中共山西省委宗教工作領導辦公室で、作成されたのは1966年4月である。表紙の上部には「宗教工作参考資料之十五（可供宣伝用）」と記されている。全53頁で、「騒乱」の中心的人物20人の個別事例が調書として記載されている。この「資料」を編纂した側は、この「騒乱」を次のように規定している。

太原市のカトリック教内の反革命分子が、アメリカ帝国主義がベトナム

第 8 章　地域の権力と宗教

で侵略戦争を拡大しているのに迎合し、社会主義教育運動を破壊し、当地の地主や富農といった反壊分子と犯有四不清錯誤的基層幹部とが結合し、カトリック教徒の宗教的感情と迷信思想を利用し、5ヵ月余にもわたる反革命騒乱事件を煽動した（[19]1頁）。

「騒乱」に加わった人数は数千人規模に至り、うち主要人物は百人ほどとされている。「資料」によれば、彼らは「四類分子」「聖母軍分子」「流氓分子」「四不清幹部」があわせて29人、全体の三分の一ほどを占め、それ以外は「反革命分子家族」「四不清幹部家族」「神職人員親族」「「知命聖人」の末裔」「閻偽士兵」などであったという（[19]2～3頁[4)]）。道備村の人間では、HZCとTKGの2人が関係したという。HZCは当時、汾陽で神父をしており、「騒乱」を宣伝した事を罪に問われ、村に送還され「壊分子」のレッテルを貼られた。また、TKGは太原で「騒乱」に参加し、やはり村に送還されて「現行反革命分子」のレッテルを貼られた（[17]235頁）。

では、なぜこのような事態が起きたのか。「資料」の中では、「党に対する不満、社会主義への恨み、宗教反動勢力を守る」ために「反革命復壁の進行を企図」したのだという。しかし、調書の中の個々の発言を見ていくと、信者らの共産党の宗教政策への不満、危機意識、さらには四清運動へのおそれが見えてくる。

上述の事件を契機として、事件の翌年、1966年にキリスト教に関する一連の「資料」が作成された。では、この時期において、キリスト教はどのように位置づけられていたのであろうか。一連の「資料」の中の1つである道備檔案史料1-81-7は、「天主教是帝国主義侵略的工具」と命名されているカトリック教に関する「資料」である。表題を見ればカトリック教の位置づけは一目瞭然たるものがある。同「資料」はまず第一節で、中国へのカトリック教の伝来を述べ、それらをまとめるような形で第二節「カトリック教は中国でどのようなことをしたのか」を設けている。その大要は「資本主義をもたらし、帝国主義が我が国を侵略する先鋒隊であった」「我が国人民に対して残酷な経済的搾取を行った」「帝国主義が推し進めた文化的侵略の急先鋒であった」とするものである。教会が経営した孤児院や身よりのない老人を収

第Ⅱ編 「水利」と「宗教」をめぐる社会結合

容する「弧老院」などの社会福祉的組織も「我が国の老弱障害者を扼殺するもの」であり、とりわけ病院などの医療施設は「極めて残酷で、人を殺すも血を見ることのない医薬試験所」だとする（［22］4～15頁）。

他の「資料」では、事件の中心的人物らが自身らを「聖人」「聖女」と自称したことを否定し、また彼らが語ったキリスト教的世界観や教義――たとえば「信徳道理」、「天下教徒是一家」、「十戒」、「霊魂」、「天堂」、「地獄」――などを取り上げて否定し、「ローマ教皇とはいったい何者か」という「資料」も作成されている。表紙の番号からすると、おそらく残存しているものより多く作成され、思想・宗教工作用資料として山西省下の各郷村に送られたのであろう。それらのうち、道備檔案史料内には10種類残存している。

このようなカトリック教徒の動静は、山西省共産党の警戒心・危機意識を大いに高めたと考えられる。その結果、プロテスタント教に対する調査が行われ、報告書が作成されている。調査は3ヵ月ほどに及ぶものであり、その結果「我が地区のプロテスタント教の問題は、極めて深刻である」と述べられている。そして、カトリック教同様にプロテスタント教も「アメリカ帝国主義の中国侵略の手先」であり、「反動的かつ欺瞞的」だとしている（［23］）。

そして、宗教工作は地域社会において具体的に展開されることになる。檔案史料の記述による限り、具体的な工作は、1966年4月ころから進められた。同月17日、汾陽で汾陽各界闘争天主教罪悪大会（汾陽県闘争反革命分子ZYT、FZC控評天主教罪行大会）が開かれた。おそらく道備村の幹部も参加したのであろう、道備檔案史料1-411-1「道備大隊闘争天主教徒大会」にそのメモが残されている。文献名に登場するZYTという人物は平遥人とあることから、この大会は晋中地区の大会だと思われる。大会は汾陽県書記と思われる田書記の講話で始まり、ついでZYTの「担白（独白のこと）」が行われ、その中でZYTが「〔LZXが〕六合村で破壊を行った」ことに言及したことがメモに残されている。「六合村」とは、1965年3月31日、太原市圪潦溝人の「聖女」LZXが教徒を「煽動」した地のことであり、ZYTはWSRから「六合村神的謡言」を聞いたのだという。このことは、1960年代の中国社会においてもな

第 8 章　地域の権力と宗教

お、うわさ（中共的には「謡言」）がある種の宗教的結合を促していく可能性を示していると思われる。ZYT に続いて FZC も「担白」を行ったようである。彼の主たる「罪状」は、外国すなわち「国外美帝主義」（ルビは筆者）との結合であったようだ。これからただちにわかるように、この事件の背景に、東西冷戦、朝鮮戦争の影響があることは自明であろう。

　道備村での「天主教、基督教徒討論」（基督教はプロテスタントのこと）も同じく 4 月 17 日から始まっている。そして 4 月 17～19 日、23 日、5 月 4 日、6 月 7 日、26 日、7 月 23 日、8 月 5 日と「討論会」は実施された。しかし、この後、村の権力による宗教工作は変質していったようだ。それは、より強く統制する方向に動いた。8 月 18 日、道備村では「道備大隊闘争天主教会議」が催された。この時に村の権力がやり玉に挙げたのは、TCY、FG 遠、ZJX の 3 人であった。史料中に「闘争」は二度行われた、とあるので 18 日とは別に、もう一度行われたのかもしれない。このように圧力が強化されていく中、道備村のキリスト教信者らはどのような事態に直面することになったのだろうか。表をもとにして検討してみよう。

　「B」群の史料は、残存度が「A」群に比してやや粗いように思われる。作成されなかったのか、作成されたのだが失われてしまったのか定かではない。いずれにしても、「B」群の史料が作成されることになった契機は、キリスト教そのものが反動的と位置づけられていること、そして四清運動の展開に加えて、1965 年の「反革命騒乱」の発生にあったと考えられる。「反革命騒乱」の後に作成された調書（「専政対象登記表」、整理番号 21）では、「専政対象」は、次のように記されている。

　「登記表」には、まず氏名、性別、年齢、家庭出身（出身階級のこと、以下同じ）、個人成分、文化程度（学歴、「文盲」であるかどうかを含む）、民族、職業、原籍（もともとどの人民公社のどの大隊に所属していたか）、現住（調査時現在、どの公社、どの大隊、どの生産隊に所属しているか）、という個人基本情報を記入する欄がある。それに次いで「いつ、どこで、誰から紹介されて、どのような反動組織に参加したのか」「土地改革前後の家庭経済の状況」「家族成員、その家族の氏名、社会的地位、職業」「個人の簡単

第Ⅱ編　「水利」と「宗教」をめぐる社会結合

な履歴」「主要な歴史上の罪悪」「いつどこで、どのような処罰を受けたか」「矯正中の態度」「処分理由と判定（レッテル張り）、矯正後の状況と回復処分（レッテル剝がし）」といった項目が設けられていて、個々の状況に即して記入される。FG 遠の場合、右派と認定された理由は「先祖代々、天主教に参加してきた」というものであった。これは「いつ、どこで、誰から紹介されて、どのような反動組織に参加したのか」という項目の記載である。また「主要な歴史上の罪悪」欄には、「社会主義に不満であり、党や人民に対しても不満〔をあらわした〕」と記載されている。そして処分されて労働改造、社会運動への動員、「会議」への参加が強制されたのであろう、その態度が記されている。これら一連の宗教工作は、平遥県の統一宣伝部の方針に基づいて行われたものであった（［24］67 頁）。

　では「反動勢力」に対する処分・改造は、いったいどのように進められていったのであろうか。たとえば「自我検査」（整理番号 25）は、FG 遠の自述であるが、その中に「錯誤事実」、「現在認識」、「決心」という項目が設定されている。もう 1 つの「自我検査」（整理番号 26）には「反動的意識形態、反動的言論」、「逐漸的認識」、「下定的決心」とあり、さらに、メモ書き等もあることから、おそらくこれは草稿段階のもので、これをもとに整理番号 25 の「自我検査」が作成されたものと考えられる。これらの「自我検査」からは、四清運動期の「改造」のやり方も、反右派闘争期の手法と同様であったことが推定できる。これに加えて、いわゆる「闘争」も行われた。聞き取り調査によれば、カトリック教会は生産小隊の隊長によって占領され、食料庫となった。また、信者らに銅鑼をたたかせて紙の帽子を被せて村の中を練り歩かせ、午後は信者らは畑で農作業に従事させられたという（［14］101 頁）。さらに、次のような証言もなされている（［25］53～54 頁）。

　　四清運動の時は学習班を作り、毎日教育された、聖書を取り上げられたが心の中で祈った。思想教育をされたが、大教（仏教、道教、儒教）信者にはなかった。プロテスタント教徒、カトリック教徒だけだ。両方一緒にされて 1 つの班とされた。
　　文革が始まったら学習班はなくなった。文革は集会禁止だった。

第 8 章　地域の権力と宗教

　以上のような経緯で「反動的」とされた FG 遠の場合、1970 年代末期、彼の死後にようやく名誉回復された。
　村の現住民でカトリック信者の FPY によれば、四清期、文革期における権力（工作隊）対して、カトリック教徒はあえて抗議をしなかったという。それは「反革命」「壊分子」のレッテルを貼られるのを恐れたからだという（[13]140 頁）。

おわりに

　以上、本稿ではまず中華民国期華北社会とキリスト教との関係の全体的状況について、次いで同時期の山西省におけるキリスト教の状況について、そして、調査地であった道備村のキリスト教の歴史について述べた後、中華人民共和国期の国家建設、社会統合が進められる中でキリスト教徒らがどのように統制されてきたかを、村落檔案史料に依拠しつつ、FG 遠という 1 人の人物に着目して明らかにしてきた。
　中華民国期以後の推移を振り返ってみると、中華人民共和国成立後、国家の支配が社会に浸透するのに反比例するかのように、教団や教会などの中間団体が元来持っていた社会的機能は国家権力に奪い取られていったと見なすことができる。換言するならば、人民共和国期に至ってはじめて社会の末端にまで権力を浸透させ、支配を貫徹できるようになったとも言えようか。その際、「反革命騒乱」のような、中共の支配に対して直接的に脅威を及ぼす集団的存在は徹底的に弾圧された。この点は 1950 年前後の一貫道に対する取り締まり・弾圧と共通するものがある。一方、キリスト教そのものや信仰は反動的と位置づけられたものの、個々の信仰は直接の「錯誤」「罪悪」とはされず、信仰以外の個人の行為や思想が問われたことがわかる。それ故か、「改造」の際には、「自発性」を重視して個々の意識の「改造」が目指されたと言えるだろう。
　最後に、道備村のキリスト教徒の増減に関して言えば、カトリック教徒は現在村内の 2 つの姓に信者は限定される。ある証言ではカトリック教徒の大

第Ⅱ編　「水利」と「宗教」をめぐる社会結合

まかな変遷について次のように述べている。

　　解放する前に〔は〕カトリックを信仰するものは多い〔かった〕。……
　　解放した後は少なくなった。今はまた多くなった（[11]227 頁）。

　一方、プロテスタント教徒は 2014 年の数年前においては 9 名だったのが、2014 年ころには 20 数名にまで増加している（[21]185 頁）。

文献一覧

［１］山西省史志研究院編『山西通志』（第 46 巻「民族宗教志」）、中華書局、1997 年。
［２］竹花光範『中国憲法論序説』、成文堂、1991 年。
［３］任傑『中国共産党的宗教政策』、人民出版社、2007 年。
［４］拙稿「村の秩序と村廟」（『近きに在りて』55 号、2009 年）。
［５］平山政十『蒙疆カトリック大観』、蒙古聯合自治政府、1939 年。
［６］興亜宗教協会『華北宗教年鑑』、1941 年。
［７］中華続行委辦会（China Continuation Commitee）調査特委会編、蔡詠春・文庸・段琦・楊周懐訳『1901-1920 中国基督教調査資料』、中国社会科学出版社、2007 年（二次印刷）。
［８］顧衛民『基督教與近代中国社会』、上海人民出版社、2010 年。
［９］道備檔案史料 1-545-32「専政対象檔案（TYK）」、1966 年。
［10］拙稿「村の歴史と個――ある無名の農民の半生（1）」『東京学芸大学紀要（人文社会科学系Ⅱ）』第 67 集、2016 年。
［11］内山雅生・三谷孝・祁建民「中国内陸農村訪問調査報告（2）」『長崎県立大学国際情報学部研究紀要』12、2011 年。
［12］行龍・郝平など（弁納才一訳）「山西省農村調査報告（2）――2010 年 7 月、P 県の農村」『金沢大学経済論集』31-2、2011 年。
［13］郝平・常利兵など（河野正・佐藤淳平訳、田中比呂志監修）「山西省農村調査報告――2010 年 7 月・8 月・12 月、P 県の農村」『東京学芸大学紀要（人文社会科学系Ⅱ）』63 集、2012 年。
［14］行龍・郝平・常利兵・馬維強・李嘎・張永平（弁納才一訳）「山西省農村調査報告（1）――2009 年 12 月、P 県の農村」『日本海域研究』42、2011 年。
［15］内山雅生・三谷孝・祁建民「中国内陸農村訪問調査報告（1）」『長崎県立大学国際情報学部研究紀要』11、2010 年。
［16］内山雅生・祁建民「中国内陸農村訪問調査報告（3）」『長崎県立大学国際情報学部研究紀要』13、2012 年。
［17］内山雅生・三谷孝・祁建民「中国内陸農村訪問調査報告（2）」、『長崎県立大学国際情報学部研究紀要』12、2011 年。
［18］河野正「華北農村調査の記録――2013 年 8 月、山西省 P 県 D 村の聞き取り記録

第 8 章　地域の権力と宗教

——」『東洋文化研究』16、2014 年。
[19]　道備檔案史料 1-82-2「太原地区天主教反革命乱中的牛鬼蛇神」、中共山西省委宗教工作領導辦公室、1966 年。
[20]　三谷孝「反革命運動と一貫道——山西省長治市の事例」『近代中国研究彙報』26 号、2004 年（のち、三谷孝『現代中国秘密結社研究』、汲古書院、2013 年に再録）。
[21]　内山雅生・菅野智博・祁建民「中国内陸農村訪問調査報告（5）」『長崎県立大学国際情報学部学術研究紀要』15、2014 年。
[22]　道備檔案史料 1-81-7「天主教是帝国主義侵略的工具」、中共太原市四清宗教办公室、1966 年。
[23]　道備檔案史料 1-1-26「関于全区基督教基本情況的初歩調査報告」、中共晋中地委宗教工作領導組、1966 年 6 月 17 日。
[24]　田中比呂志・孫登洲・古泉達矢「華北農村訪問調査報告（5）——2013 年 8 月、山西省 P 県 D 村」『東京学芸大学紀要（人文社会科学系）』65、2014 年。
[25]　田中比呂志「華北農村訪問調査報告（3）——2011 年 8 月、山西省 P 県 D 村」『東京学芸大学紀要（人文社会科学系）』64、2013 年。

註
1）工作隊員は各生産小隊に 1 人ないし 2 人配属となった。このときの工作隊隊長は、霊石県副県長の潘玉林という人物であった（[11]220 頁・223 頁）。また、別の聞き取りでは工作隊の隊長は PYJ、副隊長は FWX、指導員は WSX で、隊員の大半は山西医学院の人員だったという（[12]212 頁・224 頁）
2）四清運動の後の文化大革命期において、プロテスタント教徒は集会（ミサのことか——筆者）こそ禁止されていたものの、自宅で聖書を読むことは許されていたという。カトリック教徒が集会は無論のこと、自宅で聖書を読むことを禁じられれ（[16]268 頁）、教会は第 3 小隊の倉庫として使用された（[16]235 頁）こととの温度差が興味深い。
3）なお、山西省長治市では、1950 年に一貫道信者に対して集中的取り締まりを行い、信者組織を壊滅に追い込んだ事例が報告されている。詳細は[20]を参照。また四清運動期に、道備村の副主任であった WLY（正しくは WLR）は「解放」前に一貫道信者であったことに起因して告発された（[21]186 頁）。
4）聞き取り調査によれば「四類分子」に分類されたものには「改造」の一環として早朝に街路清掃などに従事させられたが、労働点数は与えられなかったという。また、普段の仕事も、他の人がやりたがらない仕事——たとえばレンガ焼きの竈の中の残滓の片づけ——をさせられた。治保主任が監督をした。これらの処遇に加えて、子の進学、入隊、就職、休暇願、労働点数などで差別されたという（[14]101 頁、および[12]230 頁）。

第9章
「社会主義建設」とキリスト教信者

馬 維強

(翻訳：孫登洲、補訳・整理：佐藤淳平)

はじめに

　中華人民共和国成立当初、国家は信教の自由を堅持する一方、海外の勢力による資金や組織、思想やイデオロギーが国内の宗教に対して与える影響をなくそうとしていた。プロテスタント教内の告発運動および革新運動は、宗教界の上層部にいるエリートたちにより唱えられた「宗教は政治を超える存在である」という理念に対する国家による対策である。これらの政治運動を経て、1807年にロバート・モリソン（Robert Morrison）が始めた布教活動は終止符を打たれた（[1]284頁）。

　カトリック教会に対する革新運動から反帝国主義愛国運動、粛清運動を経て中国「天主教友愛国会」の成立まで、カトリック教会は自身の在り方の転換とその再構築を実現し、「自ら司教を選出しそれを祝福する」という道を歩んできた（[2]）。このように外来の宗教に対する中国化の努力は着実に進められてきた。厳しい国内外の情勢や階級闘争の強化のため、農村の信仰に対する国の政策も、信教の自由から規制ないし禁止へ転換するようになってきた。村民たちの宗教に対する信仰は次第に「反革命」のイデオロギーとそのための活動と見られるようになった。例えば、信者になったきっかけは何なのか、入信以来どんな活動をしたのか、「違法」な布教活動をやったことがあるのか、「反動」的な経典を説明し宣伝したことがあるのか、「反党」「反人民」の言論はあるのかなど、多くの信者たちの言動も逐一チェックの対象となり、それらに対して「告発」と「白状」が実施されてきた。

第Ⅱ編 「水利」と「宗教」をめぐる社会結合

　中国の学界では中華人民共和国成立以来の信仰に対する改造についての研究は50年代に集中しており、「四清」、「文革」期に対する専論は今のところあまり見られない。そして、上記の研究の中では、国家と農村の信者たち及びその信仰心のインタラクティブな関係についての検討はさらにまれである（[1][3][4][5]）[1]。本稿では村レベルの档案資料と村民に対する聞き取り調査に基づいた地域社会に対する実証的研究を通じ、農村社会と一般信者のミクロな視点から、信者という身分が村民たちの日常生活に与えた影響及び彼らの体験と思想の変化について検討し、そして信者の信仰心を通じ、国による農村社会に対するガバナンスと改造を明らかにし再考してみることにする。

　具体的には、一般村民の信者がどれほど地域社会から脱離したのか、信仰心がどのように彼らの日常生活を変えたのか、入信をきっかけに明確な世俗の区別という意識と行動様式が見られ、国のコントロールから遊離し、さらに末端の権力に対する脅威と挑戦をもたらしたのか、国によるどんな改造を受けたのか、どうやってその改造に対応したのか、全員「賤民」と見なされたのか、それとも何らかのいじめを受けたのか。「自養、自治、自伝」という国家の「三自」方針（資金面を自力で賄い、自己で管理し、自力で布教すること）が確立されて以来、村民個人の信仰の問題について農村ではどんな変化が見られるのか、その目標に向かって何らかの努力をしたのか、それとも対立の姿勢は依然として変わらないのかなどを検討する。

1. 宗教心：身分政治の負の相関[2]

　「政治」と「階級闘争」が重視された「四清」、「文革」期には、村民の宗教心及びその活動は多くの規制を受けている。国は組織、活動と言論の面から村民の信教を規制する一方、イデオロギーと公共の場の言葉や表現の中でも村民の信仰を反動とし、彼らの「罪悪」と戦うべきだということを主張した。そのため、信仰の面だけでなく、日常生活の中でも相当なプレッシャーを浴びせられ、結果的には宗教の信者という身分は彼らの日常生活において政治的身分の判定及びその社会地位に影響する要因となってきた。

第 9 章 「社会主義建設」とキリスト教信者

　道備村と双口村の両村のカトリック信者は家族内による相伝が多く、出生後に自然と両親のあとについて信者になるわけである。同時に、道備村の田姓と范姓の信者から見られるように、信者同士の婚姻関係もカトリック信者同士に限られることが多かった。双口村の WB（仮名、以下同様）一族は先祖がカトリック信者になって以来、結婚で結ばれた叔母、姑、母方の叔父、義理の弟（妹の夫）といったほとんどの親族はカトリック信者である[6]。一方プロテスタント信者は、カトリック信者と違い、家族の相伝による信者はなく、親戚や友達の紹介を経て入信したものが多かった。

　超自然的存在、自然、人間、社会と融合した「人間本位」志向の宗教観、中国の信仰における自然を超えた要素とモラル倫理的要素の分離といった要因のため、信者たちの信仰心のポイントは神とその力に置かれており、いわば中国人の道徳的判断は儒家思想の影響を受けている。従って、神に対する中国人の信仰には非常に現実的かつ功利的な特徴が見られる（[7]116〜117頁）。ここでの信仰心には伝統的な民間信仰だけでなく、外来の宗教に対する信仰も含まれている。道備村と双口村では、多くの村民たちは現実の貧苦と苦難を避けるために入信した。ほかに「病の治療」や「鬼遣い」を目指して入信した人もいた。宗教の善行、我慢と親睦への追求は信者に入信をきっかけに家族内のもめ事や矛盾を解決できると信じさせたのである（[8]）。民間信仰の中の「地獄」にいる牛頭の化けものや蛇身の魔物など怖くて不気味な世界と比べ、キリスト教の光に満ちた彼岸の世界は信者たちにとって魅力的であり、心の安らぎを与える。従って、死後天国に入るための贖いや祈りには信者たちの未来への期待が託され、信者が入信する重要な要因の 1 つになり、さらに信者たちが「聖恩」を宣伝するための重要な原動力ともなった。

　入信した動機はどうであれ、国家と対立したイデオロギーを持っているため、「四清」・「文革」期には信者たちは抑圧されており、その言動は厳しい規制を受けることが多かった。信者が共産党員や共青団団員になることは通常許されておらず、入隊や入学の時にも不利な立場に置かれていた（[9]）[3]。徴兵の年齢の基準を満たした TBH（仮名、以下同様）が、カトリック信者であるという理由で拒絶されたのもその一例である（[10]）。信者たちによる日

第Ⅱ編　「水利」と「宗教」をめぐる社会結合

常のミサ（礼拝）、読経、聖体拝領、会食、神父（宣教師）を手伝って行った関連の儀式や活動、託宣を伝えるための言動、入信の勧めなどの宗教関連の活動はいっさい禁じられており、信者全員で討論会に参加し自己反省や相互告発をしなければならなかった。神父（宣教師）の言動と社会的コミュニケーション及び信者による集会や活動は「反党」、「反人民」、「社会主義建設を破壊する」最大の「罪悪」と見なされ、信者から渡されたミサの御礼は残酷な「搾取」とされ、攻撃を加えるべき重要なターゲットとなった。

　神父 FBC（仮名、以下同様）は次のような罪状により告発された。それは 1962 年に FBC が白樺、杜松庄の 150～160 人の信者を組織し行われた瞻礼祭のため、午前中の半日間、祭日に参加したせいで信者たちは仕事ができなくなってしまったというものであった。1965 年秋の収穫で忙しいころ、FBC の義理の妹（弟の妻）は仕事から帰ってきて食事の支度を急いで始めようとしたとき、FBC に止められ、強引に経典を読ませられた（[11]）。これらの事実は国が重視する集団利益や農業労働第一の理念と一致しないため摘発されたのである。また、FBC はミサをし、信者たちを搾取し、デマを支持し、信者たちに「聖火」、「聖燭」を与え、政府の政策に反して未成年の児童に「洗礼」をしたなどの事実も問題とされた。それが原因で、FBC は楡次で行われた聖職者のための合宿学習班に参加させられた。そして 1966 年 10 月に「反革命」のレッテルを貼られた（[12][13][14]）[4]。その他の信者も関連する宗教活動に参加したため「闘争」を受けた。TDY（仮名、以下同様）は、汾陽で神父を手伝って、後賀家庄、楊家庄、田家庄で「公教進行会」を組織したため、大隊の幹部らに 7 日間監禁された[5]。「レッテルを貼られた」キリスト教の信者たちは厳しい監視やコントロールを受け、闘争が激化すると、いつも大隊の舞台へ公開闘争を受けに連れていかれる羽目になった。毎朝 4、5 時に起きて 7、8 時までずっと頭を下げながら町の掃除をさせられていた。彼らの行動は厳しい規制を受け、外出する時も許可が必要だった[6]。

　道備村と双口村の「レッテルを貼られた階級敵」とされたキリスト教の信者の内、聖母軍及びカトリック信者による「騒動」に参加したため「現行反革命」のレッテルを貼られたのは TWG（仮名、以下同様）1 人しかいなかった。

第9章　「社会主義建設」とキリスト教信者

残りの信者は「歴史的反革命、右派、破壊分子」のレッテルを貼られた。彼らが監視の対象になった理由は、地主や富農出身のためか、国民党政権に参加したり、八路軍の幹部や関連人員を裏切ったりしたことがあるためか、あるいは「反党」、「反社会主義」の主張を発表したためかであった。宗教思想、言動と関連の活動への参加は、キリスト教の信者が「独裁対象」とされた唯一の原因ではないが、「黒い政治身分」と見られた重要な要素である。

　ZYF（仮名、以下同様）は1945年にキリスト教に入信した双口村の宣教師である。村で3か月ぐらい国民党の特務員を担当したため、1954年に「歴史的反革命」と判定され、3年の管制処分に処せられた。62年の冬から64年の春までZYFは屯留、沁源、侯馬の信者の家へ礼拝をしに回ってきた。祁県、徐溝、汾陽、孝義、臨汾、太原の教主らも彼の家を訪ねたことがある。平遥の各郷や鎮を回って、「圧迫された教会のため、信者たちよ、教会のため命も惜しまず十字架を背負うべきだ」、「信者たちよ、この世界を愛さず、それを捨てて神を愛すべきだ」などと言って、布教活動をおこなった。彼のこれらの言動はひそかに共産党を攻撃し、信者たちをあおって党の指導に反対し、社会主義建設を破壊した証拠と見なされ、1966年に再び「破壊分子」のレッテルを貼られるはめになった（[15]）。同じ双口村出身のGXA（仮名、以下同様）も闘争会の公の場で「共産党が天に代わって道を行ったに過ぎない、土地改革は聖書の中にも書いてあった」などのようなZYFと似た「反動」的な言論を出したため、1966年に「破壊分子」のレッテルを貼られた（[16]）。これらの言論は「ひそかに新社会を攻撃し、新社会を罵り、信者たちの心を惑わし、棄教しないよう信者たちを扇動することは、我が党に対する公開の中傷であり、我が党と対抗しようという企ての証拠となる」と見なされ、猛烈な批判を受けた。解放前、国民党政権の村長を務めたGXAは、国の統購統銷（統一買い付け・統一販売）の政策に反対したが、当時は「独裁対象」と認定されなかった。しかし、今回の布教活動と「反動言論」が問題視され、前の言論の過失もまた蒸し返されるようになり、1966年に「破壊分子」のレッテルを貼られる羽目になった（[16]）。国家のイデオロギーと公共の言説では、国家と共産党が最高の権威を持つ存在であり、党の政策に抵抗したり党の指

導を否定したりせず、民衆は党に服従すべきであるため、このような言論は極めて深刻な「政治的過ち」と見なされた。

信者の信仰及びその宗教活動は、国のイデオロギーと対立したため規制を受けた。このような自身の体験と社会的実践活動は「イデオロギーの宣言でもなければそれらの教義の実践行為でもなく、彼らの政治的行動そのものなのである。党派式のイデオロギーではなく、1人ひとりの個人の体験や生活に基づいた、各々の最も自己本位な倫理生活と生活環境で生じた、一種の政治的生活なのである」（[17]229頁）。道備村と双口村では信者たちの活動は組織性が低く、小規模でばらばらのものが多く、そして強力なアイデンティティと固定化した生活様式も見られない。しかし、階級闘争が強化された時期には、このような「政治的生活」は「国家政治」を超越する存在であり、国や政権に対する脅威だと明らかに見なされていた。従って、国が未曾有の深さで末端の農村社会に対するガバナンスを強化してきたというより、むしろ国が未曾有の力強さで個人や民衆の「身体」への改造を強化し、「個人」の「国家人」への転換を図ってきたと言えるであろう。

2. 愛国と信教：信者の信仰心に対する改造

「普遍性は地域性を通じて体現される必要がある。」、「キリスト教の信仰が伝えたものが普遍的な教義や精神であれば、必ず土着化、本土化、適応化あるいは中国化できるはずだ」（[17]「総序」2頁・「緒言」3頁）。この種の地域性や本土化には、地域の風俗、社会秩序、日常生活との十分な融合が求められるのみならず、もっとも重要なのはまず国を愛し、党による指導を認め、積極的に社会主義建設事業を支持し参加することである。信仰心と愛国心は矛盾し合う存在ではなく、両者が融合し合って共存できるのである。しかし、愛国を認めることを前提に宗教に入信するのか、それとも愛国は宗教と完全に対立するものと思い込むのか、それについて国の意志と宗教の信者たちの認識と立場は完全に食い違っている。一般の農村の信者にとっては、宗教への入信は国に反抗することを意味せず、自身の信仰を守ると同時に、国の法令も

第 9 章 「社会主義建設」とキリスト教信者

厳守できるし、国の制度・差配や村による農業労働及びその他の管理にも従えるのである。これは一部の上層部のエリート信者たちの「宗教は政治を超えた存在である」という見方や「普遍化」を過度に追及するという論調と違うわけである。しかし、階級闘争が強化され、文化侵略という価値判断が堅持された状況下では、宗教活動は「別の信仰共同体、別の道徳権威及び安心感の供給源を構成するものだ」と見なされた（[18]263 頁）。実際、その活動は国の権威、革命の道徳及び社会秩序と国のコントロール能力に対する脅威ではないとは言い難い。

50 年代にあったキリスト教の信仰の問題に関する国家の政策では、動揺と内部の張力はすでに見られず、それに対して規制ないし消滅させるのが政策の明確な目標となり、政治と宗教を分離させる制度面の努力はイデオロギーの対立に取って代わられた。1962 年に山西省宗教事務局は、社会主義学院で全省各教区の一部の聖職者と信者向けの学習会を開き、彼らに「情勢をよく認識し、自己改造を行うように」と要求した（[19]419 頁）。1964 年冬には「四清」運動が始まって以来、宗教の信者たちの公開の活動は禁止されるようになった（[20]885〜886 頁）。1965 年に起こった太原市のカトリック教会の事件が信者たちに多大な影響を与え、それに動揺した信者が出てきたため、社会秩序も動揺した。そこで平遥県統戦部（統一戦線部）は信者代表会を開き、太原のカトリック信者の活動を批判し、各村の宗教の代表を召集し、彼らに社会主義教育を学習させたり教会の財産を登録させたりして、汾陽教区と楡次教区の聖職者を楡次に集めて合宿学習を行った（[13][21][22]）。道備村と双口村でも一般の信者や非信者を召集し、宗教の討論会を開き、宗教の信仰と聖職者の「罪深い」活動を批判した。

公共の場での言葉や表現の中では、宗教組織は党や人民と一致協力せず反目し合う、徹底した反革命スパイ組織と見なされ、「信者たちが自分の期待を観念論に託すことはけしからん」とされた。「集団の食料を盗むなら罪は無く、個人の食料を盗んだら有罪」という見方を宣伝したりするといった宗教による世俗生活への介入は、国が強調した集団利益が第一という理念と相容れないとされた（[23]）。「共産党員や共青団団員になるのは教会の信者の

裏切り行為である」という見方はさらに問題視され、党から青年たちを奪い、国の未来の土台を腐蝕しようという企てがあると見られた。階級の言葉や表現を通じ、国は宗教信仰の村落に於ける「政治」的地位とその性質を規定し、信者たちの思想や活動を規制しようとした。

　村におけるキリスト教の信仰に対する批判は、村に駐在した工作隊の指導の下に大隊（村）の幹部たちによって進められた。道備村と双口村ではキリスト教に対する批判運動の状況に大きな差が見られない。後者より前者のほうが、村落規模が大きく、比較的完備されているため、以下では主として道備村について考察する。

　上級の工作団の指示に従い、道備村の工作隊が「頭領を攻撃し、根を絶ち、内情を明らかにする」という方針を固め、「政治的に彼らを貶め、組織を切り崩し、思想を弱体化させ、信仰心を弱める」という4つの基準に照らして、キリスト教の信仰に対する批判運動を進めた。組織の面からの工作により力を入れ、工作隊隊長がキリスト教批判の全面的な指導に当たり、残りの工作隊員を信者の人数が多い第二、三小隊へ派遣し、畑仕事をしながら、民衆を動員してキリスト教信仰の問題点を摘発させようとした。大隊の党支部が全面的にキリスト教に対する闘争運動を展開したほか、7人の支部委員のうち、副書記と治保主任をキリスト教批判の仕事に専念させることにした（[24]）。

　以上のように、組織を強化し、工作隊員の思想の認識レベルを高め、仕事の内容とその目標を明確にした後、さらに力を入れるべきことは、キリスト教信者たちの動員と組織のことである。工作隊は信者と非信者を動員し、「四清」の政策、性質などについて学習させ、とりわけ信者たちに宗教に対する党の政策及び太原などで発生したカトリック事件を説明する一方、信者たちを動員して次のような「四大」運動を展開した。即ち「党の政策及びカトリック教会の『反動』の性質を、力を入れて宣伝する運動、カトリック教会の『罪悪』の裏を曝き出す運動、道備におけるカトリック教会の150年余りの『罪深い』事実を追憶する運動、カトリック教会が信者たちにもたらした『苦難』を訴える運動」である。そのうえで、信者を組織し、自己反省をさせた。また、上級機関の指示に従い、1966年7月24日夜から約10日間、続けて信者向けの

第 9 章　「社会主義建設」とキリスト教信者

訓練班で毎晩 2 時間または 2 時間半学習させた。16 歳以上の 40 名の信者のうち、村外に出かけた人と重い病気を患って寝たきりの人と FBC ら計 6 人を除き、残りの全員がこの訓練班に参加した（[24]）。

　これらの学習と討論を通じ、信者たちは、発信の主導権が国家にある状況下での、カトリック教会とキリスト教のおびただしい犯罪行為とその「反動」的本性に気づき、多数派と団結し少数派を孤立させるために、「騙された」信者たちを民衆の階級チームに復帰させ、闘争の矛先を教会の「頭領」に向けることが改造の要であると理解するようになった。

　道備村では国民党書記長（信者でもある）であった TSL、宣教師 FCX、会長 THQ（仮名、以下同様）ら 5 人に対して闘争運動が展開された（[24]）。村民の記憶によると、「工作隊はカトリックの信者とレッテルを貼られた人びとにはあまり厳しくなく、民衆を動員することで彼らを孤立させ、内部からその組織を瓦解させ、手本を用いて他人に影響を及ぼし、党を信じ、自己反省すれば改心のチャンスがあると認識させるのが工作隊の狙いであった」そうである[7]。村民によれば、道備村での宗教の信者に対する闘争は基本的に比較的穏やかであり、死傷者が出るまでには至らなかった[8]。

　宗教の儀式に使われる器具は、関連の活動を展開するのに必要な道具であるが、信仰のシンボルとも見られた。そのため、工作隊はカトリック教会を没収して、その場所を他の業務に転用し、信者たちの聖書、聖像、スカーフ、ロザリオ、ステハリ、十字架などの道具を没収し、その代わりに毛主席の像を配り、信者の家にも庭にも壁にも毛主席語録を書かせ、『思想的な重荷をおろし、頭の機械を働かせよ』）や『実践論』などを学習させた。また、楡次教区の聖職者の自己反省に参加させるため信者たちを県に送ったり、祁県、平遥、汾陽などの「反動」神父に対する闘争大会に参加させたり、県のカトリックの教会の「罪悪」の展覧会に行かせたり、太原へ見物に行かせたりした。さらに中国共産党地区委員会の宗教宣伝隊が道備へ来て、2 本の映画を上映し、また神父 2 名を誘って自分の体験、罪悪と反動思想を語らせた（[25]）。

　信者たちのほか、一般民衆も動員され、彼らに学習・討論させ、カトリックとプロテスタントの「罪悪」を暴き出させた。工作隊は全社員向けの動員

第Ⅱ編 「水利」と「宗教」をめぐる社会結合

大会や党員、団員、貧農協会、小隊の貧協組及び内情を知っている者による大、中、小型の座談会を開き、また民衆を個別訪問した。非信者たちも野良仕事や食事の合間を利用して関連の討論を行った（[26]）。要するに、信者であれ、非信者であれ、カトリックとプロテスタントの「罪悪」を暴き出して批判し、その「反動」的本性を認識しなければならないとされた。

　国家が公共の場に於いて階級闘争に関する発信及び信者の信仰心に対する改造を行うことで、神父や宣教師らの関連活動に対して、恐喝、腐敗堕落、民衆に対する圧迫と搾取、極悪非道といった政治的なイメージを与えた。そのイメージは党が批判した貧困や汚職と、党が求める解放による生まれ変わり、公正、社会平等という価値観と鮮明な比較対照となったのである。これは農村における信者の信仰心に衝撃を与え、神父、宣教師と一般信者の間においてトラブルを引き起こし、さらにそのトラブルを政治化して「階級闘争」へと転換させた。こうして、一般信者たちには次第に「敵」と「味方」、入信と愛国との間には明確な境界の区別があるという意識を持たせ、安全な「境界」の中に入るように意識させた。キリスト教の信仰に対する国家による管理は、教会内部に限られず、信者たちの日常生活の空間においてもキリスト教を抑圧する緊張した雰囲気と環境を作り上げたため、キリスト教の信仰と活動はほぼ完全にその居場所を失うようになった。

　村の構造と権力関係から見れば、宗教観と宗教の信仰によって結成された社会関係は道備村と双口村における農村の生活の中では主導権を獲得していなかった（[17]李猛「代序」6頁）[9]。しかし、神が世俗の側にいるかいないかに関わらず、結局世俗は神を自分と対立する立場に置いて否定することになる（[1]304頁）。国家がキリスト教への信仰を規制しようとする根源は資本主義と共産主義のイデオロギーの対立がもたらした、「改良」ではなく「革命」だという論理的思考にある。また、その根源は思想認識の分野の「唯物論」と「観念論」の対立にもある。

第9章 「社会主義建設」とキリスト教信者

3. 保守と変化：農村の信者たちの対応

　集団化時代、特に「四清」・「文革」期には、国家が組織制度、運営システムと思想認識から末端の社会に全面的な管理と改造を進めてきた。キリスト教の信仰とその活動は「牛鬼蛇神」の範疇に入れられ、攻撃のターゲットの1つとなってきた。信者たちから党、国家と集団に対する忠誠と支持を獲得するため、国は信者たちの天主イエスに対する崇拝を共産主義のイデオロギーに対する認知とその受容、国家と党、集団に対する忠誠と支持に置き替えようとした。しかし、心の中にすでに根差した信者たちの「信仰」を変えるのはそう簡単ではない。国家による政治的なプレッシャーとイデオロギー面でのコントロールを前にして、彼らはやむを得ず自分の信仰をあきらめ、公共の場の中でキリスト教の罪悪を強く非難したが、心の中では様々な苦しみや葛藤を経験したのである。

　四清運動が始まって以降、信者たちのキリスト教に関する活動は禁止されるようになったが、晋中地区の1966年の3か月の集中調査の結果から見ると、同区では活発で多種多様な小規模のキリスト教の活動が見られたことが分かる（[27]）[10]。カトリックの信者の活動も見え隠れした。信者たちは関連の儀式や活動を公の場から秘密な場に移し、その活動形態は集中から分散へと向かった。中には自宅に経堂を設け、読経者を自宅に集めたりする信者もいれば、ひそかに神父を自宅に誘ってミサをする信者もいた。彼らは心の中では自分の元来の信仰を堅持しているわけである。双口のカトリック教徒は、成長の過程で観念論は迷信だとずっと吹き込まれてきており、党と毛主席の唯物論の理念を学習した後、すでに反革命のカトリックの熱心な信者ではなくなったが、自分は依然として半信半疑なカトリックの信者のままであると考えている（[28]）。FBCは52〜53年に釈放されて以来、教会に行くことは少なくなり、彼自身でも自分がすでに（宗教の信仰から）脱出するようになったと思ったが、思想の認識上ではずっと半信半疑なままであった（[29]）。信者たちが信仰を捨てなかったのは、一面ではマリアとイエスに対する信仰に共感

177

第Ⅱ編　「水利」と「宗教」をめぐる社会結合

したためであり、また一面では天主を信じないと天主から地獄に落ちる罰を受けるだろうと心配したためでもある。

　信仰の放棄は罪悪に当たるという言論は信者の中で広まり、各地で天主の「門罪」と「影向」のデマが流行ったため、信者はさらに恐怖感を深め、すでに動揺していた棄教者は逆戻りし始め、またキリスト教に復帰した。1964年には各地では「4月15日に天主が天罰を下し、15日から17日まで3日間連続で空が真っ暗になる」というデマが回っていた。HQYという信者が、信者でもある自分の甥からこう告げられた。「瞻礼祭の日前後は真っ暗になるため、蠟燭を点ける必要があるが、御礼を納めてこそ初めて蠟燭を点すことができるのであり、御礼がなければ、マッチで蠟燭に火をともすこともできない。自分のところでは蠟燭さえ売り切れになった」という。HQYはそれを知ってHMJにも伝え、2人で蠟燭とマッチを買ってそしてFBCに頼んで御礼を納めてもらった（[30]）。その「3日間連続で空が真っ黒になる」というデマはWBのところにも届いた。WBは反省文にこう書いた。

　「1964年4月12日に義理の弟（妹の夫）がうちへ来て、清源の六合村のカトリックの影向のことを知らされた。そして、4月15日、16日と17日と3日間連続で空が真っ黒になり、半信半疑な私は改心しないと神様から罰が下ることになるとも言われた。病を患った何人かの家族を抱えた私にとっては今こそ改心すべきであり、そうしないと、神様からきっと罰が下るよ。そして非信者よりもその罰が重い。さらにこう説得された。当時は、自分の中にはまだ観念論があり、さんざん迷ったあげく迷信に惑わされ、また宗教を選ぶことにした。すると、HJC（仮名、以下同様）は御祈り用の蠟燭4本とマッチ2箱を渡した。自分のためと親族に説得されたので、当時私はずいぶん動揺するようになった。……当時はこの自分の中でも実験でもやろうかという考えもあった。本当に神様が来臨すれば信じる、そうでないとこれから二度と信じないと決めたのである。」（[28]）。

　デマの流布はキリスト教を捨てようとする信者を混乱させ、地獄に落ちるという罰を受けるのを恐れさせた。その一方、国家は信者たちに自分の信仰を放棄させ、その「罪悪」を暴き出し批判させ、同時に多様な方法を用いて信

第9章 「社会主義建設」とキリスト教信者

仰という「罪悪」と、それを批判する場を作り上げる工夫をしてきた。国家が強大な政治的圧力をかけ、「民衆の世論」とマスコミがカトリックとプロテスタントは邪教であると宣伝し、神父などの聖職者による自己反省や自己批判及び神父を闘争した現場を見るという体験を経て、多くの信者は積極的にあるいはやむを得ずキリスト教の信仰を放棄することにした。さらに国家から植え付けられた、一連の「革命」的言説で宗教の「罪悪」を暴き非難し、自分の「過ち」を反省し、周りの信者の「罪悪の活動」を摘発するようになってきた。批判の矛先を向けたのは宗教の「頭」と「根元」と見られた神父、宣教師と教会の会長らであった。

「宗教心は単なる個人の信仰の問題に過ぎない」という認識から転じ、多くの信者は討論会や座談会で「反動」的なカトリック教会の本性について自分なりの考えを述べるようになった。このような公共の場での世論の中で、信者たちは以下のような神父やカトリック教会の「罪悪」を批判する系統的な言葉を用いた。カトリック教会の神父は、見た目は優しい顔をしているが、裏では極悪非道であり、彼自身でさえカトリックの神の存在を信じておらず、地獄に落ちるのも怖がらず、デマをねつ造したり破壊活動をしたりした。帝国主義の手先と代理人である彼らは帝国主義の反動派には忠誠を尽くした。これらは社会主義と相容れない。階級性をなくし、天下の信者を１つの家族だということは、ばかげている。実はカトリック教会の中にも階級性があり、信者たちに我慢や善行を勧めることに対して、神父自身はキリスト教を利用して信者を搾取し、経済的にも騙して財物を巻き上げ、腐敗堕落した生活を送っている。こうして、信者たちは帝国主義、反動派、反革命、階級性、社会主義などのような国のイデオロギー中の階級の言葉を生かして、「搾取」「抑圧」というカトリック教会の本性と神父の「罪悪」を非難し、明るい未来を党と国に託すことにするようになったとされた。

やがて敬虔な信者の中でも動揺が始まった。HQYがその典型的な一例である。工作組からカトリック教会の「反動」的活動及び神父の「罪悪」の事実を教えられた後でも、彼女は依然としてカトリック信仰を堅持しており、それはその神父自身が悪いことをして戒律を破ったせいで、神が彼らを許さ

ないと思い込んでいた。彼らと違って、自分はただ経典を読んだり、神の言葉を聞いたりするだけで、彼らのような反動的なことは一切しないので罰は自分に下るわけがないと思っていた。従って、他の信者の問題点を摘発させると、彼女はいつも消極的であり、自分は字が読めない、ただの主婦だから他人のことに詳しくない、他人事だから知らない、自分だけが悪いことをしない、などと言ってごまかした。工作隊から見れば、HQYのこのような「保身」の態度はカトリック教会の毒に甚だしく害された表れであるに違いないと思われた。しかし、平遥県城へ楡次の聖職者の自己反省を聞きに行ったり、平遥聖職者の闘争会に参加したりすることをきっかけに、彼女の思想認識には明らかな変化が見られるようになり、以前のずっと黙り込んだ消極的な態度を一変させ、息子の入党や入団を阻止したということを自ら反省し、その他のカトリック信者の「反動」の言動を告発するようになった（[24]）。

　HSM（仮名、以下同様）もFBCを闘争した大会に参加してから、工作隊の教育を受けそして彼らに励まされ、一変して動揺せず、カトリック教会の悪事やそれに対する不信を言わず、聖職者の「罪悪」を暴き出せない弱気を払いのけるようになった。そして、勇気を出して神父FBCに誘い込まれて彼とセックスして、それで随分傷ついたという事実を公にすることにした（[28]）。自分に優しいし、いつも世話を焼いてくれるFBCのことだから、敬虔な信者であるTDYはなかなかFBCのことを非難できなかった。そして、家族である兄弟のことだから、THQのことも非難できなかった。しかし、学習を経て、彼はカトリック教会から10数年間地獄のような束縛を受け、彼らとあえて闘争しないと、そのようなウソばかりの害悪をそのまま次世代に残し甚大な被害を与えることを認識できるようになった。そのため、彼は恩返しのつもりで神父を手伝うことを、神父による自分に対する搾取と見なして、積極的にカトリック教会の反動的な本性を暴き出し、教会の財産の処分にも参加するほか、THQと真正面から向かい合って闘争を行うようになった（[24]）。

　公共の場での反省や反省文の中の告発のほか、多くの信者はキリスト教と決裂し、所持した宗教活動用の道具を出し、個人の日常生活の中でもキリスト教のシンボルと見られるものを「赤色」のシンボルで置き換えることにした。

第 9 章 「社会主義建設」とキリスト教信者

例えば、LRL（仮名、以下同様）は自分から進んで聖像を切り裂き、焼き壊し、FCB は信者会の召集に積極的になり、TBG（仮名、以下同様）の妻は隣人を驚かせるほどの音を立てて所持した聖像を地面に投げ捨てた。考え方の変化が一番顕著なのは HQY（仮名、以下同様）であり、彼女は進んで十字架を下ろし、聖像を切り裂き、代わりに毛主席の肖像画を掛けるようになった（[31][32]）。何度もの「闘争」を経て、道備村では 23 名の信者は宗教を放棄し、半信半疑な者は 9 名、余り信じない者は 3 名となったが、なお敬虔な信者はまだ 5 名もいた（[24]）。

　上記のように、信仰の転換のプロセスの中には、信者の心の中の激しい衝突と苦しみも感じられる。国家による宗教に対する規制は信者の個人の内心に重要な影響を与えたのは明らかである。その結果、完全にキリスト教を放棄し、一転して国家のイデオロギーに近付こうとする信者も出たが、全く気にしない信者もいた。集団化時期の特定の政治的立場と政治身分が重視された人間関係のネットワークの中では、農村の公共空間は政治権威によって構築されていた。つまり、意識的意図的に事前設定された社会主義の理念と多種多様な手段で公共の場の政治的な雰囲気を作り上げ、さらに強い政治色をつけて「国の権威による社会的装置」へと変貌しようと企てたのでる。国家による信仰心の改造の裏には大きな政治的な意図がある。国内の宗教を規制しようとする裏には、国内の教会組織が国外の勢力と接触することを阻止することや、教会のリーダー及びその信者たちが、宗教の信仰を理由に国家の政策を不支持ないし否定することで、国家による末端の社会に対するコントロールとガバナンスが脅かされるという心配や思惑があった。国家による改造の努力のため、多くの信者が離脱届を書き、何らかの「罪悪の事実」を告発し、自己反省もしたことは確かである。しかし、このことは信者たちが本当に自分の信仰心を放棄し、国家による宗教とその活動に対する政治的判定と価値判断に心から賛同したことを意味するのであろうか。それともキリスト教を放棄したのはただの生活空間を獲得するための策略に過ぎないのであろうか。

第Ⅱ編　「水利」と「宗教」をめぐる社会結合

おわりに

　中華人民共和国成立以来、中国社会は特殊な経過をたどってきた。国は、政治主導という理念により、政治関係と階級関係で以て農村の従来の血縁関係と人間関係を置き換え、階級成分の区分、階級の言葉の植え付けと階級関係の構築を通じ、経済、政治と社会の制度を整備し、村民たちの日常生活を改造し、民衆の革命の日常化と生活の政治化という局面を作り出した。50年代には国家によるキリスト教の改造の対象は、宗教組織、制度、運営システム及びエリート層に多く限られているが、60、70年代になると、末端の農村に存在する一般信者たちの日常の宗教活動及びその思想認識も改造の範疇に入れられるようになった。

　「政治優先」という集団化時期のイデオロギーと文脈のもとに、国家が「宗教」と「愛国」を政治の範疇に入れたことをきっかけに、両者は完全に対立した存在ではなくなった。国家は農村における宗教の影響力をなくし、完全に信者たちの心の世界を独占しようと工夫してきた。しかし、実は「信教」と「愛国」の融合は個人の信仰心と社会認識がバランスの取れたところにあり、精神世界のアイデンティティと政治への賛同には融合できる余地があり、「良いカトリック教徒」である信者は同時に「良い国民」ともなれる。確かに「愛国」という言葉の意味合いとその内容は政治化されてきたが、宗教への信仰の堅持は愛国を否定するものではなく、信教の自由というのは制度の枠内に限定されるべきである。しかし、民間に根差した信仰の文化、とりわけ心や頭の中に秘められた「見えない」宗教への信仰を「赤い思想」で取り換えるのは、そう簡単なことではない。この点では、民衆のプライベートな場での秘密の行動は国家を困難に直面させ、大衆動員の方式を通じて信者の精神世界に対する改造を実現する試みはうまくいかない。「動員」という方法は、その過激さ故に往々にして事実の全面的な把握が難しくなり、その「プラス」な面もほとんど完全に無視されるようになり、批判の対象も傷害やプレッシャーをかけられがちであり、彼らに「プラスエネルギー」を発揮

させにくいところがある。そのため、改造の重点にも偏差が生じ、具体的な事象だけに関心が集中して、宗教の内部の制度及びその運営システムに対する改造には注意が払われなかった。

　道備村と双口村のような非信者が主であった村では、信者は精神世界でも日常の生活でも国のイデオロギーからの規制を受け、もともと微弱であった宗教関係はさらに弱められたり薄まったりした。宗教的儀式の取り消しは信者たちの集団への一体感を弱め、宗教の放棄で村民たちの間に亀裂が入る結果をもたらした。その亀裂は思想や信仰の分裂だけでなく、より深い次元で宗教教育とその実践の周縁化と個人化をもたらしたのである（［18］241頁）。改革開放後になると、宗教を一度放棄した一部の信者はまた元の信仰を取り戻し、入信するようになった。ここでは、「教会のサクラメントなどは硬直的に信者の日常生活に浸透していくのではなく、日常生活の変遷に応じて形を変えながら浸透していく」ということを説明しており、これこそが社会変革に直面している宗教の信仰がいつも柔軟に自らの姿を調整できる理由であろう（［17］103頁）。また、民衆の宗教に対する信仰を変えるのはそう簡単なことではなく、その問題の長期性と複雑さについて十分な心構えと認識が必要であると物語っている。安定し調和がとれた社会の構築に対する多文化共生の意義もそこから見てとれるだろう。

文献一覧
［１］邢福増『基督教在中国的失敗？——中国共産運動与基督教史論』（香港：道風書社、2012年）。
［２］陳鈴、陶飛亜「従歴史視角看梵二会議与中国天主教会」（『世界宗教研究』2012年第6号）。
［３］劉建平『紅旗下的十字架——新中国成立初期中共対基督教・天主教的政策演変及其影響（1949-1955）』（香港：基督教中国宗教文化研究社、2012年）。
［４］景軍『神堂記憶——一個中国郷村的歴史・権力与道徳』（福州：福建教育出版社、2013年）。
［５］陶飛亜『辺縁的歴史：基督教与近代中国』（上海：上海古籍出版社、2005年）。
［６］「回村四類分子WB個人档案——専政対象登記表」（1966年7月9日、双口村庄档案、編号XYJ-4-8-6）。
［７］李亦園『宗教与神話』（桂林：広西師範大学出版社、2004年）。

第Ⅱ編　「水利」と「宗教」をめぐる社会結合

［8］「基督教会議記録――CF 発言」（時間不詳。道備村庄档案、編号 DBC-11-3-4）。
［9］双口村档案、編号 XYJ-9-5-8。
［10］「天主教徒小組討論発言摘録――TBH 発言」（時間不詳。道備村庄档案、編号 DBC-11-3-2）。
［11］「天主教徒小組討論発言摘録――THQ、FCB 発言」（時間不詳。道備村庄档案、編号 DBC-11-3-2）。
［12］「有関 FBC 的個人材料」（道備村庄档案、編号 DBC-11-6）。
［13］「FBC 交代罪悪材料」（1967 年 1 月 13 日、道備村庄档案、編号 DBC-11-6-1）。
［14］「FBC 個人履歴」（時間不詳、道備村庄档案、編号 DBC-11-6-6）。
［15］「回村四類分子 ZYF 個人档案」（双口村庄档案、編号 XYJ-4-7-1 から 4-7-3）。
［16］「双口大隊四清委員会関於 GXA 戴壊分子帽子的処理決定」（1966 年 7 月 10 日、双口村庄档案、編号 XYJ-3-23-1）。
［17］呉飛『麦芒上的聖言：一個郷村天主教群体中的信仰与生活』（北京：宗教文化出版社、2013 年）。
［18］Stephan Feuchtwang 著、趙旭東訳『帝国的隠喩』（南京：江蘇人民出版社、2008 年）。
［19］山西省史志研究院編『山西通志・民族宗教志』（北京：中華書局、1997 年）。
［20］平遥県地方志編纂委員会『平遥県志』（北京：中華書局、1999 年）。
［21］「掲発 THQ 的信」（1972 年 12 月 15 日、道備村庄档案、編号 DBC-11-6-3）。
［22］「FBC 自我交代」（道備村庄档案、編号 DBC-11-6-12）。
［23］「道備工作組掲批天主教問題有代表性的発言記録――THQ 補充交代」（道備村庄档案、編号 DBC-11-3-2）。
［24］「道備工作隊関於宗教工作簡結彙報」（1966 年 8 月 28 日、道備村庄档案、編号 DBC-11-4-1）。
［25］「道備大隊関於宗教工作進展情況」（1966 年 8 月 28 日、道備村庄档案、編号 DBC-11-5-4）。
［26］「道備宗教討論会情況和発言記録」（1966 年 8 月 28 日、道備村庄档案、編号 DBC-11-3-1）。
［27］「中共晋中地委宗教工作領導組関於全区基督教基本情況的初歩調査報告」（1966 年 6 月 17 日）。
［28］「WB 対於自身天主教信仰的検査」（1966 年 3 月 27 日、双口村庄档案、編号 XYJ-4-8-9）。
［29］「杜松庄道備大隊宗教討論記録――FBC 発言」（1966 年 3 月 3 日、道備村庄档案、編号 DBC-11-1-1）。
［30］「天主教徒小組討論発言摘録――HQY 発言」（時間不詳、道備村庄档案、編号 DBC-11-3-2）。
［31］「天主教徒小組討論発言摘録――HSM 発言」（1967 年 1 月 13 日、道備村庄档案、編号 DBC-11-3-2）。
［32］「工作組総結」（1966 年 4 月 1 日、道備村庄档案、編号 DBC-11-1-6）。

第 9 章 「社会主義建設」とキリスト教信者

[33]「宗教座談会――HMJ 発言」(1966 年 3 月 5 日、道備村庄档案、編号 DBC-11-1-3)。

註
1) 「政策史」の視点から国の宗教改革の政策、宗教に対する管理と改造及び宗教界の上層部のエリートたちの対応と調整などについて検討した研究、民衆の記憶の視点から国による宗教改造が村民たちにどんな社会記憶と集団記憶を与えたのか、そしてその社会記憶と集団記憶が如何に形成されたのかなどについて検討した研究、宗教の地域史の視点から宗教の信者たちの生活状況とその社会的コミュニケーション、教区の社会構造とその管理の特徴及び宗教の地方別の適応問題などについて考察した研究がある。
2) ここでの負の相関とは信者という身分が本人にもたらした日常生活の中におけるマイナスの影響を指す。例えば、入隊、入学、入党(共産党に入党すること)と入団(共青団団員となること)、村の公共事務の管理活動への参加などの面では信者が不利な立場に置かれている。
3) 道備村と双口村では、カトリック信者でありながら共青団団員になったのは道備村の LZ という女の子のカトリック信者 1 人しかいなかった。聞き取り調査の記録を参照。聞き取り対象者:FLG、男性、74 歳、平遥県道備村生まれ。2010 年 7 月 24 日に馬維強と李保燕によって行われた聞き取り調査の資料による。また、双口村の耶蘇教の信者 LSM が 1961 年から 1966 年まで大隊の統計責任者を務めた。
4) FBC は道備村生まれ、解放前には汾陽、孝義で本堂神父を担当し、1953 年に汾陽の眼科診療所に勤め、1955 年に逮捕され、後に 1956 年の年末に釈放されて以来眼科診療所と病院に勤めるようになり、1963 に高血圧を患って療養のため道備村に戻り、それきり汾陽に帰らなかった。
5) 聞き取り対象者:HQY、女性、81 歳、平遥県道備村生まれ。2013 年 8 月 16 日の馬維強、佐藤淳平によって行われた聞き取り調査の資料による。
6) 聞き取り対象者:TMF、女性、50 歳、平遥県道備村生まれ。2013 年 8 月 16 日の馬維強、佐藤淳平によって行われた聞き取り調査の資料による。
7) 聞き取り対象者:FLG、男性、74 歳、平遥県道備村生まれ。2010 年 7 月 24 日に馬維強、李保燕によって行われた聞き取り調査の資料による。
8) 聞き取り対象者:LYF、男性、78 歳、平遥県道備村生まれ。2009 年 12 月 21 日に馬維強、李保燕によって行われた聞き取り調査の資料による。
9) カトリックは中国において伝播し発展するうちに、地域の伝統と結合して土着化を実現した。世俗の一員である神聖が村に浸透したが、人びとの心に行き届き全面的に生活を再構築することは無理であったという指摘もある。
10) ここでのキリスト教はプロテスタントのことを指す。

第Ⅲ編　農民の生活空間

第 10 章
大規模村落の集落と農地の空間構造

小島 泰雄

はじめに

 D村は911戸3,243人（2009年）の住民が暮らす、人口規模のたいへん大きな集落である。村落がムラと呼ばれる社会的な凝集性を強くもつ日本農村においては、住民が300人を超えると村落は内的な分割が進む傾向にあることが指摘されている（[1]48〜58頁）。日本と中国の村落構造の違いはあるにしても、D村の3,000人を超える住民が、均質で濃密な関係性の中で暮らしていることは考え難い。D村では、どのような村落スケールの社会が形成されてきたのであろうか。
 D村檔案は、集団化期の行政村であるD生産大隊の運営に際して作成された記録が主体である。したがって檔案の中で、D村は明確な存在として前提されているが、それはあくまで行政体系に位置づけられた村落の姿である。たしかに近代の国民国家形成という文脈において、行政と切り離された純粋な地域社会を想定することは適切ではないし、まして社会主義的な変革における集団化は行政の強力な地域編成として進められたのであるから[2]、D村檔案を使う場合、行政村と村落を等号で結んで考察を進めることは一定の説得力をもつ。しかし、上からの行政的な編成に対して、その基礎となり、ときに抵抗する地域の歴史と地理が織り上げてきた社会が存在し、それらの相互規定的な関係を解明することは、20世紀の中国研究において一貫した課題とされてきた[3]。
 小論はD村がどのように分節化されていたのかについて、空間的に検討す

ることを通して、山西農村における大規模村落を実態的に検討することを目的とする。集団化期のD村の経済的基盤が農業にあったことから、この目的を達成するためには、集落の空間構造だけでなく、農地の空間構造を明らかにすることが求められよう。

1. 大規模性

　D村の大規模性が平遥農村の集落についてひろく観察される特徴であるとは、すでに別稿で論じた[4]。ここでは小論に関連する知見に限ってその概略を紹介してゆきたい。

　まずD村集落の特徴としては、きわめて大規模でありながら商業施設はごく限られ、一般的な農村集落とみなされることが挙げられる。集落景観については、街路と宅地が高い壁で仕切られているため、街路はその両側を連続する壁で囲まれることになり、閉鎖的な印象を与える。その一方で、1つずつの宅地は脱穀場や菜園を内部に有する広い敷地を持ち、県城の密集した家屋群とは対照的である。いわば都市的景観と農村的景観が混在するのがD村のもう1つの特徴となっている。集落内部は街路形態だけでなく、村民小組によっても区切られている。村民小組は人民公社期の生産隊をひきついで、集落内を10地区に区分しているが、世帯の分離や家屋の新築に伴う住民の集落内移動により内的な錯雑が進行している。そして1街区の居住様態からは、そのレベルにおいても宗族の集住は看取されず、雑姓村としてD村が構成されていることがわかる。

　続いて別稿では、平遥県の集落規模について《平遥県地名録》を用いた悉皆的な検討が行われている[5]。県下の424の集落（中国語では"自然村"として把握される）は、平均で876人の住民を有する。この数値だけでも平遥農村の集落が大規模であることが理解される。集落ごとの住民数は、5,054人から1人までという大きな差異を内包することから、分布を通してこの多様性の実態を探った。東南部の山地において小規模な集落が散在するのに対して、北西の平野においては大規模な集落が稠密に分布しており、それらの中

第10章　大規模村落の集落と農地の空間構造

には1,500人を超える住民を有する巨大な集落も少なくないことがわかった。すなわち1980年当時で2,886人が住んでいたD村の大規模性は、住民の8割が700人以上の大規模な集落に暮らす平遥農村においても大きい方であるが、特異なものではない。したがって集落の規模・機能・景観からすると、D村は平遥農村に関して一定の代表性をもつとみなされるのである。

2. 集落の分割

表1は「機構沿革登記表」(1-26-7) を整理したものである。

この資料はD村が1986年11月に作成したものである。その作成時期からして、また一緒に檔案として綴じられた資料がD村が属するW郷の行政編成史を記したものであることから、県志の編纂にかかわって提出が求められたものと推定される[6]。

この表から村落スケールの組織編成にどのような特徴を読み取ることができるであろうか。民国期の1946年から人民共和国期の1950年代前半までD村公所が継続している。山西農村における村政の伝統は革命により一掃された

表1　D村の村落組織沿革 (1946〜84年)

名称	成立年	人員数	下位組織	上位組織
D村公所	1946	3	(記載なし)	鉄北二区
D村公所	1949	3	(記載なし)	七区
D村公所	1954	5	10閭、47互助組	三区
D紅旗社	1955	5	3社 (紅旗、和平、建設)	D郷
D紅旗社	1956	5	20小隊	D郷
D管委会	1958	5	20小隊	上游公社
D管委会	1960	13	20小隊	洪善公社
D革委会	1966	17	10小隊	W公社
D大隊	1977	11	(記載なし)	W公社
D村民委員会	1984	9	(記載なし)	W公社

出所:「機構沿革登記表」(1-26-7) により作成。

訳ではないと言えよう。民国期の D 村内部の編成はこの表からは不詳であるが、1954 年に閭が 10 置かれていたことが記載されている。閭は民国期に山西で施行された村制において用いられた集落内部の編成であり、25 戸をもって 1 閭とされたものである[7]。ただし、1949 年の D 村の農業人口が 2,053 人であることからすると（[6]98 頁）、1 閭の個数は 40 戸近いことになる。民国後期に D 村の戸口が増加しても、閭の数は変更されなかったと考えるのが自然であろう。また、表の同じ 1954 年の欄には 46 の互助組が組織されたことが併記されている。土地改革によって生み出された大量の自作農を農業の協働組織に取り込もうとしたのが、農業集団化の第 1 段階に位置づけられる互助組である。1954 年時点では、既存の集落内部組織である閭と新しい農業協働組織である互助組が併存していたことがわかる。

　1955 年に D 紅旗社が設立されている。ただし 1955 年は D 村には紅旗社のほかに和平社と建設社の 3 つの社があるとされることから、これは初級合作社であると考えられる。これが 1956 年には 1 村 1 社の高級合作社である D 紅旗社に統合されたとみなされる。名称としては同じ合作社であるが、私有から公有への大きな転換が政治運動として進められたこの転換に際して、D 村の内部には 20 の小隊、すなわち生産隊が置かれることとなった。この時期の小隊は平均するとおよそ 20 戸ほどの農家からなる。

　1958 年に人民公社が創設されると、D 村には管理委員会が置かれた。そしてその下に 20 の小隊が継続的に設定されている。人民公社の再編が行われた 1960 年代前半をへて、文化大革命を象徴する革命委員会への名称変更が行われた時点では、生産隊は 10 となっている。三級所有制の確立において生産隊が集団農業の基幹的位置づけを得たことと、生産隊の数的減少、すなわち規模拡大は連動していると見なされる。そしてこの生産隊 10 という数値は、現在の村民小組数 10 に継承されていることから、政社分開により人民公社が解体された 1984 年に D 村民委員会が成立した際に、生産隊が村民小組にそのまま移行したと考えられる。

　20 世紀後半の D 村の行政編成からは、D 村集落は 10 あるいは 20 という数で把握される下位組織が存在していたことがわかる。そして 20 の下位組織

第 10 章　大規模村落の集落と農地の空間構造

が編成されたのは大躍進前後の急進期であり、時間的にも限定的であることから、D村集落は 10 という数値が基本となって分割されてきたと言えよう。

3. 農地の分割

集落における内的な空間分割を前章においてトレースしたが、続いて集落を取り巻く農地について空間構成を検討する。次の図1は、D村檔案「D大隊水利規劃平面図」(1-57-3) により作成した村落図である。ここに言う村落図とは、東南端に位置する暗く表された集落とその北と西にひろがる農地について、日本農村における「小字」に相当する農地名称とその区画を記したものである。農地区画は全部で69ある。集落は生産隊として 10 に区分される

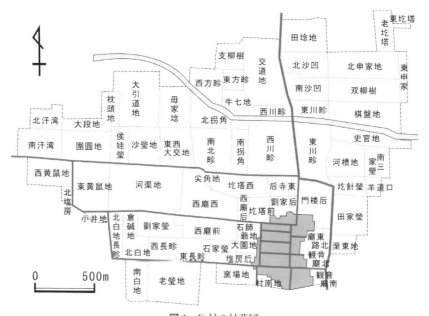

図1　D村の村落図

注）暗く表されたところが集落。地名は農地呼称、細線は農地区画。
　　太線は道路。北部を東西に河川が貫く
出所：「D大隊水利規劃平面図」(1-57-3) により作成。

193

のに対して、面積の広大な農地は区分数が 7 倍近くにのぼる。

　日本農村における農地の通称地名は、一筆ごとの「筆名」(ふでな)と、複数の一筆農地からなる農地区画を指す「小字」(こあざ)や「ほのき名」などと呼ばれる小地名からなる[8]。この村落図で示されているのは後者にあたるが、中国農村でこの農地区画の一般名称はほとんど使われることはなく、中国各地でおこなたフィールド調査の経験からすると「片」と呼ばることが多いようである。平遥の北に位置する楡次について、村落の現状把握と地域計画を行うためにまとめられた地籍図冊においても、最も詳しい地名記載はこの農地区画と同じレベルであるが、これを統一的に呼ぶ名称は用いられていない[9]。

　D 村檔案「劃分土地連片留底表」(1-144-8) は、1971 年に 10 の生産隊について農地の所在と面積を書き出した控えである。中国農村においては集団化の初期に、農地は生産隊や生産大隊といった集団間で飛び地や錯雑が整理され団地化が進められたことから[10]、この檔案はそうした再編をうけた後の農地分布を示していると考えられる。この記載と村落図を対照することで農地の空間分割について考えることができる。なお留底表は、表紙と生産隊ごとの 10 枚の「D 大隊土地規劃地段分配表」からなり、その記載内容は、まず「中」や「上」という農地等級がふられ、それに続いて農地の所在する地名と、その範囲を示す四至などの相対的位置情報、面積 (畝) が記されている。10 生産隊の農地について用いられている地名は、いずれも村落図に記載されている地名であった。このことは農地名称が地籍管理にも用いられていたことを示している。

　まず農地面積をみてゆこう。まず目をひくのは、その均分的構成である。それぞれの生産隊の農地はいずれも 9 から 12 の農地区画に配置されており、生産隊は 10 程度の農地区画にある農地を経営していたことがわかる。またそれぞれの生産隊の農地面積は、650 畝から 673 畝までの狭い範囲に収まっており、D 村で総計した農地面積 6,630 畝をほぼ 10 分割している[1]。集団化期においては農地の等級などを考慮しながら面積についても平等に農地を生産隊に配分したと考えられる。

第 10 章　大規模村落の集落と農地の空間構造

　一方、地名を与えられた農地区画は平均すると 105 畝（約 7 ha）の広さをもつが、むしろ個別の面積は多様であるとする方が実態にあっている。集落周辺の農地区画は面積が比較的狭いものが多く、西廟后や村南地は 15 畝（1 ha）ほどである。集落から離れると農地区画は大きくなり、村落を東西に貫通する河川の近くには、大引道地や河渠地など 250 畝（約 17ha）を超えるものもみられる。こうした多様性は土地条件や灌漑条件、位置性など農地が本来的に有している個別具体性を反映したものといえよう。したがってこの農地区画の平均値は目安として以上の意味はもたない。

　続いて生産隊ごとの農地の分布について考えよう。図 2 はそれぞれの農地区画に農地が割り当てられている生産隊を数字記号で示したものである。

　まず地名を与えられた 69 の農地区画のうち、1 つの生産隊によってしめられるものは 14 区画にとどまる。ただ、最も多いのが 2 つの生産隊が農地

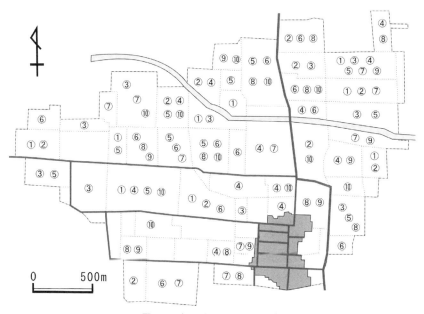

図 2　D 村の生産隊の農地分布

注）数字は生産隊の番号であり、①は第一生産隊の農地が分布することを示す。
出所：「劃分土地連片留底表」（1-144-8）と「D 大隊水利規劃平面図」（1-57-3）により作成。

をもつもので 22 区画あり、3 生産隊以上が農地を持つのは 13 区画にとどまることから、農地区画は生産隊によって細分される、耕区のような均分単位となっているわけではない。当時、集団で農業を行う以上、ある程度の規模経営は意識されていたと考えられる。

なお留底表に言及されていなかった農地区画は 20 ある。いくつかはごく狭いものなので、隣接の農地区画に統合して計上されていたことも考えられるが、集落から比較的近いところに多く分布していることから、D 村という生産大隊レベルで何らかの経営が行われていたことが想定される。自留地となっていた可能性も残るが不詳である。

個別の生産隊の農地区画の空間分布に着目すると、先に述べたように生産隊ごとに配分される 10 程度の農地区画は、ある程度のまとまりをもちつつ、D 村の農地全体にひろく分散している。例えば第一生産隊の農地区画は北西に 6 つ、東北に 3 つが分布し、このうち隣接する農地区画にあるのは 3 組である。第五生産隊は北西に 6、北に 4、東に 1、うち 3 組が隣接。第八生産隊は南西に 3、北西に 2、北に 4、東に 2、うち 3 組が隣接している。こうした状況は生産隊の農地が分散錯圃的構成を持つことを示しており、D 村における生産隊ごとの格差を避ける平均主義の存在や、洪水などの自然災害による不作の危険を特定の生産隊に集中させない意図があったと考えられる。留底表に記された農地等級とみなされる記載について、生産隊ごとの偏りがないこともこの傍証とみなされよう。

おわりに

D 村檔案をもとに、集団化期の集落と農地の空間編成を考えてきた。大規模村落である D 村は、集落の内部に居住場所にしたがって編成された 10 の生産隊が、それぞれ数 ha 程度にまとめられた農地を分散錯圃的に経営していた状況が明らかとなった。

集落と農地がセットとなった村落と、それを空間的に分割する生産隊レベルの下位組織との関係については、人民公社の三級所有制のもとで「核算単

位」とされた生産隊の機能が強いという一般理解がこのD村にも適用しうると、空間編成のありかたからは考えられるが、大規模村落の空間分割の過程と機能については、解明すべき課題が残されていることも確かである。

その意味で冒頭の問いは開かれたままであるが、ここでは1つの答えの方向を提示して小論を終えたい。それは平遥農村ひいては山西農村において大規模な集落を支えてきた村落イメージを考えることである。すくなくとも日本の空間的かつ社会的に凝集的な村落イメージとは異なる、むしろ市場圏社会論と接点を有するような、緩やかな結合を容認するものを想定してゆくことが必要ではないであろうか。

文献一覧

[1] 水津一朗『社会地理学の基本問題（新訂増補版）』大明堂、1980年6月。
[2] 田原史起『中国農村の権力構造――建国初期のエリート再編――』御茶の水書房、2004年3月。
[3] 内山雅生『現代中国農村と「共同体」――転換期中国華北農村における社会構造と農民――』御茶の水書房、2003年2月。
[4] 小島泰雄「中国山西における農村集落の大規模性について」（『地域と環境』、第12号、2012年12月）。
[5] 平遥県人民政府編《平遥県地名録》1984年。
[6] 平遥県地方志編纂委員会編《平遥県志》中華書局、1999年8月。
[7]「修訂郷村編成簡章」（民国16（1927）年）《山西村政彙編》（民国17年）所収。
[8] 今里悟之「長崎県平戸島における筆名の命名原理と空間単位――認知言語学との接点――」（『地理学評論』、第85巻第2号、2012年3月）。
[9] 楡次市土地管理局・楡次市農業区劃弁編《楡次市村級地籍図冊》西安地図出版社、1992年12月。
[10] 小島泰雄「中国村落の耕地分布の現代的編成」『神戸市外国語大学外国学研究所研究年報』、33、1996年3月）。

註

1) 年次の近い「一九六七年農業生産統計年報」によれば、D村の農地面積は7,246畝であった。留底表の総計はその9割となり、残り1割弱は生産隊の管理外であると考えられる。

第11章
現代の廟会・集市

毛 来霊

(補訳と整理;弁納才一)

はじめに

　筆者がこれまで参加してきた山西省農村調査では、しばしば「廟会」と「集市」が出てきた(両者を合わせて「集会」と言う)。中華人民共和国工商行政管理局によって『城郷集市貿易管理辧法』(2008年12月4日)が発布されてから、ほとんどの廟会と集市というような伝統的交易は地方政府の市場管理部門の指導のもとで継続して運営されている。

　本章は、山西省平遙県道備村を中心とする集会について、筆者の体験なども交えながら、その役割と意義を検討したものである。

1. 集会開催の時空範囲

　2つの「会譜」を見てみると、道備村でも旧暦4月5日(先祖の墓参りに出かける「清明節」)に廟会が開催されていたことがわかる。2010年8月18日の山西省農村訪問記録にも「廟会の日時(旧暦)道備4月5日、王家庄3月7日、南政2月8日、西遊駕1月25日」とある([1]102頁)。その他に、集市について、以下のように説明されている([2]118頁)。

　　集会は月に3回開かれ、10年くらい前から以下のようになった(旧
　　暦の10日、20日、30日に市場が立つ所があるかどうかは不明)
　　　①B村(旧暦の1日、11日、21日)
　　　②X鎮(旧暦の2日、12日、22日)

199

③H鎮（旧暦の3日、13日、23日）
④X村（旧暦の4日、14日、24日）
⑤P城内（旧暦の5日15日、25日）
⑥N村（旧暦の6日、16日、26日）
　——12月21日（月）［＝旧暦の6日］、マイクロバスで移動中に市場が立つのを見た。
⑦W庄（旧暦の7日、17日、27日）
⑧XY村（旧暦の8日、18日、28日）
⑨N鎮（旧暦の9日、19日、29日）

　日頃必要なものは、村内の商店で買い、電気製品などはP城内で買う。

　以上の①〜⑨の集市の場所については、グーグル・マップで調べてみると、道備村からの所用時間がわかるが、みな簡単に日帰りできることを原則としている。

　①B村（北長寿村）は、洪善鎮政府から6km、平遥県城から約20kmのところにあり、交通は便利である。人口は約2,800人で、820戸余りの世帯が6,000畝余りの土地を耕作している。道備村から自動車なら28分（13.5km）、原付バイクなら50分前後、自転車なら約1時間15分、徒歩なら2時間23分前後で行くことができる。

　②X鎮（文水県下曲鎮徐家鎮）は、汾水河畔の晋中平原にあり、土地が肥沃で、悠久の歴史を有する「千年古鎮」である。宋代には「白眉大俠徐良故郷」と呼ばれていた。人口は約3,500人で、土地は4,200畝余り、平遥古城へ至る道路上に位置している。道備村から自動車なら約24分（13.7km）、原付バイクなら約1時間、自転車なら約1時間30分、徒歩だと2時間42分で行くことができる。

　③H鎮（洪善鎮）は、平遥古城の東北12kmのところにあり、鎮政府の所在地である。東夏線、国道18号線、南同蒲鉄道なども村の中心部を通るので交通も便利である。人口は約2,300人、世帯数は667戸、土地は4,580畝ある。道備村から自動車なら15分（10.8km）、原付なら40分、自転車なら

約 1 時間、徒歩なら約 2 時間 7 分で行くことができる。

　④ X 村（西堡村）は、南政郷の北すなわち平遥古城の北へ 16km のところにある。主要産業は養殖業と農林業である。世帯数は 534 戸、人口は 1,901 人、農業従事者数は 716 人、耕地は 4,339 畝である。道備村から自動車なら 17 分（7.2km）、原付バイクなら約 30 分、自転車なら約 45 分、徒歩なら 1 時間 26 分で行くことができる。

　⑤ P（平遥）城内は、自動車なら 11 分（6.7km）、原付バイクなら 25 分、自転車なら約 40 分、徒歩なら約 1 時間 20 分で行くことができる。

　⑥ N 村（南政村）は、県城の北から約 1 km のところに位置し、交通が便利な上に、土壌も肥沃な所である。世帯数は 1,802 戸、人口は 6,725 人、農業従事者数は 2,752 人、耕地は 2,620 畝で「平遥第一村」と言われている。道備村から自動車なら約 6 分（3.8km）、原付バイクなら 14 分、自転車なら 22 分、徒歩なら 43 分で行くことができる。

　⑦ W 庄（王家庄）は、平遥県北部の汾河の南側 8 km のところに位置する。交通も便利で、自然条件が農業生産に適しているので、国家級の農業総合開発区になった。世帯数は 1,196 戸、人口は 4,032 人、農業従事者数は 2,752 人、耕地は 6,919 畝、農村経済年収入は 2.2 億元である。道備村から自動車なら 6 分（4 km）、原付バイクなら 15 分、自転車なら 25 分、徒歩なら 47 分で行くことができる。

　⑧ XY 村（西遊駕村）は、平遥県城の東北約 2 km のところにある。主要産業は養殖業と農林業で、世帯数は 967 戸、人口は 3,006 人、農業従事者数は 169 人で、耕地は 5,154 畝である。道備村から原付バイクなら 7 分、自転車なら 12 分、徒歩なら 25 分（1.54km）で行くことができる。

　⑨ N 鎮（寧固村）は、人口は 5,300 人、耕地は 8,011 畝、農業従事者数は 1,250 人である。交通も便利で、県の社会主義新農村建設模範村の第一グループの 1 つである。道備村から自動車なら約 26 分（18.5km）、原付バイクなら 50 分、自転車なら 1 時間 35 分、徒歩なら 3 時間 27 分で行くことができる。

　道備村では、廟会は 1 回だけで、集市はなかった。村の集会は国内市場システム中の初級環節に位置し、市場ネットワークの最小単位でもあり、農村

経済の中で重要な役割を果たしている。その目的は周辺の村民にサービスを提供することである。村民達の購買力と各村の経済発展レベルもそれぞれの集会規模に影響を与えている。

①～⑨の村は、中心村の役割を果たしているので、集会が立つ時に道備村もその射程範囲に吸収される。普通、山西省では集会が立つ日には 2.5km 以内の地域で複数の集会を開くことを避けていた。商人たちは、毎日、違ったところで集会を開くようにしていた。買手の村民たちは必要ならどの日でも自分の都合によって集会へ行くことができる。人口が少ない中山間地では集会が少なかったのに対して、平野部は人口が多く、集会も多かった。山西省では 1 県当たり平均 7.2 の集会があった。集会の平均人数は 1.75 万人で、汾陽県がトップで、平均 7.4 万人であるのに対して、蒲県では平均 4,400 人である。村民たちは自宅から日帰りできる 2～10km のところの集会に出かけていった（［3］）。

2. 集会における売買

自家産の物を売り、生産と生活のために必要な物を買うのが集会に行く人たちの主な目的である。最新の 2016 年における平遥県の集会に関する「順口溜」（民間伝承の口頭韻文）では以下のようにその活況ぶりが描かれている（［4］）。

「打竹板，响的快，平遥县城起喽会。王二嫂，李三妹，要到街里去赶会。浑身打扮好穿戴，坐上汽车跑的快。下了车，抬头了，人山人海真热闹。有的挤，有的靠，有的吼来有的叫；」（集会の場所－平遥県城の主な買手－若い女性集会の賑やかさ）「敲锣打鼓吹起号，要把戏的卖了票。撑棚的，搭帐的，放录音的照相的；卖油的，卖酱的，打起竹板卖唱的；有下的，有上的，还有来回瞎趟的；卖鞋的，卖帽的，卖果子的卖桃的；」（売り場：劇団、ビデオ、写真、調味料、靴、帽子）。

「卖书的，卖报的，卖勺子的卖瓢的；卖鼓的，卖号的，卖响响的卖哨的。有吵的，有闹的，挤的往下野尿的。卖碗的，卖筷的，卖豆腐的卖菜

第 11 章　現代の廟会・集市

的；卖铺的，卖盖的，卖白面的换袋子；」(売り場：本、新聞、杓子、瓢簞、楽器、食器、豆腐、野菜、布団、麺粉)。

「有好的，有赖的，三撇二马除害的；有走的，有在的，还有敲凉跌怪的；卖线的，卖布的，卖猪娃的卖兔的；卖花的，卖树的，卖酒盅的卖壶的；有站的，有坐的，还有挺起大肚的；」(売り場：糸、布、子豚、兎、花、樹木、酒器)。

「买牛的，卖羊的，卖鸡卖鸭卖鹅的；卖烟的，卖糖的，还有背上粜粮的；卖肝子，卖肠子，还有杀下卖狼的；卖裤的，卖袄的，卖花生的卖枣的；卖香的，卖表的，卜楞簸箕格栳子；」(売り場：牛、羊、鶏、鴨、鵞、煙草、糖、食糧、熟肉、服、ピーナッツ、棗、線香、時計、農用道具)。

「有闹的，有吵的，背地旮旯咯捣的；卖汤的，卖糕的，卖扁食的卖包的；卖鳔的，卖胶的，卖撅头的卖锹的；耍枪的，弄刀的，还有抱住滚跤的；卖麻糖的卖栖的，卖牛卖马卖驴的；」(売り場：飯、道具、武術、麻糖、驢馬、耕牛)。

「卖虾的，卖鱼的，打台球的下棋的；有输的，有赢的，还有耍起黑皮的；卖柴的，卖炭的，摆开摊子卖饭的；扁食捏成圪蛋子，豆腐打成几瓣子；白面包子肉馅的，平遥陈醋好蘸子；」(売り場：水産、ビリーヤード、将棋、柴、石炭、農村の伝統料理)。

「有吃的，有看的，还有跟前踱站的；有快的，有慢的，挤的把碗打烂的；卖肉的，卖酒的，还有喝醉各扭的；有俊的，有丑的，人群旮旯擂手的；有在的，有走的，还有拉上卖狗的；」(売り場：肉、酒、犬)。

「卖葫芦，卖茄子，卖葱卖蒜卖芽子；卖水的，卖茶的，卖绳绳的卖麻的；卖凳子，卖桌子，六六六粉治虱子；街游子，街爬子，还有称霸成王的；卖锅的，卖盆的，收烂铁的卖铜的；」(売り場：野菜、お茶、糸、家具、農薬、釜、皿、金属)。

「卖毛的，卖绒的，卖家具的卖门的；卖毛的，谈爱的，说情的，还有开店留人的；有武的，有文的，还有抱打不平的；有富的，有穷的，还有发的流脓的；走马的，卖艺的，搭起台子唱戏的；」(売り場：毛、絨、門、旅館、演劇)。

203

第Ⅲ編　農民の生活空間

「卖枣的，卖梨的，还有把票子掏净的。破坏社会秩序的，公安局家捉地的；相面的，算卦的，还有生事打架的；欺软的，怕硬的，吹牛拍马鬼扎的；有打的，有骂的，还有举起锄把的；」（売り場：梨、棗、籤、卜）。

「有的拆了骨架的，有的把牙戳下的；有的甚也不怕的，有的软成一注的；有的不会说话的，有的把气出错的；丢鞋的，野帽的，跪在地下祷告的；野屙的，野尿的，还有戴上手铐的；」（治安事情）。

「住医院，掏票子，看守所里改造的；有哭的，有笑的，还有专看热闹的。李三妹，王二嫂，看完打架街上跑。买的裤，买的袄，买的车子买的表；买的梨，买的枣，买的彩电往回跑。今年的会场实在好，红火热闹真不少。」（集市の終わり：服、自転車、時計、果物、テレビなどいっぱい買って帰る）。

これは臨県の樊如林が書いた作品である（ただし、冒頭の地名を変更した）。2016年5月に介休市について同じものがインターネット上で発表されている。人気があると同時に、各地の事情と大体似ているので、このようなものが流行っていた。しかし、平遥県の鳩売り場のことも載っていないから、やはり臨県あたりの集会をもとにして書いたものだと思われる。

このように、集会は農村の生産手段、生活手段、農産品などを交易する場としての役割を果たしており、農村経済の繁栄において積極的な意味を持っている。とりわけ生産手段である役畜と家畜の交易は、集会において重要な地位を占めている。昔はその仲介者を「牙行」と呼んだが、現在は「経紀人」と呼ぶ。平遥県でも2003年末に「平遥県農民経紀年人協会」が成立して、単位会員は59、個人会員は181人、そのうち「県直」会員（非農業人口）22人、古陶鎮8人、中都郷10人、岳壁郷12人、南政郷32人、道備村3人（郭景象、田維元、王柄祥）、洪善鎮10人、襄垣郷4人、朱坑郷16人、東泉鎮8人、段村鎮7人、卜宜郷8人、寧固鎮13人、香楽郷10人、杜家庄郷21人だった（[5]）。

近年、農業機械化の進展によって畜力の使用と交易は漸減している。集団化時代の生産隊には牛、驢馬、騾馬などの飼養場があったが、改革開放以降は畜力を個人所有するようになって、道備村では、乳牛の頭数は昔より多く

なったものの、畜力は減少する一方であるが、集会では依然として家畜が売買されている。また、若者もこの「牙行」に加入する傾向が見える。交易の仲介に成功した後、買手が「牙行」に送金して、「牙行」が売手に支払うというしくみになっている（[6]）。

3．集会の経済外的活動

　自分の村に集会がない村民たちが外の村へ行くのは、物の交易のほかに経済情報を交換して交流するためでもあるが、逆に、村外へ出かけることによって外界のいろんなことを勉強し、新技術などを導入することもできた。道備村の経記人の1人である王炳祥のように、豚肉加工、乳牛飼育、製乳などの多種多様な経営をする人もいた。そのいずれの技術も南政村の親類から勉強したと言う。集会は村民たちの情報収集、新技術の見聞、勉強の場所でもある（[7]）。
　集会は以上のような経済的役割以外にも、その「順口溜」にも歌われている演劇のほかに、政策教育、医療宣伝活動、文芸娯楽などの役割も果たしている。公共機構は民衆が集まってくるのをチャンスと捉えて政治・経済の政策を民衆に宣伝する。集会は農民たちの娯楽と情報交流の場所でもある。道備村では劇団を専業とする農家を訪問して話を聞いたことがある。よくあちこちの集会の立つ村に雇われて晋劇を上演したという。筆者が道備村を訪問した時、老人たちがほとんど王家庄へ集会の芝居を見に行っていたために不在だったことがあった。劇を見るのは昔ながらの娯楽なので、老人にとってはありがたい存在として興味を抱いているが、若者にはあまり人気がない。道備村の王林瑞氏宅（1937年旧暦7月16日生まれ）を訪問した時、芝居の背景画、服装と他の道具を入れた多くの箱を見たが、家族劇団の景気は良さそうである。弁納・毛・河野班が2011年8月19日にその家を訪問し（[7]178～179頁）、また、田中・孫班がその一年前の2010年8月18日に梁栄禎氏宅を訪問した時にも劇団に関する記録がある（[1]102頁）。解放前は本村外から劇団がやって来て演劇をしたが、解放以後は本村の王林瑞さんも演劇をやり始

めた。演劇の演目は伝統的なもので、「金水橋」「打金枝」「明公断」「義僕忠魂」などである。

　地方政府の各部門も集会を利用して、盛んに宣伝活動を繰り広げていた。時々、人畜衛生のパンフレットと薬を配り、義務診療などのボランティア活動をしている。また、何か緊急事態があった場合には政府の政策、措置などを集会の参加する村民に伝えることもある。例えば、メラニン汚染ミルク問題の最終的な対策、すなわち国の統一行動の一環として 2010 年 11 月 30 日に晉中市政府は問題となったミルクの検査と回収の通告を発布した。次いで、平遥県政府と南政郷政府が各村に通知して（[5]）、市、県、郷の通報告発電話と告発奨励金額などを公表して、スーパー・マーケット、商店、それから年末の集会のミルク交易を国の基準によって厳しく検査を行った。集会の場を利用すると効果がよくなる。

　集会は、農民たちを動員・教育する場でもあり、また、村民たちが村落間で交流する場でもあり、さらに、友人や親類と面会する場でもある。あるいは、村民たちの祭りの場でもある。田舎の野良仕事で心身ともに疲れた村民をこの集会によって回復できるように、経済以外の様々な活動も盛んに行われている。集会は往々にして自由恋愛のデートの場にもなるし、見合いの場にもなる。農村で生活している人びとにとって集会は社会生活において欠くことのできない存在である。都市から田舎（農村）に「下放」されてやって来た「知識青年」たちは村の若者が晴れ着で集会へ行くのを不思議に思った。確かに、都会から来た若者にとって集会に対する感じ方は農村の若者と違っている。都市から農村へ「下放」させられた「知識青年」が本当の「農民」になるのはそれほど簡単ではない。

4.「会譜」から看取しうる平遥県と道備村

　インターネットで調べてみると、「2016 最新平遥庙会时间地点大全！」とあり、また、介休、祁、文水、汾陽、沁源、武郷など周辺の市県のものも見える。筆者の手元にある 2 冊の「会譜」にはそれぞれ 3,516 個と 1,720 個の集

第 11 章　現代の廟会・集市

会が掲載されている。山西省では地名と時間だけしかわからない平遥のような集会が一番多いので、商売が上手だという評判が立つのも当たり前のことであると言える。日常的に集会で勉強しているので、商売も自然に身に付いている。

　平遥の廟会は、旧暦正月6回、2月19回、3月27回、4月21回、5月2回、6月15回、7月33回、8月12回、9月18回、10月8回、11月1回、12月1回である。毎月の集市は、県城内が5日、15日、25日（旧暦。以下、同様）である。卜宜が1日、11日、21日である。香楽が4日、14日、24日である。石城が3日、13日、23日である。東泉が5日、15日、25日である。段村が5日、10日、15日、20日、25日、30日である。西源寺が2日、12日、22日である。朱坑が7日、17日、27日。南政が6日、16日、26日である。岳壁が8日、18日、28日。南良庄が4日、14日、20日、24日である。双林寺が9日、19日、29日。東郭が23日である。王家庄が7日、17日、27日である。辛庄が12日である。達蒲が7日、17日、20日、27日である。寧固が9日、19日、29日である。東安社が8日、18日、28日である。馬壁が2日、12日、22日である。靳村が6日、16日、26日である。梁趙が3日、13日、23日である。普洞が6日、16日、26日である。北長寿が1日、11日、21日である。七洞が4日、14日、24日である。西遊駕が8日、18日、28日である。杜家庄が5日、15日、25日である。襄垣が8日、28日である。

　介休市の廟会は、2月4回、3月8回、4月5回、5月2回、6月5回、7月14回、8月3回、9月11回、10月4回、11月1回である。介休市の集市は、沙堡が1日、11日、21日、7日、17日、27日である。西大期が6日、16日、26日である。田堡村が2日、12日、22日である。張村が7日、17日、27日である。大甫村が7日、17日、27日である。仙台が1日、11日、21日である。漣福村5日、15日、25日である。東湖龍が3日、13日、23日である。東楊屯が9日、19日、29日である。南王里が7日、17日、27日である。三佳村が6日、16日、26日である。北両水が2日、12日、22日である。洪山村が4日、14日、24日、8日、18日、28日である。瓦務村が毎月14日である。龍頭村が4日、14日、24日、8日、18日、28日である。西段屯が

5日、15日、25日、10日、20日、30日である。韓屯が4日、14日、24日、8日、18日、28日である。

廟会の数が介休県は平遥県の半分にも満たない。祁県も同じで、県政府のホームページに廟会と集市を載せてアピールをしたが、やはり平遥の半分以下に止まっている。文水県と汾県も半分以下で、沁源、沁県、武郷などの山間地域ではもっと少ない。

道備村は、耕地面積と人口が徐家鎮と大体同じくらいで、北長寿、洪善、西堡、西遊駕より多いが、なぜ道備村では集市を立てないで、それらの本村外の集市に吸収されたのだろうか。やはり地理的な原因として、平遥第一村の南政村に近いことから、集市は必要がなかったと考えられる。だが、隣村の侯郭村の人から見て、道備村はやはり自分より3倍大きい存在である。侯郭村出身の劉大壽は2004年2月3日付けの中国新聞ネットで子供の時に道備村へ元宵節の「黄河陣」を見に行ったことを語っている。現在ではもう見ることもなくなったが、武郷県の城関、故城、北良、蟠龍鎮、洪水鎮などでは見ることができるという。これらは、山西省の非物質的文化遺産として保留されている（[8]）。

近年、新暦によって集市が立つところも出てきた。4月5日の清明節に霍州の楊棗、汾西の対竹、古交の河口、平定の娘子関、原平の天涯山、翼城の曹村、沁水の冊村に集市がある。5月1日のメーデーに楡次の小東関、建軍節に昔陽、寧武城内、白露に和順城内、太原白家庄鉱区では毎月25日、江陽化学工場では毎月19日・20日に集会がある。新暦による集会は平遥地区にはない。

5. 農村集市が提起する問題

『太原晩報』（2014年9月10日）に掲載された「なぜ農村が偽物の厳重災害区域になったのか」という投書によると、農村市場に対する監督管理が弱い上に、村民達の消費権利を守る意識が薄いこともあり、様々な問題商品が農村市場で氾濫しているので、省の食品、薬品、監督局による農村食品市場

第 11 章　現代の廟会・集市

の"四打撃四規範"専項整治行動が 3 ヶ月行われたという（朱慧松）。これは外部の不法商販による問題で、農村では解決しにくい問題である。もう 1 つは農村内部の問題である。「誰が農作業をしているのか。将来、誰が農作業をするのか──農村の真実」『人民日報』（2016 年 5 月 29 日 9 版）に「70 年代の村の出身者は農作業をする意欲がない。80 年代の村の出身者は農作業をすることができない。90 年代の村の出身者は農作業に言及さえしない」と記載されている。若者がみな都会へ働きに行ったら、将来の集会はどうなるのかが農村社会の深刻な問題である。

　インターネットに昔よく集会へ行った人の回想録があり、その中で昔の雰囲気、昔の味、昔の楽しみが全然なくなったと文句を言っているが、伝統的な農業社会で生まれた集会が社会発展に伴って変わるのもやむを得ない。アリババの馬雲氏は、今後は農村市場にも拡大していくという意欲を発表した。都会の商業のように農村の集市貿易もアリババに対面しなくてはならない。もちろん、コンピュータも携帯電話も使えないような人は集会に残るが、インターネットで買い物をする若者はどうなるかは問題である。これまでの道備村への訪問調査でわかったように、町へ働きに行った村民は少数ではない。集会とアリババは互いに村民たちに良いサービスを提供するようになるだろう。

　ところで、筆者が最初に「赶会」に出かけたのは小学校 3 年生の時だった。夏休みに 1 つ歳上の兄と故郷の毛家下庄へ帰った時、祖父に連れられて 30 里離れた「双池」の集会へ行った。陝西省からやって来た畜力の牛、馬、骡馬、驢馬を連れて売りに来た商人もいる、有名な集会だった。歩いて馬江、赫家川、武家洼、後寨溝、段家庄、南洼山などの 6 ヶ村を通り抜けて双池に行った。祖父は眼鏡、サングラス、煙草パイプなどの販売や時計などの修理と陶磁器の鋳掛けなどを業とする人で、鋳掛けの仕事が多かったようで、どの村を通りかかる時も道端で待っている地元の人が以前払わなかった修理代を払いにくる。当時の生産小隊の経済決算は年末に 1 回だけ行われ、いつも手元に現金を持っている村民は多くはなかった。"金持ちになったね"という兄の話はとても印象深かった。「双池」は、その地名どおりに大きな池が

あって水辺で洗濯をする人もいたが、中には水浴びをする人もいた。私も泳いだが、水は冷たかった。現在、双池の集会の規模もやはり昔よりずっと小さくなった。

　そして、筆者は高校を卒業した後、田舎（農村）に「挿隊」したが、当時は「農業は大寨に学べ」運動の真っ最中で、休暇をもらって集会へ行ったことは一度もなかった。筆者だけでなく、一緒に行った「挿隊青年」も全員同じだった。集会に行く村民も少なかった。だが、集団労働の時、集会を話題にすることがあった。"税務員の王さんの仕事は一番良い。あちこちの集と会に行き、招待されることもあるし、いつも途中の風景を鑑賞しながら仕事するんだから、何よりの仕事じゃないか"と集会に行った社員たちはよく言っていた。当時の肉は豚と羊だったが、集会の時に公社の食品ステーションの係員や屠殺の資格を持つ専業技師が来てチェックし、飼育していた農家は税務員に屠殺税（1匹当たり2元）を支払ってから、集会の現場で屠殺、処理して販売していた。肉を買うだけでも結構な時間がかかった。まして他の村へ往復するのにも時間がかかる。だけれども、小ブルジョア的傾向があるとよく幹部たちに密かに批判された村のお洒落な若い男女何人かが周りの村で集と会が立つ度に休暇をもらって行くのである。農村には宗族関係もあり、「工份」（労働点数）は要らないからということで、普通は許可を出すことが多かった。筆者の父が静升公社の主任をしていた時、その公社の南堡大隊の幹部がよく家に遊びに来ていた。いろいろなことについて雑談していた。「上の幹部の「派飯」はどのようにしたら良くなるのか」と聞くと、その大隊幹部は「自転車で孝義（約30km）へ日帰りで、柿を販売したら、1日で40元以上もらえる。そのお金で卵、肉、豆腐などを買って「派飯」を作る各家庭に配る。」「自分は横領しないから、資本主義とは関係ない。革命のためだから。」と答えていた。山西省の柿の産地に「挿隊」した人によると、柿の収穫は秋の「霜降」前後だが、村の習慣としては熟して柔らかくなった柿は誰でも自由に取って食べても、家に持って帰ってもよいが、まだ硬いものは取ってはいけない。村民たちに配給する時、値段が500グラム当たり0.06元、「柿餅」（干柿）が500グラム当たり0.18元だから、店と集会の価格にはかな

りの差がある。市販なら「小麦粉」1斤に硬い柿2斤、柔らかい柿1斤、「柿餅」0.3斤の交易価格は今でもほとんど変わらない。だから、1人が日帰りで40元をもらうのもそれほど難しくなかった。当時、小麦の価格は1斤当たり0.5元前後(集市価格、市民たちの食糧局の糧店での定量配給価格は小麦粉1斤当たり0.13元)で、洗浄、乾燥、製粉などのコストを入れて小麦粉は大体1斤当たり0.6元前後だった([9])。ちなみに、当時の公務員の月給は3〜40元だった。食糧の価格には2種類あり、1種類は「平価」すなわち市民たちが都市部の食糧配給簿で国営「糧店」で買う価格であり、もう1種類は集会で買う「議価」すなわち市場取引価格で、「平価」よりずっと高かった。

6.「売買」と「仁義」

「売買不成仁義在」とは中国の伝統的な商人たちがずっと守ってきた商取引のマナーである。交易する双方の利益に対する保護は交易コストについての中国人の選択である。長い目で見ると、相対的に安定した交易状態にするために、小さい部分の損失は重視しないことにした。これも中国の伝統的な法哲学理念の体現と言える。「売買」よりも「仁義」という道徳を大事にしている。集会も村民たちの「仁義道徳」を展示する「展覧会」になっている。この「仁義道徳」は、アーサー・ヘンダーソン・スミス(Arthur Henderson Smith, 1845-1932)の言う「面子」にほぼ相当する。現代の契約法とはずれがあるが、この「仁義」に従ってできた社会は桃源郷のような「理想国」であるが、現実の社会は厳しくて時には残酷である。食品安全問題、環境汚染問題、治安問題は、やはり理想と現実との間に矛盾があるように、世界は矛盾に満ちている。にも関わらず、この矛盾に満ちた世の中で、集会へ行った村民たちの欲望はどのようなもので、何を求めているのか。アブラハム・ハロルド・マズロー(Abraham Harold Maslow, 1908-1970)は欲求の5段階説(欲求のピラミッド)を主張したことで知られる。5段階の欲求とは生理、安全、社会、尊厳、自己実現のことである。また、自己変革欲求階層(生存、成功、

自己変革の３段階）を追加した。尊厳とは、換言すれば、承認のことで、商売ができれば、買い手も売り手も他者から認められ、尊敬されることによって欲求が満たされた。社会の承認をもらう（「得到社会的承認」）という言葉をよく耳にするが、賑やかな集会では、村民たちが求めるのは「尊厳」の欲求である。

　平遥の人は商売が上手で、性格も優しい人が多いと言われている。それは「仁義」があるからではないのかと平遥の人に聞くと、それは違うと言われ、それは子供の時から"売買不成話不到"と教えられてきたからだという。これが平遥人の特徴だとわかる。もし商売ができないと、つまり社会の承認をもらえないと、その責任はむしろ自分のほうにあると考える。すなわち、解釈、説明、招待などのどこかが行き届かなかったからであり、自分のことを常に検証する必要があると考えている。この点は平遥人に学ばなければならない。

　子は曰く、「礼失而求諸野」（[10]）と。「田野調査」（フィールド・ワーク）の目的はすでになくなったものを探すことかもしれない。たくさんの調査の成果を蓄積すれば、いつか量から質への変化が起こり、真実がわかるようになると思う。

　以上、6つの部分に分けて道備村を中心として村民たちの集会に関する状況を簡単に分析したが、今後、村民たちに聞いてみたいことがますます増えてきた。

文献一覧
[１] 河野正・田中比呂志「華北農村訪問調査報告（2）――2010 年 8 月・12 月、山西省 P 県 D 村」（『東京学芸大学紀要　人文社会科学系Ⅱ』第 63 集、2012 年 1 月）。
[２] 弁納才一「華北農村訪問調査報告（3）――2009 年 12 月、山西省 P 県の農村」（『日本海域研究』第 42 号、2011 年 3 月）。
[３] 喬潤令『山西民俗与山西人』（中国城市出版社、2011 年）。
[４] 平遥老郷倶楽部　愛微軼　微信号：2016 年 4 月 29 日。
[５] 信息公開：「政府文件：关于召开平遥县农民经纪人协会成立大会暨第一届会员大会有关事项」（2003 年 11 月 25 日）、「市政办发电、2010 年、第 160 号文件」、平遥県政府（「平政辦、2010 年、第 146 号文件」）も南政郷政府へ 2010 年 12 月 15 日付で各村に通知。

［6］「摂影师揭开古老"牙行"交易内幕」『新通図』（2016 年 1 月 15 日）。
［7］弁納才一「華北農村訪問調査報告（6）――2011 年 8 月、山西省の農村」（『金沢大学経済論集』第 32 巻第 2 号、2012 年 3 月）。
［8］『中国信息网』（2011 年 3 月 8 日）作者：王倩「漫话武乡民间庙会、集会」。
［9］blog.sina.com.cn/s/blog_5de605600100l.　悦欣　新浪博客、2010 年 7 月 30 日。
［10］漢代班固著『漢書芸文誌諸子略序』に「仲尼有言礼失而求諸野」とある。

第12章
政治権力と農民の日常生活の組織化

常 利兵

（翻訳：孫登洲、補訳と整理：前野清太朗）

はじめに

　中華人民共和国の成立した1949年以降、中国農村社会は共産党指導下で社会主義化の「プロジェクト」へ巻き込まれていった。それは長期的な社会改造プロジェクトであり、全てが"社会主義"という単一の価値基準のもとへ置かれていった。「プロジェクト」の中でとりわけ顕著だったのが農民生活の組織化であり、組織化される「日常と政治」は社会主義建設期の国家と民衆の関係の特徴であった。本稿では、山西省中部の平遥県道備村（旧・道備生産大隊[1]）における生活の組織化と社会変遷を取り上げる。

　山西大学中国社会史研究中心には道備村の党支部が行った1960年代から80年代まで20年間の会議記録の綴り20冊余りが所蔵されている。当該会議記録の内容は実に多様である。党の方針に関する学習、自己批判、集団労働・政治動員の計画、福祉・文化娯楽事業・副業推進など、国家から農民個人のレベルまであらゆる分野が網羅されている。加えて会議時間、場所、出席者、会議内容、決定事項などの詳細な記載がある。

　以下では、この道備村党支部の会議記録を用いながら、1) 村の政治、2) 村の経済、3) 村の文化教育、について分析を行う。この分析を通じて社会主義建設の中の「日常と政治」及び、それらを通じた国家と民衆の関係の変遷について明らかにしたい。

第Ⅲ編　農民の生活空間

1. 道備村の政治：整党運動の中の社隊幹部たち

　1966年5月の「五・一六通知」（政治局拡大会議）、8月の「プロレタリア文化大革命についての決定」（第8期十一中全会）によって文革が正式に始まった。会議記録によると道備生産大隊では1966年5月17日〜6月4日に「整党」に関する6度の学習会が開かれ、計31名の道備生産大隊幹部（社隊幹部）が参加して相互批判と自己批判を通じた「整党」が行われた。「整党」の基準とされたのは1951年に定められた「共産党員標準的八項条件」であり、発言記録から主として「思想認識」「勤務態度」及び他の個別的な問題それぞれに関して検討が行われたと考えられる。各回の会議ではまず1名〜数名の職位を有する大隊幹部が自己反省を行い、続いてその他の大隊幹部が質問・批判を行った後、返答と総括がなされた。記録に残る会議の開催日時と発言内容は次の表1の通りである。表2には「整党」会議出席者のメンバー構成（一部）を示した。これら「整党」会議では特定の幹部に対して他の幹部から比較的多く批判が向けられた（表1の下線部）。

　党の上級組織からの政策を実行する中で、村の生産大隊幹部たちはスケールの大きい政治的言語をちりばめて自身と党のイデオロギーとの結び付きをアピールしようとした。興味深いのは、日常的なテーマを取り上げて彼ら自身の経験のレベルから「整党」の必要性が述べられていたことだ。まず幹部たちが「思想認識」に関して検討した発言内容を見てみよう。以下は5月17日の「整党」会議にみられる発言例である。

　　「党の整理がなければ、修正主義へ向かい思想も偏ってゆくだろう。過去の過ちは正すことができる。党員はあらゆる分野で党の指導に従わなければならない。集団の利益が第一で個人の利益は第二である。学習しようとしないのは党の政策に背くことだ。正直に本音で話してほしい。」
　　（[1]、1966年5月17日）（WZX、生産大隊隊長）

　　「今回の「整党」を通じ私たちの党支部を大寨のような党支部にしよう。全党員が大寨生産大隊書記陳永貴のような党員になろう。正真正銘

第 12 章　政治権力と農民の日常生活の組織化

表1　1966年の「整党」会議記録の一覧と内容

5月17日夜	7人が自身に関する報告を行い、他の参加者がそれぞれ感想を述べた。
5月26日夜	WXH が自己反省し、9人が批判を行った。
5月27日午後	WZX、WXR、HLG ら3名による自己反省。それぞれ WZX へは9人、WXR へは10人、HLG へは12人が批判を行った。最後に W 指導員が総括を行った。
5月30日夜	WBG の自己反省に対し4人が批判を行い、W 指導員[2]が総括。続けて FZY・LSW の2名が自己反省し、6人が批判を行った。
6月3日午後	ZMG が自己反省し、4人が批判を行った。続けて JSL が自己反省し、9人が批判を行った。
6月4日午後	WCM・PML の2名が自己反省し、10人が批判を行った。続けて TYC・DHH の2名が自己反省し、5人が批判を行った。

注）資料[1]（1966年5月17日～6月4日）より筆者整理。

表2　1966年当時における道備生産大隊の党幹部の経歴（一部）

	氏名	性別	年齢	階層	職業	教育程度	党員	備考	生産隊
1	WD	男	35歳	下中農	農民	初小	○		第 1 隊
2	WFS	男	57歳	貧農	農民	文盲	○		第 2 隊
3	WZX	男	35歳	下中農	農民	初小	○	生産大隊長	第 2 隊
4	DHH	女	28歳	下中農	農民	高小	○	"大隊支書"	第 2 隊
5	WXR	男	31歳	貧農	農民	初小	○	大隊治安主任	第 3 隊
6	WXH	男	43歳	貧農	農民	小四まで	○	"道備支書"	第 4 隊
7	ZMG	男	51歳	貧農	農民	小四まで	○	62年に帰村就農	第 4 隊
8	PML	女	38歳	貧農	農民	文盲	○	助産婦	第 4 隊
9	WSJ	男	30歳	貧農	農民	初小	○	62年に帰村就農	第 6 隊
10	WXN	男	64歳	貧農	工人	初小	○		第 6 隊
11	JSL	男	28歳	貧農	農民	文盲	○	大隊党支部委員	第 7 隊
12	LSW	男	38歳	中農	農民	初小	○	保管員	第 7 隊
13	FZY	男	46歳	貧農	農民	高小	○	大隊会計	第 7 隊
14	WBG	男	63歳	貧農	農民	文盲	○		第 8 隊
15	HLG	男	47歳	貧農	工人	文盲	○	大隊水利主任	第 9 隊
16	HZF	男	56歳	貧農	農民	文盲	○	第10生産隊長	第10隊
17	WCM	女	23歳	貧農	学生	高小	○	第10生産隊会計	第10隊

注）資料[2]より筆者整理。表中，番号4のDHHが「人隊支書」、番号6のWXHが「道備支書」と記載分けされている理由は不明である。WXHが道備生産大隊の党支部書記をつとめたことは確認されている。資料[2]が作成されたのは「四清運動」の最中であり職務に混乱が生じたとも考えられる。

民衆に寄り添い、先憂後楽で労働を指揮し、全身全霊で人民に服務する党員になろう。」（[1]、1966年5月17日）（FYZ、生産大隊会計）

217

第Ⅲ編　農民の生活空間

　　「党の農村工作はいわば（思想の）堡塁でなければならない。過去の党支部は邪な精神が正しい精神を押し退けた。党員は足並みを揃え、一致して党の決議を遂行しなければならない。党員は党を中心に団結し党の事業を成し遂げなければならない。「整党」がなければ修正主義へ向かってしまう。」（[1]、1966 年 5 月 17 日）（TYC、一般幹部）

「思想認識」に関する発言に比べ「勤務態度」に関して村の幹部たちが行なった発言はより具体的だった。生産大隊幹部たちは党が用いるスケールの大きな政治的言語を使い自己の行為を説明しようとした。たとえば 5 月 26 日夜の「整党」会議では WXH（村党支部書記）が自己反省を行った。WXH の自己反省に対して他の生産大隊幹部たち 9 人から批判が行われた。ZMG からの批判には、

　　「WXH は党則第八条に違反している。学習が疎かであり、地主とブルジョアの階級的立場に立ち、貧下中農ではなく悪人を重用している。自己を誇示するため他人を攻撃して自らが天下一であるかのように振舞っている。昨年の小麦の収穫では第 4 生産隊に自分の判断でタバコと氷砂糖の手当てを出した。自ら制度を破壊しておきながら他人にそれを許さない。良い成果を自分のものとし、悪い成果を他人におしつけている。」（[1]、1966 年 5 月 26 日）

とある。批判された WXH は総括において批判を受け入れると表明するとともに、今後の努力方針を述べた。

　　「私は党の事業に重大な損害を与え党に対する民衆の信頼を損なった。私は党と民衆の罪人であった。自己の主観で独裁を行い同志たちのやる気をなくし、生産に損害を与えた。もし今回の「整党」運動が私を救済してくれなければ一層の腐敗堕落を招いただろう。今後は資本主義と一線を画し人民の側に立ち共に革命を行う。旧社会では「穀つぶしが立ち直ると犬が死ぬ」（悪人の改心は貴重の意）と言ったが、二度と階級的過ちを犯さないことを保証する。心を入れ替え共産主義のために最後まで闘う。」（[1]、1966 年 5 月 26 日）

一連の「整党」会議では、5 月 27 日に自己反省を行った HLG（水利主任）

第 12 章　政治権力と農民の日常生活の組織化

へ最も多くの批判（合計 12 人）が向けられた。HLG は自己反省の中で、

> 「62 年に LSY の次男を 1 回ビンタした。私の仕事にはいつも「左傾」の問題があった。63 年以降、無関心の「善人主義」に走り、言わねばならないことを言わず、管理すべきことを管理しなかった。60 年に綿花経営を担当してから 2 年連続の減産となった。62〜63 年頃には争いがあるとすぐやる気をなくした。1 ヶ月に 20 日間も休んだこともあった。水利の状況を把握していなかったため 7 つの水門を壊し、600 点もの労働点数を浪費した。水利において無責任だった。第 9 生産隊で起こった悪い状況も私と関係している。」（[1]、1966 年 5 月 27 日）

と述べた。HLG に対し WXH（村党支部書記）と WD は、

> 「経済第一の思想をもち、一日の灌漑あたり小麦粉一斤（0.6kg）をとった。」「灌漑する時に自身の生産隊へまず給水した。第 9 生産隊から逆向きに灌漑するのでひどく不合理だった。」「党の政策執行が不十分で経済第一主義。障害にぶつかると即時あきらめた。」（[1]、1966 年 5 月 27 日）

などと批判した。「HLG の問題」を踏まえ最後に W 指導員が今回の「整党」の意義について政治的に高いレベルの総括を行った。すなわち HLG は「党員でありながら十分な反省も批判もできない。政治第一ではない。それでいて命令を強制する経済第一主義だ。これは国民党の流儀であって共産党の流儀とは到底相容れない。」として、HLG の過ちは「党への印象を損なうものであり深く検証しなければならない。思想的な探求を行っていかなる道を歩むべきか党支部が自ら整理しておかなくてはならない。民衆を牽引する機関車の役割を果たさなくてはならない。」と総括した（[1]、1966 年 5 月 27 日）。

古参党員の WBG が 5 月 30 日夜の「整党」会議で反省したのもごく日常的な事柄だった。党員であるがゆえに元々「問題」でないことも「重大な問題」となった。WBG 自身の反省によれば、

> 「60 年に病気となったとき迷信活動に関わった。過去賭博に注ぎ込み、風水を占って 3 年前に死んだ母親の墓を NZ 村から道備村へ移した。一貫して小農的な経済活動を好み揚げパンを売った。迷信活動で私は 30

元と2斤（1.2kg）の損をした。61年から5〜6回トランプ賭博で10数元失った。生産隊長の時に物質主義で隊員の労働意欲を刺激しようとした。」（[1]、1966年5月30日）

という。だが、やはり古参党員のWXNは、上引の自己反省よりもいっそう細かい内容でWBGに対して批判を行った。

　「WHGは61年に野菜栽培地を担当した際に小豆を植え売却して儲けたが、集団には納入しなかった。WYMがその小豆を1斤当たり0.2元で2斤（1.2kg）購入した。63年にはWYMを仲間に引き入れて彼の家で賭博をし、WYMの家にあった米も小麦粉もみな売り払った。迷信活動をやり高値で揚げパンを売って私腹を肥やした。しかも揚げパン売りに女性隊員を使った。第6生産隊の収入を帳簿につけず勝手に自身のタバコ代とした上に、こっそり甘藷を売って収入にした。生産隊員は（WHGの）行動に疑いを持っていた。第6生産隊では女性隊員のWHMが何度か彼の食事の面倒をみた。いい年齢だというのに男女関係を持とうとすべきではない。」（[1]、1966年5月30日）

　一方、党員のZMGはWHGについて別の角度から

　「WHGの誤りの根源は彼の出身成分が悪く、迷信深く民衆へ悪影響を与えたことだ。…売春と賭博をやって党に多大な危害を加えた。私利私欲が強く種籾用の農地も自分で耕作せずに外部の人間を雇って耕作させた。これは搾取である。物質主義は厳格に言えばフルシチョフ流の修正主義と切り離せないものである。」（[1]、1966年5月30日）

と批判している。

　「整党」運動の中で村の党員たちは上級の党組織の意志をうけ、思想認識に始まり生活の具体的な問題点に至るテーマについての自己反省と批判、及び改善方針の提示という政治的洗礼を受けた。もっともこれら党の末端で行われた自己反省と批判はあくまで儀礼的なものとみなすべきだろう。実際の効果のほどはともかく、一連の「儀礼」によって村の党員たちが自身を共産党の組織全体の中に位置付けるとともに、党及び国家の権力が農村社会のすみずみまで貫徹可能だと示したことがより重要である。

2. 道備経済：幹部と大衆の労働生産と生活

　農民生活の組織化は政治の領域にとどまらず日常の経済活動の領域へも及んだ。会議記録には一般の生産隊員への労働配備・生活配備に関する様々な記載が残っている。本節ではとりわけ村の水利において生産大隊の党支部幹部が果たした役割に着目し、道備村における経済の組織化について検討する。道備村は汾河の支流（沙河）に面し、水資源が豊富である。農業水利建設は共産党が重視した事業の1つだが、1954年に毛沢東が農業八字憲法[3]を提示して以来、水利建設と用水合理化事業がとりわけ重視されるようになった。会議記録にも沙河の水を利用していかに灌漑・労働配置を行うべきかについて記録が残っており、水資源の利用が厳しく党組織によって統制されていたことがみて取れる。

　1973年7月、長雨が続く道備村内では排水不良により雨水の溜まる農地が出現していた。当時、道備村には道備生産大隊の上級機関である王家庄人民公社が水門を設置していたが、いくつかの生産隊は（長雨のなか）水門からの灌漑を続けるべきか迷っていた。7月12日夜の会議で水利員WJGは水の溜まった第6生産隊・第8生産隊及び他の生産隊への灌漑は不要だと提案した。これに対し一部の村党幹部が上級の人民公社が作成した水分配表（「高澆水字」）で道備生産大隊の配分はまだ70目盛分も残っており、灌漑しなければ無駄になると主張して水門からの灌漑が続けられた（［3］、1973年7月12日）。

　また、1974年3月18日、沙河から取水する給水路が2か所で決壊し、第4生産隊の自留地へ流れ込んだ。そこで溢れ出した水を排水路経由で沙河へ戻すことが検討されたが、沙河の水位も増水の限界に近づいていた。18日昼に村の東側にある給水路も決壊し、同日夜に緊急会議が開かれるころには沙河のある村の西北方向へ水が流出していた。村党幹部たちは対応を検討したものの、沙河から取水する灌漑給水路の管理権は上級の王家庄人民公社の水利部門がもっていた。ゆえに道備村の村党幹部たちが水路保全のため取水の

停止を望んでも、勝手な停水は許されていなかった。会議では生産大隊の所有地に水を引き入れて事態への対処を図ることが決定され、人民公社の担当者の指示を求めようとしたが、人民公社の担当者と連絡を取れなかった。そこで村党幹部たちは会議を続け、溢れた水を村民の自留地へ灌漑し、生産隊にも所属隊員の自留地へ灌漑を許す臨時措置をとらざるをえないと判断した（[3]、1974年3月18日）。

　以上の記録から道備生産大隊は沙河の水源利用を厳しく統制されていたことがわかる。灌漑利用にあって個々の村民（生産隊員）へは利用の権限がなく、上級の人民公社と村党支部の許可を経て初めて利用が可能だった。それ故に長雨にもかかわらず灌漑が続けられ、給水路が決壊しても取水が停止されず、他の手段での乗り切りが試みられた。

　自留地への臨時灌漑を行った決定から2か月が経過した1974年5月21日、改めて村党支部の主要メンバー（WXR、JSL、WYX、ZMG、WZX）による会議が開かれた。この日の議題は「自留地を無断で灌漑したことに対する処分」問題だった（[3]、1974年5月21日）。3月18日の給水路決壊で溢れ出した水量はあまりに多かったので、多くの生産隊員が溢れた水を利用して自留地を灌漑しようとした[4]。そもそも3月18日夜の会議では、溢れた水量が多すぎることから、集団所有地を灌漑した余剰を人民公社の許可なしに各生産隊隊員の自留地へ灌漑することを臨時に許可していた。これを知った党の上部は公共物である水資源に対する集団的利益に違背する行為と村党幹部たちを厳重注意した。計画経済のもと集団経営の維持は至上命題であり、個の利益はさまざまに制限された。村党組織のもと農民の生活経済は全て計画化・組織化されていった。

3. 道備の文化：幹部と大衆に対する教育

　社会主義化のプロセスの中で社会主義教育はイデオロギー工作の一環として日常化・常態化していった。文革期に推進された「毛主席の著作に学ぶ」（学毛著）運動はその一例である。「現実の中で毛沢東思想を学び、活用す

第 12 章　政治権力と農民の日常生活の組織化

る」（活学活用毛沢東思想）ための宣伝活動の下で都市・農村を問わず国単位でのイデオロギー教育が推進された。道備村の文書群に大量の毛沢東思想に関する学習資料が残されているのもこのためである。1971 年 9 月に「学毛著」運動の推進に関する方針が下達されると、全国各地の党員や生産隊員から意見表明がなされた。例えば道備村の TWG は 1968 年に平遥中学を卒業して村へ戻った。1970 年の「一打三反」運動5) の中で道備生産大隊の「保管員」兼民兵副隊長に選ばれた。TWG は「毛主席著作の「活学活用」についての個人総括」において、

　　「本年 7 月、私は好天を確認し倉庫の小麦・種粍を広場で乾燥させた。正午、突然の強風とともに雲が巻き起こり、大雨の到来が予期されたことから、生産大隊員を至急召集し搬送を行わせた。私自身も大隊員を領導して麦を担いだため、額から玉のような汗が流れ出た。数千斤（約 1t～2t）の小麦の搬入は容易ではなく、小麦の搬入は完了しなかった。毛沢東思想は力量の源泉であり、無尽蔵の精神の原子炉であると大隊員と暗唱を行い、犠牲を恐れず、万難を排除して勝利を勝ち取るよう決心した。毛沢東思想を学ぶやたちまち無尽蔵の力が湧き上がり、一気呵成に小麦の搬入が完了した。糧秣の搬入後はすっかり衣服が湿っていたが、私の喜びは湧き上がらんばかりで、貧下中農の希望に悖らず「紅い支配人（紅管家）」の役割を十分に果たした。」（[4]、1976 年 8 月 19 日）

と記している。TWG の記述にみられるように「学毛著」運動に動員された人びとは日常の労働を毛沢東思想と結びつけることによって、自己が革命と集団への熱意にあふれた「社会主義新人」であることを証明しようとした。

　1975 年 8 月 11 日、道備村党支部は平遥県革命委員会から「文芸の骨幹に関する会議開催についての緊急通知」を受け取っている。通知ではプロレタリア階級によるブルジョア階級への全面的な独裁をさらに強化するため、旧文芸を社会主義的新文芸によって刷新することが伝えられた。具体的には山西の伝統芸能である秧歌（ヤンゴァ）の改革指示が出され、平遥県文化館において革命模範劇『紅灯記』を練習し、上級地区で上演報告するよう求めていた（[5]、1975 年 8 月 11 日）。同通知には村の WSF という青年に劇の練習への出席が名

223

指しされていた。県革命委員会からの通知を受け、WSF の派遣について村党支部の幹部 7 人が会議を開き議論を行った。最終的には「党の多数決の原則に則って WSF を平遥県文化館と山西中部地区での上演報告に行かせること」が決まった（[2]、1976 年 8 月 19 日）。WSF は元々文芸の得意な青年で、中学卒業後は村で労働生産に従事していた。毛沢東思想の宣伝活動に際し WSF は革命文芸を用いた宣伝で突出した才能を示したことから、県革命委員会によって上級の山西中部地区での活動の参加者に選ばれた。

党と国家による「社会主義新人」育成は工農兵学員（労働者・農民・兵士から選抜された学生）募集の事例にも見て取れる。1976 年 3 月 30 日、平遥県「五七」大学が王家庄人民公社経由で道備生産大隊に 21 名の工農兵学員推薦を求めてきた。推薦の条件は、

> 「真面目に学習へ取り組み、階級闘争・路線闘争の意識レベルが高いこと。「三大革命」（階級闘争、生産闘争、科学実践）の実施姿勢がよく、集団労働へ 2 年以上従事した知識青年かつ貧下中農出身の生産隊員であること」（[3]、1976 年 3 月 30 日）

で、応募は「応募者自らの意志で、生産大隊の推薦と人民公社の確認を経た後、平遥「五七」大学設置領導組の許可を得て入学許可書を発給する」とされた。道備村からは農業技術専攻へ 2 名（ZTS、WSQ）、農業機械・電力設備専攻へ 7 名（LRZ、LSC、WWS、LFM、ZWM、JSY、WJW）、「裸足の医者」専攻へ 6 名（WCM、WYM、HAQ、LFY、LAL、WAL）、獣医・樹医専攻へ 2 名（WYJ、TBW）が推薦された。彼ら工農兵学員には、戸籍を出身生産大隊に残すこと、糧食は県革命委員会がまとめて購入して配分し生活補助も支給すること、出身生産大隊は学員の状況を斟酌して労働点数を補充すべきこと、などが定められた（[3]、1976 年 3 月 30 日）。工農兵学員の推薦は文化教育の貧下中農階層への普及であった。専門知識の学習を通じ各種技術を理解しつつも高い意識と文化レベルを備えた農村の「社会主義新人」育成が目指された。

文化教育を通じた農村社会への浸透は文革後も継続された。1984 年 3 月末、道備村党支部では党中央が発した「農村時事情勢理論文件」について会議を

第 12 章　政治権力と農民の日常生活の組織化

開いた。すなわち同年 1 月 1 日に発布された「1984 年党中央一号文件[6]」の学習についての検討だった。会議通知では学習目的とその要求についてわざわざ特別な説明が記されている。

　　「本文件は昨年の『一号文件』を継続的に発展させたもので、農村工作を指導する重要文献である。その基本精神は速やかに農民を富ませることにある。『一号文件』の学習を通じ党幹部・民衆へ文書の精神・含意を体得させ、農民「致富」のために服務せよ。…本年冬には全面的な「整党」を開始する。「整党」の核心はマルクス主義教育一般の深化である。『鄧小平文選』及び「整党」の関係文書の学習を通じ、党員と党幹部の思想を党の第十二回全国大会と第 12 期二中全会の精神へ統一するとともに、第 11 期三中全会以来の党の路線・方針・政策に対する理解を一層深化させなければならない。思想上・政治上において党中央と同一の立場をとり、全面的な「整党」に備えて思想的準備を行うこと。」（[3]、1984 年 3 月 23 日）

これに続けて理論学習の具体的な内容や時間、形式を細かく指示している。すなわち 3〜4 月の集中的な『一号文件』の学習、5〜10 月の『鄧小平文選』と党員必携の再学習、各村党支部は黒板広報・放送・合同夜間学習によって理論的理解を深めること、集団学習の時間は毎週 6〜8 時間を下回ってはならない等々である。これら理論学習は県革命委員会の通知を通し村党支部でシステム化・組織化されていた。会議の席上ではさらに、

　　「理論を実情と結びつける原則を堅持しながら『中央一号文件』を学習し、商品生産の発展に集中すること。速やかに農民を富ませるとの精神について理解を深めること。…『鄧小平文選』を必ず読了すること。通読した後は重要な文章と「整党」に関する部分を精読すること。並びに中国の特色ある社会主義建設のテーマについて十分に把握し絶えず理解を深めること。」（[3]、1984 年 3 月 23 日）

が繰り返し強調された。この会議で議論されたのは改革開放初期の農村経済政策の転換とその理論学習についてだった。興味深いのは村党支部がそれを「整党」問題と結びつけていたことである。会議記録には「理論文書の学習

においては思想認識の水準を高める前提のもとで批判・自己批判を行い、文書の精神を把握し、自身の思想的立場を検査する。各種の過ちがあった党幹部については主体的に過ちを改めること。本単位（道備）の「整党」による解決を待ってはならない」（[3]、1984年3月23日）とある。前述のとおり「整党」運動は党組織の社会末端に対する権威強化に極めて重要な役割を果たした。村の政治領域における党支部の指導的地位がすでに認められていたからこそ、この会議でも村党幹部個々の意識が特別に強調されたのであった。村党支部書記のWXRは、

> 「理論学習の成否の鍵は党の指導である。党支部は理論学習工作を重要任務と認識して遂行しなくてはならない。そのために専門の担当者を選び、継続的かつ不断の努力でやり遂げたい。党支部の指導を担う同志たちには模範となってまず学習へ取り組んでほしい。率先して学び、率先して語り、理論と実情の連結並びに問題の解決へ先んじてもらいたい。自らの模範的行動によって党員・党幹部・民衆の学習を牽引し、情勢学習・理論学習の成果をあげなくてはならない。健全な学習制度の確立によってこそ学習の順調な進展が保証される。加えて学習の状況については常時党委員会へ報告しなければならない。」（[3]、1984年3月23日）

と述べて会議を締めくくった。以上の事例は社会主義的イデオロギーが農村社会へ浸透するプロセスを反映している。一見抽象的な中央からの国策及び時局評価や制度は、張り巡らされた党の末端組織を媒介に、日常生活における具体的な問題と結びつけられて国・社会主義が民衆の身近にあることを意識させていった。文化教育は県革命委員会・人民公社から村党支部に到る「権力の文化的ネットワーク（cultural nexus of power）」（[6]、15-41頁）として機能したと言える。党の末端組織たる村党支部は文化の演出に際して主導的役割を果たした。村の個人はこの組織化ネットワークへはめ込まれ、党と国家の文化政治に付属するコマとなっていった。

第 12 章　政治権力と農民の日常生活の組織化

おわりに

　1949 年の中華人民共和国成立以来、中国農村は社会主義化のプロセスの中で徐々に新しい政治システムを構築していった。本稿の事例は 1949 年以降の中国農村が「関係あり、組織なし」の伝統的構造（[7]、20 頁）から組織化によって「関係あり、組織あり」の新たな構造へと転換していったことを示している。農民の日常的生産や生活の全てが党組織と結び付いていく中で、村党支部は農村社会を組織化のネットワークへと組み込んでいく中間的な担い手として機能した。一見すると道備村の会議記録は定例化し形式化した会議と議論の記録であり、些末なことを論じた記録にすぎないように思えるかもしれない。だが、こうした会議こそが村民たちに党ないし国家という権力の存在を意識させていった。彼らの意識的な基礎の上に社会主義のルール・制度が農村へ浸透し、「関係あり、組織あり」の構造が生み出されていった。農村生活の組織化がもたらした結果として見逃せないのが「社会主義新人」の再生産である。道備村の「整党」、労働生産における「公・私」関係（水利管理と資本主義的傾向の撲滅）、改革開放当初の「致富」理論学習の事例においても見られたように、農村における活動実践を通じて「社会主義新人」が再生産されていったのだ。

文献一覧

［1］「道備大隊党支部整党会議討論記録」山西大学中国社会史研究中心所蔵。
［2］「道備大隊階級成分登記表 1966 年 5 月～6 月」山西大学中国社会史研究中心所蔵。
［3］「道備大隊党支部会議記録」山西大学中国社会史研究中心所蔵。
［4］「活学活用毛主席著作的個人総結」山西大学中国社会史研究中心所蔵。
［5］平遥県革命委員会政治工作組「関於召開文芸骨幹会議的緊急通知」山西大学中国社会史研究中心所蔵。
［6］Duara, P.（1988）. *Culture, Power, and the State: Rural North China, 1900-1942*. Stanford, Calif.: Stanford University Press.
［7］Wang, S.（1994）. The Dynamics of the Chinese Social System: Network Building without Group Solidarity. In: Michio Suenari et al.（eds.）*Perspectives on Chinese*

第Ⅲ編　農民の生活空間

Society: Anthropological Views from Japan. Tokyo: Tokyo University of Foreign Studies.

註
1) 1950 年代末から 1970 年代にかけて道備村は「道備生産大隊」へ組織されていた。平遥県では 1958 年 9 月に高級合作社の合併が行われ、307 あった高級合作社が 6 つの人民公社へと再編された。道備高級合作社も合併されて王家庄人民公社へ所属した。1980 年代の人民公社解体後、道備生産大隊は道備村民委員会へ改組されて現在に至っている。
2) 名前・性別は不明。人民公社から派遣され生産大隊での各種政治運動のオルグを行っていた。
3) 1954 年の第 1 回全人代で議決され、「土、肥、水、种、密、保、管、工」(土壌改良、合理的施肥、水利開発と合理的灌漑、種子改良、合理的密植、植物保護と病虫駆除、農地管理、農具改良) の 8 つの語が増産の重要指導原則とされた。
4) 筆者らが実施した道備村での聞き取り調査による。
5) 1970 年の党中央の指示(反「革命破壊活動」、反「舗張浪費」、反「貪汚盗窃、投機倒把」)によって推進された大衆動員運動。
6)「一号文件」とは党中央がその年で一番始めに発布した文書を指す。1982 年以降、農業改革に関する内容が記載されるようになり、のちの生産責任制へとつながった。

第 13 章
地域防衛と結衆の原理

山本　真

はじめに

　中国史において中華民国時期（1912-49）は清代以来の統治制度が崩れる一方で、新たな統治システムもいまだ十分には確立しない混乱の時期であった。特に軍事勢力が各地に割拠した北京政府時期（1912-26）は、中央や地方政府の統制力が退縮したために、いたる所で匪賊が跳梁し治安が悪化した（[1]）。この状況を福本勝清は、「民国という時代を一言で言い表すと、今の一年よりも次の一年のほうが、さらに悪くなるとしか思えない年月がずっと続いた時代だった」と、描写している（[2]11 頁）。それゆえ、民国時期の民衆生活についてリアリティをもって理解するためには、上海などの一部の先進都市だけでなく、自然災害、戦火、匪賊の害などにより、人びとが生存の危機に直面した内陸部農村の実情をも見据えておく必用があるだろう。
　以上の問題意識に基づき、本章では河南省南西部の南陽地区（古名を宛という）の西部で、地域指導者が自衛を軸にして人びとを組織・動員し、地域的統治権力を樹立した所謂「宛西自治」を取り上げる。そして過酷な現実に対処した人々の「生存戦略」を、歴史（時間）と地理（空間）の固有の文脈に即しつつ、結衆の原理に着目して探究したい。
　ところで、この「宛西自治」については、既に複数の先行研究があるため、ここでは重要と思われるものだけを紹介する。台湾の沈松僑は、自治に携わった在地精英（エリート）に着目し、その事跡をエリートの主体的行為に即して実証的に分析した（[3]）。Zhang Xin（張信）は、政治学や社会学の理論

を援用しつつ、社会変革における在地エリートの役割を強調するとともに、河南南西部を国家権力の浸透を妨げる地域エリートが跋扈した空間として描き出した（[4]）。張鳴は、在地の指導者別廷芳に注目し、その登場を清末民初以降の武装化したエリートが伝統的エリートに取って代わる過程であったと概括した（[5]169頁）。

このように先行研究の関心の重点は、主に在地エリートの営為に置かれてきたといえる。筆者自身は、別稿において、①地域住民の安全保障への希求と、それに応える保護が在地指導層による自治政権樹立に正当性を付与したこと、②自治政権により実施された自衛や地域振興策の具体的内容、③地域の利益を優先する分権的な自治政権と中央集権を優先する国民党省政府・中央軍との間に深刻な矛盾が発生し、最終的に自治が押しつぶされたこと、などを検討した（[6]）。本章では、先ず地域住民が安全保障を希求した社会・経済的背景を詳細に検討する。その上で、地域自治政権による自衛を下支えした結衆の原理について、現地での調査を踏まえて考察する。社会史家の福井憲彦が提言したように、人びとの行為の背景にあった"日常的共同性"、

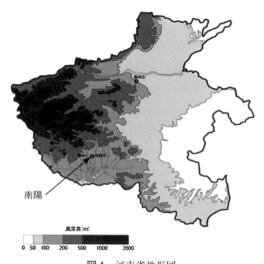

図1　河南省地形図
出所：『河南省地図冊』北京、地図出版社、2005年。

結衆の原理の解明を主要な目的としたい（[7]258 頁）。

1. 清代末期から民国前期における河南南陽地区の経済的衰退と社会の混乱

1 交通路の変化と災害による地域経済の衰退

　河南南西部に位置する南陽地区は秦嶺山脈・大巴山脈から東に延びている伏牛山系と熊耳山系の二つの山脈により河南中心部から遮られてきる（図 1 参照）。盆地の中央を南に流れる白河は漢水へと注いでおり、古来より南陽は華北平原と華中地区とを結ぶ交通の要衝であった（[8]）。明清時代にも市鎮は河川に沿って発展していたが（[9]）、民国時期には匪賊が跋扈する周縁部に後退した。これには経済的衰退が関係している。すなわち、清代に人口が増加し、山林の開墾、樹木の伐採が進んだ。これを原因として洪水が発生すると、川底への土砂の堆積が進み、終に河川が航行困難に陥ったのである（[10]49 頁）。さらに、清末以降進められた鉄道（京漢線、隴海線）の敷設が河川運輸の衰退を加速させた（[11]）。ここでは南陽地区賒旗鎮の事例について、東亜同文書院生による 1909 年の旅行誌を引用する。

> 昔海による交通甚だ危険なりし時代にありては賒旗鎮は實に南貨北貨の集散地たりしなり。少なくも京漢鉄路開通せざる以前迄は尚ほ相應の繁盛を見たるものゝ如し（中略）今や時勢日に非にして加ふるに唐河の水底年々沙泥に淤塞せらるゝに至りては誠に孤城落日の嘆き無くんばあらず（[12]64 頁）。

河川水運に依拠してきた伝統的市鎮が衰退したことに比して、新たに敷設された鉄道の沿線では商品経済が発展した。この事実は先行研究でも注目されており、Zhang Xin（張信）はこの現象を「周縁化」の概念を援用して説明している（[4]）。ここでは、賃金の地域格差に着目した資料を利用し、その実態を確認したい。1930 年代前半、左派経済学者の張錫昌は、省北部鉄道沿線の輝県、滑県、新郷では年 20 元〜30 元であった労働者の賃金が、省南西部の鎮平、南陽、内郷では 10〜15 元、甚だしくは 10 元に及ばなかった、と述べていた（[13]63 頁）。また、衰退する地区からの余剰労働力が兵士や匪

賊の供給源になる現象も広くみられた。例えば、南陽の南方に位置する新野県では農業労働者の賃金があまりに低かったために、兵隊や匪賊になる者が大量に発生した（[14]69頁）。

これに加えて、民国時期に打ち続いた自然災害が地域の荒廃に追い打ちをかけた。1920年には華北五省と陝西省で、1928年〜29年にかけては西北・華北で、大旱魃が発生した（[15]40〜48頁）。さらに1931年の水害、1936〜37年の旱魃も深刻であった（[16]34〜39頁）。1929年の河南の惨状については『民国日報』（上海）の以下の記事が実情を伝えている。

> 河南各県では天災人禍が連年交々発生している。最近はとりわけ状況が深刻であり、食料は断絶し、身を寄せるところもない。山や谷の間や大きな道の傍らには死体が累々となっており、飢民が争ってその肉を貪り食っている[17]。

南陽地区に限定すると、1919年には唐河や白河の流域で大規模な洪水が発生し、鄧県、南召、方城、南陽、泚源、新野、淅川、内郷等の諸県が被害を受けた。10万5,000棟余りの家屋が破壊され、広大な土地が冠水した。また、1920年には唐河・白河流域が深刻な旱魃に見まわれ、飢饉が発生した。さらに1928年には唐河・白河流域で雨が降らず、河と井戸が枯渇し、全く収穫がなかった。翌29年も旱魃であり、人びとは草の根、木の皮、地面、雁の糞などを食べ、河南南西各県では計70万人の餓死者が出たという（[18]41〜42頁）。

2 匪賊の猖獗による治安の悪化

河南では経済の衰退、自然災害が民を苦しめただけでなく、軍事勢力相互の衝突が繰りかえされた。その結果、軍事費を「兵差」として民間に転嫁することが頻繁に行われた（「兵差」とは、軍事の名義で臨時に賦課される税・役務のことを指す）。例えば、1930年に戦場となった河南省東部各県で課された「兵差」の平均負担額は、正税の40倍であったという（[19]133頁・137頁）。社会・経済が荒廃するなか、食い詰めた人びとは生きるために匪賊に加わり、河南西部では伏牛・熊耳山麓一帯が匪賊の巣窟と化した。当該地区

では、灌漑設備の建設に携わる労働者を「鏟匠」と呼ぶ。彼らは特定の請負親方に専属することが多く、集団性をもっており、仕事が途切れると匪賊になったとされる（［1］65 頁）。

以下では、河南南西部の唐県城が匪賊の襲撃を受けた惨状を、東亜同文書院編の『支那省別全誌』から紹介する。

> （唐県の県城は――引用者）一県城として河南西南部に於ける重鎮たりしが、当時土匪の襲来頗頻々たるものあり、住民日を逐ふて他地方に移住するに至り漸次衰微の傾向を顕し、従来人口五萬餘を有し、交通商業上重要地点たりしも今や全く昔日の俤なく疲弊其極に達せるもの丶如く、人口僅に五千を算するに至れり（［20］130 頁）。

また、別の史料によれば、匪賊の襲撃を受けた鎮平県の被害状況は次のようであった。

> 民国 15、16 年以降、匪賊の集団はどんどん大きくなった。集団ごとに数千人から数万人の流賊となった。通過するところの村落は廃墟となった。匪賊が人民を蹂躙することは益々残酷となり、村や家を焼き払い、殺人、略奪などの悪行の限りを尽くした。都市や寨が攻め落とされると毎回拉致される人民や家畜は数万になった。鎮平県城が攻め落とされた際には、

表 1　鎮平県内の匪賊勢力　1920 年代後半－30 年代前半

頭目の姓名	人数	活動地域
趙金斗	2,000 余人	県東南、南陽、鄧県
魏宝慶	1,000 余人	県南西部
王光斗など	1,000 余人	県南部、鄧県
張大先、楊小黒	6,000 余人	県城の攻撃
魏宝慶	4,000 余人	県西北部
崔一日	10,000 万余人	県境周辺
王太・魏国柱	30,000 万余人	全県 3 分の 2 を騒擾
馬西有	3,000 余人	県東部
張鉄頭	8,000 余人	県東部

出所：鎮平県地方建設促進委員会『彭禹廷与鎮平自治』1936 年、26 頁。

誘拐され人質とされたのは1万人に及んだ。民国21年の春、王太、魏国柱などの匪賊集団は連合して3万人に膨れ上がり、民団を打ち破った後に、農村において放火略奪し、（県の）一、二、六、七、八、九、十七区を騒擾した。被害は、焼かれた家屋が4万7,200余軒、1,000人余りを傷つけた。被災者は11万2,000千人に達し、損失は859万余元であった（[21]20〜21頁）。

ここでは匪賊は3万人と記されており、その勢力の強大さが窺われる。さらに1929年9月には匪賊2万人が鎮平県県城を陥落させ、県長の郭学済を拉致・殺害する事件を引き起こした（[22]34頁）。

共産党が作成した報告書も「匪賊は豫西南の崔二旦、魏国柱、張連三（之）が最も著名であり、人員や銃器はそれぞれ1万ばかりである。宜陽、南陽一帯に盤居しており、既に数年にわたり殺人、略奪、都市や寨への攻撃略奪が行われている」と、匪賊勢力の強大さを記載していた（[23]167頁）。

2. 宛西自治とその主要な指導者

この南陽の西部（宛西）に位置する内郷、淅川、鎮平の各県では、1920年代から1940年代にかけて、自衛を軸とする自治が展開された。これがいわゆる「宛西自治」である。自治の過程では、前後して彭禹廷、別廷芳、陳舜徳という3人の地域エリートが指導者として台頭した。彼らはともに自衛団（民団）の武力に依拠して指導権を確立した人びとである。その事績の概略は次のようであった。

（1）彭禹廷（1893-1933）は、鎮平県雪楓街道七里荘の出身である。県師範伝習所で学び、北京匯文大学（燕京大学の前身）に進学するも中退した。帰郷後、南陽第五中学で教職に就いた後に、馮玉祥に追随し、1927年には国民革命軍の高等執法官となった。鎮平県に匪賊が蔓延すると、民団の訓練に努め、1928年には鎮平の民団旅長に就任する。また河南村治学院の設立にも加わり、郷村建設運動で有名な梁漱溟とも交流した。1929年に鎮平県城が匪賊に襲撃されると、翌年に内郷県の別廷芳、淅川県の陳舜徳、鄧県の寧洗古

第13章　地域防衛と結衆の原理

と協力して宛西地方自衛団を結成、その副指令となる。さらに1930年には県長を殺害して県の統治権を掌握したものの、1933年に反対派により殺害された（[22]991-992頁）。

（2）別廷芳（1883-1940）は、内郷県陽城郷張堂村出身である（ただし陽城郷は現在西峡県に属している）。小地主の家庭出身であり、10年間私塾で学んだ。若年時には遊興無頼の徒と交わったが、民団に参加した後に頭角を現した。1927年には旧紳士層を排除して、地域の実権を掌握する。1933年に彭禹廷が殺害されると、南陽西部数県の自治事業の中心人物として台頭した。そして1937年に河南省政府により河南南西部13県の聯防主任に、1938年に国民党鎮、内、淅三県党務特派員に任命された。同年武漢で蔣介石と会見し、河南省第六区国民抗敵自衛軍司令に抜擢されたが、国民党正規軍の高級軍人からは軽蔑と侮辱を受けた後、体調を崩し1940年3月に急死した（[24]786～787頁）。なお、別廷芳は民団に民衆を組織化しており、1933年段階で団員は8,000人を擁し、河南随一の民団の力量を誇ったとされる[25]。

ところで、筆者は別廷芳についての記憶を地域住民から聞き取った。その際、同族の老人は、別廷芳は地方の治安維持や建設に功績があったとして高く評価した[26]。また西峡県西部の住民は、別廷芳が治安を回復したことや指導者として胆力があったことが民衆の記憶に残っていると、語っている[27]¹⁾。さらに南陽地区の南端に位置する新野県でも、別廷芳の故事は肯定的に語ら

左：写真1　別廷芳の故郷、山区に属する西峡県陽城郷張堂村。
右：写真2　別廷芳故居　西峡県陽城郷張堂村。写真1、2ともに2016年3月、筆者撮影。

れるという[28]。

(3) 陳舜徳（重華）（1891-1982）は、淅川県上集鎮陳荘出身である。河南省立第三師範を卒業後、淅川県師範講習所主任を務めた。匪賊を防ぐために地方紳士の要請に応じて帰郷し、民団を組織した。1927年に馮玉祥が国民革命軍第二集団軍総司令に就任すると、淅川県長、国民革命軍の旅長、淅川民団団長に任命された。1930年の宛西地方自衛団の結成に際しては、その第三支隊長となった。地方自治事業では、工場の開設、農業の改良、道路の建設、学校の設立などに尽力した。日中戦争終了後には河南省参議員に選ばれ、1947年鎮平・内郷・淅川・鄧県四県聯防指揮官、1947年秋に豫鄂陝剿匪総司令、さらに国民大会の代表となったが、1949年に国民党に従い台湾へ逃れている（[29]644〜645頁）。

このように、日増しに強大化していく匪賊に対抗すべく、新興の指導者が自衛を軸に自治を展開した。さらに彭禹廷が河南村治学院の活動に関与したこともあり、宛西自治は当時注目された郷村建設運動の一環としても知名度を高めていった（[30]）。

3. 自衛的自治を支えた河南西部の社会結合

1 寨をめぐる結合

清代末期以降、太平天国や捻軍の侵攻を受けて、河南の人びとは村落を土壁で囲った寨と呼ばれる防御機構を構築し、生命と財産を守った（[31]）。例えば、『豫軍紀略』には、捻軍が淅川県に侵入した際に山上の寨を攻撃した情景が記載されている（[32]）。また別の資料では民国期の寨の様子が次のように描写されている。

> 匪賊から防禦するために、数村あるいは数十村の中で一箇所を選んで寨垣を修築している。普段は貴重な財物を寨内に貯蓄し、匪賊が至れば眷属を携え、牛を引き、その中に避難する。寨を築くのは富裕な村である。その中の富裕な家は必ず銃器を購入して保存している。大寨には寨主（寨長）がいる。富豪がいて居民が比較的少ない寨では、富豪の家が寨務を

統制している。乱時には寨内に外村からの避難民を迎え、寨の勢力を厚いものとした。寨がない外村の居民もまた、これに頼って生命を保全した[33]。

なお、清末の捻軍と社会との関係を論じた並木頼寿は、「寨の修築が、それまであった複数の村落を一ヵ所に集結させるという動きを伴っていた場合を確認しうる」と、述べている（[34]87頁）。「宛西」においても事態は同様であっただろう。すなわち、民国初期に地方の治安が極度に悪化するなかで、内郷県では300以上の寨が林立していた（[35]）。「宛西」での自衛的結合の背景としては、以下の原理が指摘される。①家族寨—同族を基盤とするもの、②聯営寨—数戸の地主・富戸により連合して維持されるもの、③群建寨—有能な人物が推戴され、民衆を基盤として運営される寨（[36]4頁）。また宗族→村→寨→区との積み上げにより、県級の民団が成立していたとする資料もある（[36]72頁、[37]41〜58頁）。寨を支えた人的結合を理解する上では、華北の社会史を研究した三谷孝の次の言葉も示唆的であろう。

同族でも近隣でも、あるいはまた経済的利害のからむ別の紐帯であったとしても、なにか1つの結合原理をもって華北村落の性格を規定することには多くの困難がともなう。むしろ、それが臨時に結ばれた結束力の弱いものであっても、村の中にさまざまな種類の"関係"が流動的に併存している状態の方が、新たな状況の変化に柔軟に対処できる"強み"の源泉にもなっていたと言えるのではなかろうか。このような"関係"は、日常的には当然に既存の社会秩序を前提として結ばれることになる（[38]116頁）。

この三谷の見解は、本章で考察した「宛西」での事例にも十分当てはまると、筆者は考える。それゆえ以下では、自衛的結合の背景について、宗族、村落、民間信仰、さらに在地有力者の指導力の側面から検証していきたい。

2 宗族結合について

『晨報』のある記事は、河南西部の農村について「一村の生活には雑姓と同姓の違いがある。同姓は一村に聚居している。血統の関係で、甚だ親密で

第Ⅲ編　農民の生活空間

あり、結合力も頗る大きい」と述べている（[39]）。では、南陽一帯における宗族はいかほどの結合力を有したのだろうか。南陽は後漢の初代皇帝劉秀の故郷として知られるように古い歴史をもつ地域である（[40]）。しかし、現在の住民には明代以降、山西などから移民してきた人びとの子孫が多いという（[41]、[42]94～95頁）。そして、民国期の宗族については、『南陽農村社会調査報告』に次の記述がある。

　　耕地面積は悉くは民有ではなく、一部分は公家に属し、一部分は廟産に属す。広東にあって勢力を占めている民族（宗族のこと――引用者）所有地はここではまったくみられない。そして民族の間でも平時の連絡はとても少なく、集合の機会はない。民族勢力もこれにより異常に微弱である（[43]10頁）。

　ここでの民族とは宗族を指すのだろう。この調査は南陽地方では、宗族の力が微弱であるとの見方を示している。ただし、行政院農村復興委員会の『河南農村調査』では、南陽南部の鄧県の事例を挙げ、河南省の中では族産の多い県として紹介している（[25]4頁）。また、南陽城内の高、楊、米、謝の四大家族が土地を5～6万畝所有し、特に大地主の高姓は房屋を数百カ所所有し、多くの大商店を開設していたこと、彼らの一族から科挙合格者や団練（自衛団）の団総が輩出されていたと述べる資料もある（[44]20～21頁）。仁井田陞も劉興唐の研究を次のように要約・引用している。「南陽城東に原来械闘を以て知られている王姓なる者がある。凡そ族人にして外族の侮辱を受けた場合には、全族の力を以てこれと決闘するも辞さないのが彼らの規約である。械闘の際には族長によって全族の壮丁が駆り出されるが、たとえ虚弱な者でも凶器を持って召集に応じなければならない。応じない者は罰せられ、且つ、永久に族人の蔑視を受ける」（[45]362～363頁、[46]）。つまり南陽地区での宗族結合は、広東や福建ほどは強固でなくとも（これについては拙著[47]を参照されたい）、全く無視できるほど脆弱なものではなかったように思われる。以下では南陽地区のなかでも、自治の指導者たちの故郷に対象を絞り、地域の社会結合の実態を考察したい。

　別廷芳の故郷である内郷県の一般的状況について、『内郷民俗志』は宗族

第 13 章 地域防衛と結衆の原理

が「清明社」を組成し、その社主には族長あるいは人望ある族人が就任したと述べている。また、祖先の墳墓には比較的大きな土地が付属しており（多ければ 100 畝程度、1 畝は約 6.67 アール）、族内の貧困者に耕作させており、共有地からの小作料は清明節に同族が集まって宴を開く費用に供された、と記載する（[42]115 頁）。

個別宗族の事例を挙げれば、内郷県城の張姓は伝統的な大姓であり、県城には「張半街」（町の半分が張姓）との言葉があった。張姓は、「光明正大、忠厚和平、伝家有道、万事臻祥」の輩行字を有し、清末・民国初期に有力者を輩出した（[42]108 頁・126 頁）。例えば、張光銑は光緒年間に広東省常寧県知県、内郷県清郷総局局長を務めた人物である。また張正春（和宣）は、1921 年に内郷で民団が創設された際、張光銑の親族との資格で内郷県中区の民団団総に、さらに全県団総理に就任した。しかし、新興勢力である別廷芳と対立した結果、1926 年冬に内郷から駆逐されてしまった（[24]803〜804 頁）。また、内郷県赤眉郷の齊氏宗族は、清末の 1900 年に完成した祠廟と祭田の麦畑 21 石（1 石は 100 リットルの収穫量のある土地である）とともに、家廟の規約（族規）を有していた（[48]）。その他、内郷県北部の馬山口鎮付近の江溝は江

 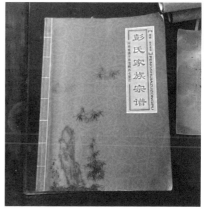

写真 3　別良欣編『別氏族譜（続）』、2003 年。別廷芳故居において筆者撮影。
写真 4　彭氏族譜、彭禹廷の故郷、鎮平県七里荘にて筆者撮影。

姓の単姓村であり、祠堂1カ所と全村で1つの祖先「社」（祭祀組織）を保持していた。毎年夏に貧富に照らして族人から食糧を貢納させ、族内の祭祀と救貧の費用に資したという（[49]51頁）。

引き続き、別廷芳の内郷県別氏宗族を考察する。別姓の地元張堂村での聞き取りでは、祠堂は陽城郷内の他の村落にあるが、民国時期には集団で祖先祭祀が実施されたという[26]。2003年に編纂された『別氏族譜（続）』によれば、別氏宗族は明代の成化年間（1470年代）に当地に移住してきた。清末までは科挙の下級学位の保持者である監生や貢生を輩出したに止まっていたが、別廷芳が自治の指導者となると、多くの族人が民団の幹部に抜擢され、勢力を拡大した。また別廷芳自身が編纂人の筆頭に名を連ねた『別氏族譜』は1928年に編纂されている。新たに台頭した指導者の唱導により、族的結束が強化されたのであろう[50]。

同様の事例は内郷県の劉姓にも見られる。内郷劉姓は同姓不同宗で元来は宗族としてのまとまりが曖昧であった。しかし、別廷芳の死後に自治政権の指導者となった劉顧三は、権力基盤を血縁に求め、同姓を抜擢した。さらに1940年に劉姓の年長者を召集し字輩を制定し、宗族秩序を創生したのである（[42]128頁）。以上は、宗族の絆が、時々の必要に応じて有力者を中心

写真5　彭姓宗族が建立した鎮平県七里荘の彭公禹廷紀念碑。
写真6　鎮平県雪楓街道七里荘　彭氏祠堂、ともに2016年3月筆者撮影。

第 13 章　地域防衛と結衆の原理

写真 7、写真 8　淅川県上集鎮陳荘の民居と景観、2016 年 3 月筆者撮影。

に生成・強化されたことを示す事例である。ちなみに、湖北省の宗族を研究した秦兆雄も、宗族の統合と分節化において個人（有力者）の行為が果たす重要性を強調している（[51]41〜42 頁）。

また、彭禹廷の彭氏宗族は鎮平県雪楓街道七里荘に祠堂を有しており、民国以来の祠堂が現在も保存されている（2016 年 3 月 21 日、筆者自身が彭氏祠堂を訪問した）。そして 2010 年には家譜編族小組により『彭氏家譜』が編纂された。一族の歴史を遡れば、彭姓は明代の洪武年間に山西省洪洞県から南陽の鄧県へ移住したという。さらに鎮平県の西部に移つり、清代の嘉慶年間に至って七里荘にたどり着いた。民国時期には族内に火星社（後述）を設けて貧困者への扶助を行うとともに、宗族立の小学校を設けている[52]。

陳舜徳（重華）が属した淅川県上集鎮陳荘村陳氏も 2001 年に『陳氏家譜』を編纂している。同書の序は、陳一族が山西省洪洞県から河南の内郷県に移り、さらに清代乾隆年間に当地に移住してから 11 代になると記述する。現地調査では、陳舜徳という有力者を輩出したことにより、陳姓は地域で威信をもった、との語りを聞き取った[53]。

③ 村落、民間信仰、任意団体による結合

『内郷県地名資料匯編』によれば、内郷県の山区の自然村は小規模のものが多い。1 村 10 戸から 30 戸、平地では少し規模が大きくなり、80 戸から 90 戸

第Ⅲ編　農民の生活空間

程度の村もある（[54]6～47頁）。別廷芳の故郷西峡県陽城張堂村（行政村）は山間部に位置し、現在6つの組から組成されている。そのなかの上営組と北荘組は以前1つの生産隊であり、2組合せて20戸から30戸、別姓人口が概ね半数を占めるという[26]。

　彭禹廷の故郷鎮平県七里荘は、平野部に位置しており、現在は6つの組を包摂する1つの行政村（人口1,480人）であるが、元来は全体で1つの自然村を形成していた。そして、七里荘では彭姓が人口の五分の三の優勢を占めている[55]。陳舜徳の故郷である淅川県上集鎮陳荘行政村の陳荘組は小規模な自然村である。20数戸のうち2戸を除いては陳姓であり、同姓村に近い状況にある[53]。以上から、「宛西自治」の指導者がみな、祠堂や族譜などの族的結合の象徴を保有し、かつ村落内の多数派を形成する宗族の出身であったことを確認できた。

　ただ、彼らの出身地は完全には同姓村落ではない。その場合、同一村落内の他の宗族との間に矛盾が発生した可能性は否めない。では、複数性が同居する雑姓村での社会結合はいかなるものであったのか。河南の雑姓村を描写した次の資料が参考となる。

　　雑姓村の生活は同族ほどの親密さはないものの、却って義気を重んじる。およそ公共の事業に遭えば、能く力を合わせて遂行する。外からの侮りに遭ったときには、近隣の村が互いに警戒し相互に援助する（原文：守望相助）。ただし多くの場合は利害関係のために、また感情の連絡のために協力するのであり、事業を発展させようという考えはない。表面上は結合しているが、実際にはばらばらである。それゆえ族人の間の多少のいざこざにより、互いに圧迫することが常時発生する[56]。

　ここでは、雑姓村でも、緊急の際には全体的な凝集力が発揮されるが、その永続は難しいことが指摘されている。それゆえ村落における結合を持続するためには、同族や同村の人びとが同じ神を信仰し、共同で祭祀儀禮を行う信仰上の紐帯が重要となったのである。

　伝統的に「宛西」では民間信仰が盛んであった。例えば、『光緒　鎮平県志』は、「醮祭、報賽、祈禳が盛んなのは（当地が）楚に近いためである」と記

載する（春秋時代淅川県には楚の都丹陽が置かれた）[57]（なお楚の文化について論者は、「楚文化の特色は山川鬼神の自然崇拝、豊富な神話の想像と宇宙論的思想にある」と述べている。[58]34頁）。内郷、鎮平、淅川の農村で注目されるのは火星翁の信仰である。火星翁（晋の文公に仕えた介子推とされる）は火を司る神であり、山西からの移民により持ち込まれたとされる。火星社・火星会は、火星翁信仰を拠り所とするとともに、宗族、村落（一村または数村）を単位として成立する結社であった。その活動では、会員が小麦や玉蜀黍を拠出し、社の世話人（社頭）がこれを飼料として豚を飼育し、春節にその肉を社員に分配した。また灯節（元宵節）などの節日においては、娯楽や廟会（縁日）が催され、「全村同楽」の感情が培われた。なかでも、薬剤の集散地である内郷県馬山口鎮の火神会の廟会が有名であった。正月に催される廟会には、周囲30～50華里（15から25キロメートル）内の農村から「灶火」（竈の火）が持ち込まれ、「火樹銀花」と形容される炎の祭典や龍灯、獅子舞、そして演劇などが催されたのである（[42]115頁・208頁）。

　淅川県内の某村を対象とした民俗学の研究は次のように述べる。すなわち1950年以前、火星翁の信仰は南陽一帯で非常に流行していた。火星会（火星社）は、元来同一宗族の族人から形成された。しかし村落内部の環境の変化により、異なる宗族を含むことになった。言い換えれば、血縁団体から地縁団体に発展した、と[59]（なお社の結合についての先行研究は[60]第2章を参照されたい）。

　彭禹廷の属した彭氏宗族の場合、火星社は族内での相互扶助の役割を果たしていた。困窮者による懇願を受けて、族長は長老達や執事と祠堂に集まり、火星社の名義を以て全族の各戸に食糧の義捐を求めたという[52]。宗族と火星社が密接な関係にあったことは、筆者自身の現地調査によっても確認できた。聞き取りによれば、七里荘では彭氏宗族だけでなく、他の宗族も併せて全村規模での活動が行われ、村には凝集力があった、と語られた[55]。また、別廷芳の故郷張堂村の上営と北荘も全村民が火星社に参加していた[26]。陳舜徳の上集鎮陳荘村でも、以前は火星会が盛んであり、1つの宗族で火星会を挙行していたという（陳荘は既に述べたように実質的に単姓村であった）[53]。

第Ⅲ編　農民の生活空間

写真9（写真左）鎮平県七里荘住民の信仰する火星廟。写真10（写真右）平野部に位置する鎮平県七里荘農村の景観、ともに2016年3月筆者撮影。

ここまで見てきたように、自治の指導者を輩出した全ての村落で火星社が活動していたのである。

　その他に、村落レベルでの農業生産や生活上の協働作業・相互扶助の必要に応じて任意に結ばれる関係も存在した。『内郷民俗志』によれば、農繁期には労働力の相互交換である「換工」が一般的に行われた。その他、収穫などで特に忙しい時に、農事に堪能な者を推挙し「班頭」とし、十人から数十人単位で自発的かつ臨時に協力する「唐匠班」もあった。農作業時には蚊蠅を防ぐ頭巾を、足には蛇よけのゲートルを着け、「班頭の吹く羊の角笛を号令として、協力して作業を遂行したという。その他、家屋の建築や婚姻、葬儀の資金を集めるために十家から数十家を単位とした「随会」（実際の名称は多様である）という結社もあった（[42]112〜114頁）。これらは、村落の生活空間において必要に応じて成立した機能的な任意結合であった。

おわりに

　民国時期、流通路の変化、軍事勢力の混戦による統治の弛緩、匪賊の跋扈、重税（兵差）、自然災害などが複雑に絡み合い、河南南西部の社会・経済は衰退・混乱する。このため民衆は生存の危機に直面した。治安の悪化に対して、人びとは数村ごとを単位に建設した寨を頼りに、生命と財産を維持することに努めた。しかし匪賊が巨大化するにつれて、一層広域での連帯が必要

とされるようになった。ここに自衛を軸とした自治政権が樹立される必然性が生じたのである。ただし、自衛的結衆の背景には、地域社会に日常的に存在した諸紐帯が存在した。

本稿で考察してきたように、河南南西部の農村社会においては、同姓村落は一般的ではなく、優勢な姓を包含するものの、複数の姓からなる雑姓村が多かったようである。人びとは血縁（宗族）の紐帯に加えて、火星翁など民間信仰の活動にも基づき、宗族を超える範囲での村落、そして複数村落規模での連帯感を培った。本章での検討から、少なくとも当時の自治政権指導者の故郷では、このような社会的紐帯の存在を看取することができた。さらに農業の再生産に関わる任意的結合も必要に応じて形成されていたのである。

このように伝統社会において、当地の人びとは血縁、地縁、民間信仰、そして目的別の任意結社などの様々な日常的紐帯を重層的に組み合わせることによって、社会生活を維持していた。そして民国時期、民衆生活が危機に直面したまさしくその時、強力な指導者が率先して主唱者となり、従来の紐帯を再編することで、自衛的結衆が作り上げられたといえる。

ただし、下からの地域自治政権の樹立は、1930〜40年代、上からの集権的国家統合を企図する国民党政権との摩擦を招き挫折してくことになる。この問題については筆者による別稿を参照されたい[6]。

文献一覧

［1］フィル・ビリングズリー著、山田潤訳『匪賊：近代中国の辺境と中央』筑摩書房、1994年。
［2］福本勝清『中国革命を駆け抜けたアウトローたち：土匪と流氓の世界』中公新書、1998年。
［3］沈松僑「地方精英与国家権力」『中央研究院近代史研究所集刊』第21期、1992年6月。
［4］Zhang, Xin, *Social Transformation in Modern China: The State and Local Elites in Henan, 1900-1937*, Cambridge, U.K.; New York: Cambridge University Press, 2000.
［5］張鳴「一個土囲子的剖面図」（『郷村社会権力和文化構造的変遷 1903-1953』南寧、広西人民出版社、2001年）169頁。
［6］山本真「郷里空間の統治と暴力——危機下の農村における共同性の再編と地域自治政権」（小嶋華津子、島田美和編著『中国の公共性と国家権力：その歴史と現在』慶

第Ⅲ編　農民の生活空間

應義塾大学出版会）2017年
［7］福井憲彦『新しい歴史学とは何か——アナール学派から学ぶもの』講談社、1995年。
［8］服部克彦「漢代の南陽郡」『龍谷大学論集』387号、1968年
［9］江凌「明清時期南陽盆地城鎮体系形成的人文地理基礎」『南都学壇』23巻6期、2003年。
［10］呉世勲『分省地誌　河南省』上海、中華書局、1927年。
［11］Odoric Y.K. Wou, "Development, Underdevelopment and Degeneration: The Introduction of Rail Transport into Honan" *Asian Profile*, Vol.12, No.3, 1984.
［12］「西豫縦断行」東亜同文書院第六期生『禹域鴻爪』（東亜同文書院大旅行誌）1909年。
［13］張錫昌「河南農村経済調査」『中国農村』1巻2期、1934年。
［14］陳正謨『各省農工雇傭習慣及需供状況』南京、中山文化教育館、1935年。
［15］鄧雲特『中国救荒史』台北、台湾商務印書館、1970年。
［16］蘇新留『民国時期河南水旱災害与郷村社会』鄭州、黄河水利出版社、2004年。
［17］「豫南何酷　死人之肉　飢民之食」『民国日報』（上海）1929年8月2日。
［18］南陽地区地方志編纂委員会『南陽地区志』鄭州、河南人民出版社、1994年。
［19］王寅生他「兵差と農民」太平洋問題調査会編・杉本敏朗訳『中国農村問題』1940年。
［20］東亜同文会編纂『支那省別全誌』第八巻　河南省、1918年。
［21］鎮平県地方建設促進委員会『彭禹廷与鎮平自治』1936年。
［22］鎮平県地方志編纂委員会編『鎮平県志』北京、方志出版社、1998年。
［23］「河南省委関於政治経済形勢和党的工作情況給中央的報告（1931年10月）」中央档案館・河南省档案館編『河南革命歴史文件匯集（省委文件）1931-1932年』1986年。
［24］内郷県志編纂委員会編『内郷県志』北京、三聯書店、1994年。
［25］行政院農村復興委員会編『河南省農村調査』上海、商務印書館、1934年、付録の各県保安隊及び警備実力表（1933年調査）。
［26］別JH氏、1935年生まれ、農民、河南省西峡県陽城郷Z村、2016年3月20日訪問。
［27］楊XC氏、男、56歳（2009年7月時点）、西峡県西坪鎮HY村。
［28］地元研究者楊XD氏からの聞き取り。2016年3月18日に鄭州市内。
［29］淅川県地方史編纂委員会『淅川県志』鄭州、河南人民出版社、1990年。
［30］「鎮平建設工作報告」、「内郷県建設工作報告」郷村工作討論會編『郷村建設実験』第2集、上海、中華書局、1935年。「内郷一年来之郷村工作報告」、「一年来鎮平自治工作報告」、「淅川工作報告」郷村工作討論會編『郷村建設実験』第3集、上海、中華書局、1937年。
［31］顧建娣「咸同年間河南的圩寨」『近代史研究』2004年1期。
［32］尹耕雲纂『豫軍紀略』巻十、皖匪十五、同治11年刊（沈雲龍主編『近代中国史料叢刊第十七輯』台北、文海出版社重印、1966年）。
［33］趙純「南陽唐河間的農村現状」『河南政治月刊』4巻4期、1934年。
［34］並木頼寿「捻軍の反乱と圩寨」（同『捻軍と華北社会——近代中国における民衆反乱』研文出版、2010年、所収）。

第 13 章　地域防衛と結衆の原理

[35] 別光典「河南内郷土皇帝別廷芳」『文史資料選輯』38 輯、1980 年。
[36] 『内郷文史資料』2 輯（別廷芳事録）1985 年。
[37] 江廷俊「宛西郷村師範実験区」『河南文史資料』50 輯。
[38] 三谷孝『現代中国秘密結社研究』汲古書院、2013 年。
[39] 「豫西一部的農民状況」『晨報』（北京）1921 年 7 月 7 日。
[40] 宇都宮清吉「劉秀と南陽」『名古屋大学文学部研究論集』通号 8、1954 年。
[41] 『淅川直隸廳郷土志』発行年不明（国家図書館分館編『郷土志抄稿本選編』北京、綫装書局、2002 年、所収）。
[42] 孫国文主編『内郷民俗志』鄭州、中州古籍出版社、1993 年。
[43] 馮紫岡・劉端生『南陽農村社会調査報告』上海、黎明書局、1934 年。
[44] 「辛亥革命時期河南旅鄂奮勇軍進軍始末」『南陽文史』2 輯、1986 年。
[45] 仁井田陞『中国の農村家族』東京大学出版会、1978 年復刊。
[46] 劉興唐・田中忠夫訳「河南の血族組織」『東亜問題』2 巻 4 号、昭和 15 年。
[47] 山本真『近現代中国における社会と国家――福建省での革命、行政の制度化、戦時動員――』創土社、2016 年。
[48] 「奉先堂祭田記」「齊氏家廟規約」齊栄海編纂『内郷齊氏族譜』巻首、1932 年。
[49] 江廷俊「宛西郷村師範実験区」『河南文史資料』50 輯、1994 年。
[50] 「内郷別氏族譜序一」（別良欣『別氏族譜（続）』2003 年所収）。
[51] 秦兆雄『中国湖北農村の家族・宗族・婚姻』風響社、2005 年。
[52] 王守謙「宗族歴史的現実映像――南陽彭氏宗族調査札記」『尋根』2006 年 1 期。
[53] 淅川県上集鎮 C 村での複数の民衆からの聞き取り、2016 年 3 月 21 日訪問。
[54] 河南省内郷県地名弁公室『内郷県地名資料匯編』1983 年。
[55] 彭 TL 氏、1944 年生まれ、元地方幹部、鎮平県 Q 村での聞き取り。2016 年 3 月 21 日。
[56] 「豫西一部的農民状況」『晨報』（北京）1921 年 7 月 7 日。
[57] （清）呉聯元修・清王翊運纂『光緒　鎮平県志』清光緒二年刊本、巻之一　風俗。
[58] 梅廣「従楚文化的特色論老荘之自然哲学」『台大文史哲学報』67 期、2007 年。
[59] 楊軍・劉金「河南火星翁信仰与儀式研究」『南陽理工学院学報』7 巻 5 期、2015 年。
[60] 陳鳳『伝統的社会集団の歴史的変遷――中国山西省の「宗族」と「社」――』御茶の水書房、2017 年。

註
1) [27] は、新野県王集鎮出身の地元研究者楊 XD 氏に委託しての聞き取りである。原文：对于別廷芳和宛西自治、西峡県百姓的評価如何？　答：(1) 都不敢偸車西，基本上可以説夜不閉固戸、誰要是偸東西、他有権利槍毙人。(2) 再一个評価就是説他胆子大。

おわりに

内山　雅生

　北京から太原行きの飛行機に乗って、初めて中国内陸部の山西省上空に差し掛かった時、眼下にさも龍がその爪を立てて黄土大地を引き裂いたかのような景観に目を見張った覚えがある。そこには 15 年近く訪問調査した山東省や河北省などの華北平原とはまた別の中国が存在していた。本書は中国内陸部の農村社会から見た現代中国の実像を検討対象としている。

　むろん本書は、「はじめに」でも紹介したが、内山を研究代表者とする文部科学省科学研究補助金による基盤研究（A）（海外学術調査）（2010-2014 年度）「近現代中国農村における環境ガバナンスと伝統社会に関する史的研究」（課題番号 22251007）、および基盤研究（B）（海外学術調査）（2015-2019 年度）「個の自立と新たな凝集力の中で変貌する現代華北農村社会システムに関する史的研究」（課題番号 15H05161）の研究成果の一部である。

　本書の編集責任は全て編者の内山にあるが、本書の構成等についても、上記科研の主要メンバーである弁納才一・田中比呂志・祁建民の三氏に相談してきた。中でも弁納氏からは、中国農村経済を研究する際には、単純に農業に限定するのではなく、他産業も含めて総合的に把握する必要がある事をたびたび示唆された。そのことが本書の農村経済研究の理論的支柱の一つとなったことを明記しておく。

　そこで、三氏との議論を参考に、以下に本研究が問題提起したことを整理しておく。

　第一の問題提起は、我々の研究が、中国の農村研究者との共同研究のスタイルを確立した事である。

　特に「村落档案」と呼ばれる一次資料を共同で発見しかつ分析していく中で、現地農村でのインタビュー記録と照らし合わせながら、農村社会の基層

部まで垣間見ることができるようになったのは、メンバーの多くが三谷科研等に参加した経験と実績が大きく関与している。その意味では、官製の限られた文書資料に頼っていた時代の研究成果より、農村社会の実態把握という点で大きく進歩したと確信している。

　第二の問題提起として、中国農村における凝集力の捉え直しができたことである。

　例えば主要調査村の道備村を中心に山西省の農村から、近現代中国農村における凝集力とは何かを捉え直してみると次のようなことが指摘できる。

　つまり、本研究では、旧来からの農村社会における「伝統」対「革新」という二律背反的な見方を超克し、民国期の伝統的な農村結合、毛沢東時代の上から強制された「集団の凝集力」、さらに鄧小平時代の個別分散化した農村社会における人的結合を、「共同性」の存否にとどまらず、「新たな凝集力」として捉え直し、具体的にその歴史的過程を明らかにすることができた。

　問題提起の第三は、近現代華北農村社会の長期的変動と連続性の関係を明らかにしたことである。

　つまり華北農村も1945年の抗日戦争勝利・1949年の中華人民共和国成立・1979年の改革開放路線開始の前後に大転換したと見なされてきたが、むしろその連続性を再検証し、華北農村社会の長期的な変化の方向性を明らかにすることが重要であった。

　本研究では、人民公社時代の1953～78年を社会主義建設の時代として一面的に理解するのではなく、むしろ1979年以降の資本主義的経済発展の基礎が蓄積された時期であったことを具体的に明らかにすることができた。

　問題提起の第四は、新たな近現代華北農村社会史像の提示することができたことである。

　弁納論文でも論証されているが、本研究による文書分析研究や農村調査を通じて、中国農村社会の特質は、村落内における人的結合の多様性と柔軟性の高さ、さらに村境を超えた労働力・商品・資金・情報の流動性の高さと速さによって明らかになるということを提示できた。

　本研究では、このような考えのもとに、新たに収集した文献資料を網羅的

おわりに

に利用して、農村社会の実態と変動を明らかにし、農村構造の歴史的展開過程を究明する作業を進めることができた。

その結果、田中論文や中国側論考に見られるように、「村落档案」と呼ばれる実証史学の根幹である文献資料を、さらに発掘・収集することによって、近現代華北農村社会史研究に新たな資料的根拠を提供し、実証史学研究の発展に寄与することができた。

また、農業経済から手工業・商業・運輸業などを含む農村経済へ、また、狭義の社会経済から政治・教育・家族・社会環境などを含む広義の社会変動を分析対象として拡大することにより、農村社会史の枠組みも拡大することができた。

さらに、文献資料の分析に加え、農村聞き取り調査を組み込み、また、社会・経済・政治・教育・宗教・家族・社会環境（人的結合・人的移動）などの視点から複合的な分析を行うことが可能となった。

これまでの総合的研究は各分野からの分析の集合体という性格が強かったのに対して、本研究では、歴史的分析を中軸に据え、農村の自然環境・地理的条件が農業・農村経済を規定し、また、農村経済構造が農村の社会環境（人的結合のあり方や宗教・教育）を規定し、さらに、社会環境が農村の基層幹部のあり方（政治）を規定していることを、社会学および地理学分野の協力を得て、歴史的に捉えることができた。

これまでの近現代華北農村社会研究は、主に満鉄の調査資料等に依拠することが多かったために、治安の関係から、河北省及び山東省の鉄道沿線部の農村に限定されていた。だが、新たな文献資料の分析と農村における聞き取り調査を融合させる本研究によって、山西省の山間部農村を含めて、近現代農村社会の「新たな凝集力」に関する事例研究がより一層多く蓄積され、実証研究の水準を向上させることに繋がった。

ところで、本書の扉にメンバーの一人であった故三谷孝氏を追悼する旨の言葉を掲示させていただいた。三谷氏は科研（A）がスタートすると、初年度の８月の山西省での農村調査に参加してくれた。帰国して９月の検査で、

かかりつけの医師から肝臓がんが発症したことを告げられ、筑波のがんセンターで放射線治療を受け、これで数年寿命が延びたと喜んでいたが、転移が進んで、初年度が終えようとする3月末に他界した。今は東京の郊外、高尾の都営八王子霊園でご両親と共に三谷家の墓に眠っている。

偶然のことに私の両親が眠る墓も、三谷家の墓から数百メートルしか離れていない。三谷氏は生前ご両親のお墓にお参りされた折には、しばしば私の両親の墓にも立ち寄りお花とお線香をあげてから帰宅されていた。研究者にならなかったら「パチプロ」になったと豪語していた三谷氏とは、二人が死んだ後の霊魂は八王子のパチンコ屋にでも行こうかと、冗談交じりに語り合っていた間柄だから、科研（A）が終了した翌年度から直ちに科研（B）が採択され、そして本書の刊行が、厳しい出版事情の中で、2018年度の科研費（研究成果公開促進費）「学術図書」として採択されたことに、三谷氏が我々残った者に託した想いを感じざるを得ない。

なお1990年から開始された三谷科研での農村調査に参加されていた末次玲子氏、そして1977年の9月に創立された「中国農村慣行調査研究会」に、三谷氏と私と共に、最初のメンバーとして参加されていた今井駿氏も他界された。改めて三氏のご冥福をお祈りする。

末尾になるが、本研究の実施にあたっては、山西大学中国社会史研究センター、南開大学歴史学院、さらに山西省霍州市水利局等の関係者諸氏、そして我々を受け入れてくれた山西省平遥県道備村、霍州市義旺村、洪洞県橋東村・橋西村等の幹部や老人たちのご協力を得た。付して感謝する。

また、定年退職後も特任教授として研究室等を使わせていただいている宇都宮大学国際学部の皆さんにも感謝する。

本書は先述したように2018年度の日本学術振興会科学研究費補助金（研究成果公開促進費）「学術図書」（課題番号18HP5100）により上梓することができた。日本学術振興会をはじめとする関係機関に感謝する。

また本書も橋本盛作社長をはじめとする御茶の水書房の皆さんにお世話に

おわりに

なった。特に編集担当の小堺章夫氏には、2003年3月刊行の拙著『現代中国農村と「共同体」』および2009年11月刊行の拙著『日本の中国農村調査と伝統社会』と同様に、編集構成まで含めて、的確なアドバイスをいただき、感謝に堪えない。

　最後に、「研究」に名を借りて、肝心要の時に何ら役に立たずに、家庭生活と大事な人生を私の身勝手で振り回してしまった妻えつこと娘茉実に、本書が刊行できたことを深謝する。定年退職後、在宅する機会も多くなったが、認知症までにはいかないとしても、「老化」が一段と進んだのか、思わぬ言動で二人を戸惑わせ、結果として共同生活する二人の足を引っ張っている。「悠々自適」の老後とは無縁で、なんとも情けないことだと自戒し、二人には深くお詫びするとともに感謝している。残された時間がどのくらいあるかわからないが、改善することに努力しようと決意している。

　なお、80歳を過ぎても元気な毎日を過ごしている二人の姉、相川晴美と内山和子にも感謝の気持ちをお伝えする。お二人がますます元気で健やかな老後を送られることを心より祈念している。

索　引

あ　行
アルカリ　　15-17, 115-118, 121, 122
毓賢（いくけん）　　151
井戸　　10, 50, 74, 109, 110, 112-114, 120, 121, 135-138, 232
一貫道　　163, 165
飲水安全プロジェクト　　128
右派　　→「反右派闘争」を参照
演劇　　127, 203, 205, 206, 223, 243
宛西自治　　229, 234, 236, 242, 247
円ブロック　　28
オーストラリア　　25-28, 42

か　行
改進会　　→「華北綿羊改進会」を参照
会譜　　199, 206
改良　　15, 24, 26-29, 31, 33-35, 38-42, 50, 112, 115-117, 176, 228, 236
革命模範劇　　→「演劇」を参照
家計　　17, 19, 51, 56-58
牙行　　204, 206, 213
火星翁　　→「火星社」を参照
火星会　　→「火星社」を参照
火星社　　241, 243-245, 247
カトリック　　18, 148, 149, 151-156, 158-163, 165, 167, 169, 170, 174-177, 179, 180, 182, 183, 185
家譜　　→「族譜」を参照
下放　　206
華北農学会　　29
華北綿羊改進会　　24, 28, 29, 33, 34, 36, 41

灌漑　　　90-107, 109-114, 116, 119-121, 195, 219, 221, 222, 233
換工　　　244
祁県（地名）　117, 118
基督教　→「プロテスタント」を参照
企画院　　27, 41
行政村　　64, 189, 243
郷村建設運動　　49, 234, 236
供水ステーション　　130, 131
銀銭流水帳　　69, 71, 72
苦力　　57, 59
京漢鉄路　　49, 57, 231
経紀人　　204, 205
結義廟　　128
県城　　4, 5, 7-9, 11, 12, 14, 16-18, 20, 48-50, 52, 61, 153, 180, 190, 200-202, 207, 233, 234
元宵節　→「灯節」を参照
興亜院　　24, 28, 30, 40, 41
高級合作社　　5, 7, 65, 192, 228
工作隊　　61, 58, 163, 165, 174, 175, 180
工份　→「労働点数」を参照
抗日戦争　→「日中戦争」を参照
互助組　　5, 6, 7, 65, 68, 121, 191, 192
「公辦」教師　　12, 19

さ　行

寨　　233, 234, 236, 237, 244, 246
沙河（地名）　110, 121, 221, 222
雑姓村　　63, 190, 242, 244
山河帰公　　125
初級合作社　　5, 7, 8, 65, 192
四清運動　　155, 158, 159, 161-163, 165, 168, 169, 172, 174, 177, 184, 217
四社五村　　90, 94, 124-127, 130, 132, 133, 135-142
祠堂　　70, 240-243
芝居　→「演劇」を参照
借水　　138, 140

索　引

社首　　74-77, 80, 125, 127, 128, 138, 139, 142, 239, 243
社主　→「社首」を参照
社頭　→「社首」を参照
社房　　70, 71
社洋　　75, 78, 85
十王棚　　74, 75, 85
集団化　　109, 110, 116, 118, 119, 120, 124, 125, 127, 128, 135, 177, 189, 190, 192, 194, 196, 204
自留地　　196, 221, 222
人民公社　　6, 9, 65, 66, 75-77, 79, 84, 119, 121, 125, 156, 158, 161, 190, 192, 196, 221, 222, 224, 226, 228
水規　　127, 128, 139, 142
水冊　　92, 93, 99, 124
水日　　138, 139, 140
水利　　109, 110, 112, 113, 116, 120, 122, 123-145, 217-219, 221, 225
水利工事　　119, 120, 121, 139
水利共同体　　89, 91, 105, 107, 123, 124
水利組織　　93, 104, 123, 125
水利簿　　127
生産小隊　　8-14, 16-19, 66, 68, 76, 77, 79, 84, 120, 162, 165,174, 209
生産隊　　6, 16, 17, 77, 156, 162, 190, 192-197, 217-223, 242
生産大隊　　5, 9, 11, 14, 17, 18, 66, 75, 76, 78, 116, 119, 157, 174, 189, 194, 196, 215-218, 221-224, 227, 228
清明節　　42, 127, 199, 208, 239
双口村（地名）　　169, 170-172, 174, 176, 177, 183-185
宗族　　63, 67, 69, 71, 75, 83, 94, 190, 210, 237-239, 241-243, 245, 247
族譜　　239-242
村民委員会　　11, 64, 66, 75, 78, 228
村民小組　　190

た　行

第一次世界大戦　　25, 26
戴徳生　　150, 152
段村（地名）　　64, 65, 74
治水　　115, 117, 118, 120, 121

257

陳舜徳　　234, 236, 241-243
脱農化　　3, 19
中華平民教育促進会　　49, 52
中国予防癆病協会　　46, 53, 59
中国の特色ある社会主義　　225
定県（地名）　　46, 48-52, 55, 56, 58, 60
丁戊奇荒　　150
ティモシー・リチャード　　150
鉄門李社　　68-72, 74, 76
天主教　→「カトリック」を参照
土塩　　15-18, 115
档案（檔案）　　58, 93, 112, 148, 152, 155, 157, 158, 163, 168, 183, 189, 192, 194, 246
倒社　　76
鄧小平　　225
鬧（ドゥ）社火　　75
灯節　　74, 76, 78, 79, 208, 243
道備村　　109-114, 117, 119-121, 148, 149, 152-155, 161, 163, 165, 169, 170, 172, 174-176, 183-185, 199-202, 205, 208, 212, 215, 221, 224, 227, 228
道備村庄档案　→「道備档（檔）案史料」を参照
道備档（檔）案史料　　152, 155, 160, 164, 184-185
徒弟　　54, 57
都市近郊農村　　3
都市戸籍　　4, 7, 11, 14, 15, 20
土法製鉄運動　　4, 7, 8, 10, 12

な　行

内地会　　152
南陽（地名）　　229, 231, 232, 234, 235, 238, 243, 246, 247
日中戦争　　20, 24, 36, 41, 73, 236
入社　　75, 82, 85
農業外就労　　3
農商務省　　25
農村経済　　3, 19, 21, 41, 246
農村戸籍　→「農民戸籍」を参照

索　引

農民戸籍　14, 15, 20
農民用水戸協会　132, 133, 143, 144

は　行

排水　109, 111, 118, 143, 221
破壊分子　171
反右派闘争　155-158, 162
反革命　153, 155, 158, 159, 161, 163, 165, 167, 170, 171, 173
費孝通　90, 91, 105
匪賊　229, 231-234, 236, 244, 245
副業　3, 8, 14-19, 56, 115, 215, 216
プロテスタント　148-151, 154, 160-162, 164, 165, 167, 169, 174, 176, 179, 185
プロレタリア文化大革命　→「文化大革命（文革）」を参照
汾河（地名）　64, 74, 89, 92, 105, 110, 112, 113, 116, 118, 119, 121, 200, 201, 221
汾水（地名）　→「汾河（地名）」を参照
文化大革命（文革）　66, 80, 81, 125, 147, 148, 163, 165, 168, 169, 177, 216, 222, 224
平漢鉄路　→「京漢鉄路」を参照
別廷芳　229, 234, 235, 238-240, 242, 243, 247
ベッド・タウン化　3
彭禹廷　234, 235, 239-242, 243, 246
防癆協会　→「中国予防癆病協会」を参照

ま　行

満鉄　26, 27, 31, 41, 43, 52, 56, 58, 60
満洲事変　27
南満洲鉄道株式会社　→「満鉄」を参照
民間信仰　80, 125, 127, 128, 169, 237, 242, 245
民団　243, 235-237, 239, 240
「民辦」教師　12, 13, 19

ら　行

閭　65, 68, 191, 192
輪番　76, 77, 80, 83, 114
輪流社首帳　69, 76, 192

259

零細農　　3, 19, 56, 58
歴史的反革命　→「反革命」を参照
労働点数　　5, 120, 166, 210, 219, 224
労働力　　3, 15, 55, 112, 121, 231

■執筆者・翻訳者紹介（執筆順）

内山　雅生（うちやま　まさお　Uchiyama Masao）（奥付参照）

弁納　才一（べんのう　さいいち　Bennou Saiichi）
　金沢大学経済学経営学系教授、博士（史学）、1959 年生まれ。
　専門は近現代中国農村社会経済史。
　主な著書：『近代中国農村経済史の研究──1930 年代における農村経済の危機的状況と復興への胎動』金沢大学経済学部　2003 年、『華中農村経済と近代化──近代中国農村経済史像の再構築への試み』汲古書院　2004 年、『東アジア共生の歴史的基礎──日本・中国・南北コリアの対話』（編著）御茶の水書房　2008 年。

福士　由紀（ふくし　ゆき　Fukushi Yuki）
　首都大学東京　人文社会学部准教授　博士（社会学）　1973 年生まれ。
　主な著書：『近代上海と公衆衛生』御茶の水書房　2010 年、「上海　1910 年：暴れる民衆、逃げる女性」（永島剛ほか編『衛生と近代』法政大学出版局）2017 年、「一九五〇年代中国農村における医療保健システムの導入」『人文学報』513 (9)　2017 年。

陳　鳳（ちん　ほう　Chen Feng）
　関西学院大学非常勤講師、神戸学院大学非常勤講師、博士（現代社会）、1962 年生まれ。
　専門は農村地域社会、家族。
　主な著書：「転換期中国の多様化する婚姻観」（『分岐する現代中国家族』明石書店）2008 年、「宗族結合に関する諸研究の再検討──南北差異の要因を中心に──」（日中社会学会『日中社会学研究』21 号）2013 年、『伝統的社会集団の歴史的変遷──中国山西省農村の「宗族」と「社」』御茶の水書房　2017 年。

前野　清太朗（まえの　せいたろう　Maeno Seitaro）
　東京大学農学生命科学研究科博士課程、修士（農学）、1987 年生まれ。
　専門は農村社会学、台湾漢人研究、民俗文化研究。
　主な著書：「台湾「コミュニティづくり」団体の公的支援への対応──台湾中部農村の団体運営事例から」（『村落社会研究ジャーナル』22 巻 1 号）2015 年、「Social Categories of Gods and People: Social Relations and their Diachronic Transformations in God Worship in a Taiwanese Village」（*Komaba Journal of Asian Studies*）14）2018 年。訳書に夏曉鵑著『『外国人嫁』の台湾──グローバリゼーションに向き合う女性と男性』東方書店、2018 年。

郝　平（かく　へい　Hao Ping）
　山西大学歴史文化学院教授、史学博士、1968 年生まれ。
　専門は中国近現代史、区域社会史研究。
　主な著書：『丁戊奇荒：光緒初年山西災荒与救済研究』北京大学出版社　2012 年、『大

地震与明清山西乡村社会変遷』人民出版社　2014 年、『战争往事：沁河流域的动荡岁月』山西人民出版社　2016 年。

孫　登洲（そん　としゅう　Sun Dengzhou）
山西大学外国語学院講師、山西大学中国社会史研究センター博士研究生、1981 年生まれ。
専門は日本社会と文化および中国近現代史、翻訳。

菅野　智博（かんの　ともひろ　Kanno Tomohiro）
日本学術振興会特別研究員（PD）・慶應義塾大学非常勤講師、博士（社会学）、1987 年生まれ。
専門は中国近現代史、中国農村社会経済史。
主な論文：「近代南満洲における農業労働力雇用──労働市場と農村社会との関係を中心に」（『史学雑誌』124 編 10 号）2015 年、「近代南満洲における農業外就業と農家経営──遼陽県前三塊石屯の事例を中心に」（『東洋学報』98 巻 3 号）2016 年、「分家からみる近代北満洲の農家経営──綏化県蔡家窩堡の蒼氏を中心に」（『社会経済史学』83 巻 2 号）2017 年。

祁　建民（き　けんみん　Qi Jianmin）
長崎県立大学国際社会学部教授、歴史学博士、博士（学術）、1960 年生まれ。
専門は中国近現代史、中国農村社会史。
主な著書：『二十世紀三四十年代的晋察綏地区』天津人民出版社、2002 年、『中国における社会結合と国家権力──近現代華北農村の政治社会構造』御茶の水書房、2006 年、『中国内陸における農村変革と地域社会』（共著）御茶の水書房、2011 年。

田中比呂志（たなか　ひろし　Tanaka Hiroshi）
東京学芸大学教育学部教授、博士（社会学）、1961 年生まれ。
専門は中国近代史。
主な著書：『21 世紀の中国近現代史研究を求めて』（編著）研文出版　2006 年、『近代中国の政治統合と地域社会』研文出版　2010 年、『袁世凱』山川出版社　2015 年。

馬　維強（ば　いきょう　Ma Weiqiang）
山西大学中国社会史研究センター副教授、史学博士、1977 年生まれ。
専門は中国近代社会史。
主な著書：『阅档读史：北方农村的集体化时代』（共著）北京大学出版社　2010 年。

佐藤　淳平（さとう　じゅんぺい　Sato Jumpei）
帝京大学外国語学部等非常勤講師、博士（学術）、1984 年生まれ。
専門は中国近代史。
主な論文：「袁世凱政権期の預算編成と各省の財政負担」（『東洋学報』96 巻 2 号）

2014 年、「20 世紀初頭清朝における財政集権化」(『中国研究月報』70 巻 6 号) 2016 年、「民国八 (1919) 年度予算案の編成と安福国会」(『社会経済史学』83 巻 4 号) 2018 年。

小島 泰雄(こじま やすお Kojima Yasuo)

京都大学人間・環境学研究科教授、文学修士、1961 年生まれ。
専門は中国地域研究、中国地理学。
主な著書:『中国農村の構造変動と「三農問題」』(共著)晃洋書房 2005 年、『二十世紀的中国社会』(共著)社会科学文献出版社 2011 年、『西北中国はいま』(共著)ナカニシヤ出版 2011 年。

毛 来霊(まお らいりん Mao Lailing)

元山西大学外国語学院教師、中日文化交流高級研究員、1957 年生まれ。
専門は日本語と中国語の高級翻訳。
主な論文:「浅談日本人的漢文修養」『運城高等専科学校学報』2000 年、「浅談日本人的漢詩修養」『山西大学学報(科哲版)』2005 年、「湯川秀樹与荘子」『中共山西省委党校学報』2011 年。

常 利兵(じょう りへい Chang Libing)

山西大学中国社会史研究センター副教授、史学博士、1976 年生まれ。
専門は中国近代農村社会史、特に集団化時代の農民の物質世界と精神世界。
主な著書『窯庄往事:田野調査与歴史追踪』山西人民出版社 2016 年、『閲档読史:北方农村的集体化时代』(共著)北京大学出版社 2010 年。

山本 真(やまもと しん Yamamoto Shin)

筑波大学人文社会系准教授、博士(社会学)、1969 年生まれ。
専門は中国近代史。
主な著書:『近現代中国における社会と国家——福建省での革命、行政の制度化、戦時動員』創土社 2016 年、「郷里空間の統治と暴力——危機下の農村における共同性の再編と地域自治政権」(小嶋華津子・島田美和編『中国の公共性と国家権力——その歴史と現在』慶應義塾大学出版会) 2017 年。

吉田建一郎(よしだ たていちろう Yoshida Tateichiro)

大阪経済大学経済学部准教授、博士(史学)、1976 年生まれ。
専門は中国近代史、日中関係史。
主な論文:「20 世紀中葉の中国東北地域における豚の品種改良について」(村上衛編『近現代中国における社会経済制度の再編』京都大学人文科学研究所附属現代中国研究センター) 2016 年、「向井龍造と満蒙殖産の骨粉製造 1909-31 年」(富澤芳亜・久保亨・萩原充編著『近代中国を生きた日系企業』大阪大学出版会) 2011 年、「占領期前後における山東タマゴの対外輸出」(本庄比佐子編『日本の青島占領と山東の社会経済 1914-22 年』財団法人東洋文庫) 2006 年。

編者紹介

内山雅生
（うちやま まさお　Uchiyama Masao）
宇都宮大学名誉教授、国際学部特任教授、博士（史学）、1947年生れ。
専門は中国近代史、中国農村社会史。

主な著書に『二十世紀華北農村社会経済研究』（中国社会科学出版社、2001年）、『興亜院と戦時中国調査』（共編著、岩波書店　2002年）、『現代中国農村と「共同体」』（御茶の水書房、2003年）、『日本の中国農村調査と伝統社会』（御茶の水書房、2009年）、『華北の発見』（共編著、公益財団法人東洋文庫、2013年）などがある。

中国農村社会の歴史的展開
――社会変動と新たな凝集力――

2018年10月25日　第1版第1刷発行

編著者　内　山　雅　生
発行者　橋　本　盛　作
発行所　株式会社 御茶の水書房
〒113 0033　東京都文京区本郷5-30-20
電話　03-5684-0751
Fax　03-5684-0753

Printed in Japan
Uchiyama　Masao ©2018

印刷・製本：(株)平河工業社

ISBN978-4-275-02095-6 C3022

日本の中国農村調査と伝統社会	内山雅生 著	A5判・二〇六頁 価格・四六〇〇円
現代中国農村と「共同体」《テキスト版》	内山雅生 著	A5判・二八八頁 価格・二八〇〇円
中国内陸における農村変革と地域社会	三谷孝 編著	A5判・三七六頁 価格・六六〇〇円
中国農村の権力構造	田原史起 著	A5判・三三二頁 価格・五二〇〇円
中国における社会結合と国家権力	祁建民 著	A5判・三九六頁 価格・六六〇〇円
近代中国社会と大衆動員	福士由紀 著	A5判・三三四頁 価格・六八〇〇円
近代上海と公衆衛生	金野純 著	A5判・四六〇頁 価格・六八〇〇円
近代中国と銀行の誕生	林幸司 著	A5判・二六〇頁 価格・五二〇〇円
近代中国東北地域の朝鮮人移民と農業	朴敬玉 著	A5判・二四〇頁 価格・五五〇〇円
伝統的社会集団の歴史的変遷	陳鳳 著	A5判・二八四頁 価格・五八〇〇円
中国村民自治の実証研究	張文明 著	A5判・三九〇頁 価格・七二〇〇円
東アジア共生の歴史的基礎	鶴園裕・弁納才一 編	菊判・三五〇頁 価格・六〇〇〇円
地域統合と人的移動	野村真理・弁納才一 編	菊判・三三〇頁 価格・六〇〇〇円

御茶の水書房
（価格は消費税抜き）